工程学

Engineering

无尽的前沿

An Endless Frontier

U0192267

[美] 欧阳莹之　著

李啸虎　吴新忠　闫宏秀　译

 上海科技教育出版社

对本书的评价

◇

　　《工程学——无尽的前沿》一书的见解给我留下的印象极为深刻，欧阳莹之关于这一论题的渊博知识让人叹为观止。这正是美国国家工程院一直鼓励的、向公众大力宣传工程学重要性的那类书籍。它必定有着经久不衰的销售生命，因为它汇集了常人不易接触到的材料，并为任何乐于从事工程技术职业的人提供了一种参考。工程学需要这本书！

——约翰·哈钦森（John Hutchinson）、

阿博特·劳伦斯（Abbot Lawrence）和

詹姆斯·劳伦斯（James Lawrence），

哈佛大学工程学教授

◇

　　本书的视野令人惊叹。欧阳莹之生动地描述了当代工程技术的各种实践和产物，提供了历史背景，解释了不同领域工程创新的科学基础，涉及了广泛的系统水平上的管理活动、企业活动以及设计活动，这些活动遍及各个行业。实属罕见的是：单凭作者的一己之力，就能把握和解释现代技术的本质特征，而这又必须跨越一系列工业部门和工程学科，解释它们如何运作，它们为何按照这种方式运作，以及它们在创新、发展甚至维护上所需要的是什么。

——路易斯·布恰雷利（Louis L. Bucciarelli），

麻省理工学院工程与技术研究教授

内容提要

　　我们生活在一个工程的世界里,科学和工程、技术和研究之间的根本差别正在快速消泯之中。本书展示的是:随着21世纪的曙光降临,自然科学家的目标——发现未知的,工程师的目标——创造未有的,两者正在经历一种前所未有的一体化趋同过程。

　　作者广泛地论证了:当今的工程学不仅是科学的合作者,而且两者同等重要。通过简略地提及工业实验室、化学工程和电气工程的出现,机床工业和汽车工业旋风般的历史进程,以及核能技术和信息技术的兴起,她的著作展现了现代工程学的壮阔图景:它的历史、结构、技术成就和社会责任性,它同自然科学、工商管理和公共政策的相互关系。作者擅长利用案例进行研究,例如F-117A "夜鹰"隐形战斗机、波音777客机的开发,以及亥维赛等工程师兼科学家型、福特和比尔·盖茨等工程师兼企业家型、斯隆和韦尔奇等工程师兼经理型等杰出人物的实践,给广大读者一种清晰的感悟:工程学必将在未来科学研究中发挥基本作用。

作者简介

欧阳莹之(Sunny Y. Auyang),美籍华裔物理学家、科学学家,先后在中国上海、香港,以及美国就读小学、中学、大学,1972年获麻省理工学院物理学博士学位。毕业后曾在美国惠普公司供职,后在麻省理工学院从事研究工作20余年。1992年以来,她的研究兴趣转向对科学技术本质的哲学考察。除了本书外,她还著有《量子场论如何可能?》(*How Is Quantum Field Theory Possible?*, 1995)、《复杂系统理论基础》(*Foundations of Complex-system Theories*, 1998)、《日常生活和认知科学中的心智》(*Mind in Everyday Life and Cognitive Science*, 2001)等。

献给母亲

CONTENTS 目录

目 录

中文版序

　　中国古来以农立国，士人不免轻工贱商。这态度应随现代化而彻底改变。现代工程融会数理，与科学并驾齐驱，且在应用上常顾及科学之所不及。工程师不但要精于运算及掌握理论，他更要清晰什么科学原则适用于什么实际环境，决定施用哪些自然现象以获效果最佳的设计。无论飞机或桥梁、电脑或通信，工程产品必须在现实条件下运作无滞。因此创造科技产品的工程师一面宏观应用大局，一面工夫入微，摒弃文人空抛主义、虚谈玄理等浮夸风气。

　　一贯客观务实的立场，加上科学分析，培养成工程师很强的规划决策能力。能运筹者亦可驰骋于商界政坛。从铁路、汽车开始，许多现代工业都基于科技工程。把工程要务之一的策划生产扩展到工商管理乃顺理成章。在美国，工程师于20世纪初首创大型公司的体制，至今仍有不少名列企业总裁首席。在现时中国，国家领导人中理工出身的也不在少数，想非偶然。

　　18世纪初年，中国的国民生产总值与整个欧洲（除俄国）的不相上下，各占世界生产总值的23%。19世纪西方工业革命，经济猛进，中国则迟滞不前。到1978年，欧洲的生产总值上升至世界生产总值的28%,高于美国的22%,中国的则下沉至5%,不及苏联的9%。* 幸而这时中国开始改革,扭转世局。至2007年,中国的国民生产总值(购买力计)已跃居世界第二,驾乎俄、德、英三国总和之上,**而且经济增长速度不减,索回历史地位。国运兴衰,涉及政治、社会文化等复杂因素,但无可否认,科技是必要因素之一。

中国在世界竞争,目前最靠重的仍是大量低薪劳工,但其他优势亦不断增强。政府开放市场,引进外国科技,更致力教育,投资科研,促助发展,栽培本国技术能力。西方分析家目睹中国超乎常速地发展中级甚至高级科技的工业,震惊之余,却也认为:虽然中国的大学每年毕业的理工学士人数比欧盟或美国的多,但毕业生素质总体尚低;况且偏重死记硬背、遵奉权威的教育习俗,有碍培育独立思考的创新人才。西方国家多把例行科技让给东方人去做,自己专攻最尖端亦最盈利的突破创新。但事情正在变化,明天的格局或许会大为不同。

科技创新如今是大热门。创新不止发明,也不同发现。再奇巧的发明,若不能被适价生产、广受欢迎,也只能积尘架上,不成创新产品。科学发现专顾自然现象,工程技术创新必须兼顾自然、民众和社会因素。由于其复杂程度,发展工程技术创新所需的人才物资,高于纯科学研究的10倍以上。这是工程学和纯科学的一大分异。如何分配有限资源,协调科研与发展,以求当下及长期的最大创新,给予国民经济最大推动,是政策和社会上的大问题。参与解决它,工程师和科学家们责无旁贷。

现代工程怎样创新?本书介绍工程学三大相叠范畴:科学、设计、

---

* *Chinese Economic Performance in the Long Run*, A. Maddison, OECD, Paris (1998).

** World Development Indicators database, World Bank, 2008.

管理。它提供一个对科学、技术和工程的广泛认识,并叙述不少历史实例,旨在解释工程师们如何运用科学,改造自然,变抽象知识为实用资料,组织劳动生产,捕捉时机,发明创新,或渐进,或突破,发展出100年前梦想不到但今天是生活必需的各种优秀科技。

我本专研物理,后转思索有关科技的哲学。在美国麻省理工学院及科研生涯中,我交到不少从事工程的朋友,学到很多有趣的知识。为了撰写本书,我旁听了好些课。在此谨向各位教授和友人致谢。

为了便于广大读者阅读,本书引注从简。若有意于参考文献或额外资料,可访 www.creatingtechnology.org。

欧阳莹之

译者序

在校阅本书初校样时，正值全球瞩目、华夏欢腾的第29届夏季奥林匹克运动会在中国国家体育场隆重开幕。入夜，五大洲的亿万观众，在为五彩缤纷的表演场面而欢呼时，也定然会为夜色中的"鸟巢"和"水立方"的美轮美奂而惊叹！这些工程设施，堪称是现代科技和艺术表现的完美结合。

现代公众对于工程建设习以为常，举目环顾，我们就生活在形形色色"工程的丛林"之中，衣食住行无不和工程技术息息相关。20世纪下半叶以来，"工程"这一词汇在媒体传播和社会各界中的出现日益频繁，并且越来越超越原有内涵而广义化为学术界的、进而社会上的流行语。这是科学、技术和生产一体化、社会化、工程化进程不断加速和强化的生动写照，也是系统科学与工程的理论和方法得到越来越广泛应用的必然产物。

本书是美籍华裔科学家欧阳莹之女士近年的一部力作。它的书名不禁使人想起另一本名著《科学——无尽的前沿》(Science, the Endless Frontier)。那原是美国电气工程师万尼瓦尔·布什(Vannevar Bush)在1945年向总统杜鲁门(Harry S. Truman)递交的一份报告，提出了美国战后科学发展的基本战略、政策和举措。但是在此后漫长的60年中，尚未见一本论及工程学的类似姐妹篇与之匹配。

工程活动跨越物性和人性两大维度。工程创新既是连接科学发现、技术创新和产业发展的桥梁，又是这三者有机整合的结果。工程科学内容浩瀚，门类多样，关系繁杂，发展迅速，学科高度分化而又高度综合。工程和构建过程涉及方方面面，不仅包括科学的、技术的要素，自然的、生态的要素，经济的、社会的要素，还有人文的、伦理的和管理的要素。要在系统水平上描述或哲学上概括这一广大领域，难度之大，每每令学人望"工"兴叹，怯而止步。这大概就是为什么在布什之后60年中很少有人敢于问津的缘故吧。

60年过去了，《工程学——无尽的前沿》一书问世了。这即使仅仅对于工程界、工程教育界、学术界而言，也是功莫大焉。这一大胆尝试和成果，一方面固然同欧阳莹之女士的魄力眼光、深厚造诣和多年潜心研究分不开，另一方面也有着当今工程哲学、工程社会学悄然崛起的深刻学科背景。

作者原是一位物理学家，后来转向对科学、技术与工程的关系进行哲学思考。从内容上看，《工程学——无尽的前沿》是一本关于工程学的概论，把工程学整体作为自己的研究对象，译者在此姑且称之为"工学学"（类比于"科学学"）。该书提出了一系列颇有创新性的观点和论述，汇集和引证了大量为常人不易接触到的宝贵材料。在狭义工程学史方面，作者按照工程学整体发展的主要阶段，集中介绍了四个主要分支——土木、机械、化学、电气和计算机，在每一个分支中，都力求描述那些与其他分支共有的一般论题和概念范畴。全书从历史学的、社会学的和哲学的多视角，通过概念对案例的统辖、案例对概念的佐证的方式，以工程学发祥进化的历史轨迹、经济渊源、社会关系和发展前景为经线，以工程学知识系统及其物化的科学基础、思维方法和评价原则为纬线,交织出一幅波澜壮阔、色彩斑斓的工程学全景。

在这里要特别指出,作者所做的正是"工程哲学"的构建工作,尽管她在本书中并未明确声明这一点。从元理论的意义上看,工程概论最接近工程哲学这一工程学最高层次,有时实质上就是后者的另一种表述。尤其是本书对工程学本质属性、方法范畴、发展规律、评价体系和工程师社会伦理等方面的论述,更是触及了工程哲学的核心区域。

哲学家的宗旨是:"我思,故我在。"

科学家的宗旨是:"我发现,故我在。"

技术家的宗旨是:"我造物,故我在。"

工程活动主体(工程师和企业家)的宗旨则是:"我构建,故我在。"

在逝去的20世纪,由于科技和社会的双重推力,工程设施目不暇接,工程科学突飞猛进,工程教育不断变革。时至今日,工程创新已是创新活动的主战场,工学家、工程师和企业家共同成为创新活动的主角;工程教育在高等教育中的地位举足轻重,并使整个教育体系和社会体系越来越工程化。在世界各地大学里,"××科学与工程"或"××工程与科学"的院系和专业,比比皆是;人文和社会科学门类,也开始悬挂"××工程"的招牌。从业的工程师们,历来不断游走于自然物质技术和社会组织技术两大领域,肩负科学研究、技术设计和组织管理三大重任。现代工程师从事的,更是一种高科技、高投入、高风险和高回报的伟大事业,要求从业者具有高素质,即高视野、高理念、高情感和高责任的对称性。

随着21世纪的到来,全社会、全人类的工程意识也在加速普及和提升。可靠性、安全性、环境友好性和可持续性,业已成为工程评价的基本原则;以人为本,人与自然、人与社会的和谐发展,逐步形成工程伦理的核心理念。工程学和工程教育正在酝酿一次更广大、更深刻的变革。

工程学和工程教育迫切呼唤哲学的概括和指导。学科化、专业化、标准化是科学、技术、工程发展的需要和产物,但是一不小心也很容易使人养成"见树不见林""见物不见人"的陋习和偏见。正如中国工程院院长徐匡迪所说,工程需要有哲学支撑,工程师需要有哲学思维。然而直至20世纪末,哲学地图上的科技板块,中心区域依然是"科学哲学"君临天下,"技术哲学"位于边缘地带,"工程哲学"则位于边缘的边缘。

1995年,美国技术哲学学会主席米切姆(Carl Mitcham)在《朝向一种元技术的哲学》(Notes Toward a Philosophy of Meta-Technology)一文中,首次明确而完整地提出了"工程哲学"的概念;1998年,他又在《哲学对于工程的重要性》(The Importance of Philosophy to Engineering)一文中呼唤这门新学科的出现。

中国正在与时俱进,工程哲学开端良好。2003年,中国科学院研究生院成立"工程与社会研究中心",这是中国进行工程哲学跨学科研究的第一个专门机构。2004年6月,在徐匡迪院长提议下,中国工程院召开了一次工程哲学座谈会;同年12月,中国工程院在北京举办"工程哲学论坛";同月,中国自然辩证法研究会召开了第一次全国工程哲学会议,正式成立"工程哲学专业委员会";《光明日报》发表中国工程院副院长、院士杜祥琬文章《工程师要研究和运用工程哲学》(2004年12月27日)。2007年7月,中国工程院院士殷瑞钰等编著的《工程哲学》一书出版;同年11月,由中国工程院、中国科学技术协会和中国自然辩证法研究会联合举办的"工程与工程哲学研讨会"在北京举行。

21世纪初年以来,工程哲学已经成为国际关注的新热点,学术研究的新领域。这是工程界和哲学界互动和联盟的开始,也是科学哲学、技术哲学发展的必然。东西方应该在工程哲学领域加强交流合作,互相学习和借鉴,共同推动工程哲学的发展。上海科技教育出版社引进这部书,一定会对这一进程产生积极影响。

为了回应21世纪的新态势、新课题、新挑战,为了不致成为一位哲人早已告诫过的"分工的奴隶",理工科院校师生和行政管理者、技术家、工程师和企业家，工程第一线员工和其他任何乐于从事工程技术职业的人，都需要学点工程哲学；对于人文社会科学的学子和学者们，也大有必要把"提高科学素质"的要求拓展到工程素质，通过工程哲学这一桥梁走近和欣赏工程学全貌，以致同工程学各分支进行学科的交叉和移植。以上潜在读者，只要有高中文化程度，本书对于他们绝对"开卷有益"。正如美国哈佛大学工程学教授所言，本书必定有着经久不衰的货架生命。

本书行文洋洋大观，涉及人物数百，可能会给读者带来一定阅读困难。译者本已备好译注资料，但却发现，篇幅因此大大膨胀；也为了尊重原著的简明风格标准，故只好忍痛大部割爱。译者的建议是：重在关注和理解文中提及人物的事或话，而不必逐一去了解其生平事迹，正如我们想吃鸡蛋时，大可不必费心去打听是哪只母鸡下的蛋。如若有深入了解必要，可劳驾自行查阅相关辞书，其中一本是由李啸虎任第一总主编的《世界科学家大辞典》（国家重点图书出版规划项目、国家出版基金项目）。

本译本得以出版，首先应该感谢作者、哈佛大学出版社和上海科技教育出版社的大力支持。其次应该感谢责任编辑陈浩先生等人的不懈努力。他们专业而又敬业，工作一丝不苟，任劳任怨，往往为一个词、一句话的不同理解和译法，不惜费时劳心，反复讨论；而且，由于译者都负有繁重教研工作，如若不是他们的耐心催促，恐怕至今难以付梓。此外还应对关心过本译本的所有专家、同仁和朋友们，特别是提供后勤保障的葛宝蓉老师等，在此一并致以衷心敬意与谢意。

本书翻译工作由上海交通大学三位长期从事科技史与科技哲学研究的教师承担。李啸虎教授主译和审校，吴新忠老师和闫宏秀老师参译。具体分工是：除第二章三人合译外，闫宏秀译第三章、第七章；吴新忠译第四章、第五章；李啸虎译第一章与第六章、附录A和附录B、原注释以及其他相关文字,并负责对全书译稿进行统改。尽管译者如履薄冰,三易其稿,但仍惶恐有不信不达不雅之处,恳望读者不弃,识者赐教,以待今后再作修订和完善。

李啸虎

上海交通大学人文学院

2008年9月9日

◇ 第一章

导　论

"工程师象征了20世纪。没有他们的聪明才智，以及他们在我们生存所需的物质方面的设计、工程和生产中所作出的巨大贡献，我们现代的生活绝对不会达到目前这样的水平。"斯隆（Alfred Sloan）这样写道。他取得了大学工学学位，在白领职业生涯中一路升迁到通用汽车公司总裁的职位。胡佛（Herbert Hoover）原是一名矿业工程师，他职业生涯的顶峰是美国总统，正如他所评论的那样，工程技术不但提高了社会的物质文化水平，而且也满足了个人的生活需要。他说："这是一种伟大的职业。它的魅力在于：凭借科学的助力，目睹虚构的想象跃然成为纸上的蓝图，然后变成实实在在的石料、金属或能源，给人们带来工作和住所，从而提升生活的水准，增进生活的舒适。促进这一过程的实现，正是工程师们的很大特权。"[1]

工程技术是生产的艺术和科学，而生产加上再生产，是人类最基本的活动。作为一门实用技艺，它随着人类文明的出现而兴盛。遍布世界各地的纪念碑即使成了残存的废墟，也足以展示古代建筑师们的心灵手巧。近代工程技术和近代科学一起发蒙于17世纪的科学革命，借助科学的理性和知识的力量提升了传统的工艺水平。它直接参与了物质生产，在其中起了核心作用，一端融合着研究和开发，另一端则融入工业与商贸。科学、工程技术和商贸一起组成了技术发展的主要发动机,它们的产物早已渗入我们日常生活的方方面面。本书着重阐述工程技术,但没有忽略它与其他两方面的交叠和结合。到底工程技术的思想与实践拥有怎样的特点,以至于使它能如此有效地推动技术的发展呢? 它们与自然科学的关系又是如何? 工程师们在设计一个系统时会考虑到哪些因素呢? 他们的决策是怎样塑造技术革命的呢?

工程技术作为一种创造性和科学性的活动,它通过改造自然以服务于大众的需求和愿望,具有自然和人为的双重维度。工程师为了能够有效地改造自然,需要对自然界的现象和规律了如指掌,因而他们利用了自然科学的内容和标准。为了确定什么样的改造过程才合乎要求,需要懂得人性和社会经济的各种因素,所以工程技术又在它的实用性和服务性的使命上超越了自然科学。工程师所从事的工作涉及人和事,势必把自然和人结合在一起。他们通过发展物质技术来掌握一般原理,提取物质,创制工具,设计产品,并为有效的制作和操控而设计工艺流程。他们也开发组织技术来分析目标,评估成本和收益,受条件所限衡量各种因素,在相关各方之间通过协商达成共识,规划工程项目,以及协调生产过程中的劳动力。物质的和组织的两方面互相渗透、互相强化,从而提高了工程、技术和社会福利的水平。

在过去的一个世纪里,工程技术得到了非凡的发展。它的科学尖端性随着它所创新技术的复杂性而水涨船高。它的管理学和社会学视野随着生产范围和技术风险的扩大而不断拓宽。工程师们致力于科学、设计和领导,在发挥专业的物性和人性力量方面施展身手。通过这些活动,他们增进了知识,改进了仪器和组织结构,这些方面都是技术的主要宝库,体现了社会的科学生产能力。

工程技术是科学的。它的首要方面,即科学,非常接近但又不等同于自然科学。电气工程师布什精辟地阐述了两者的关系,他在1945年向美国总统递交了一份报告,题目是《科学——无尽的前沿》,提出了建立美国国家科学基金会(NSF)的愿景。他在另外一篇文章中写道:"在工程师与科学家的所有关系中,工程技术与其说是科学的产儿不如说是科学的伴侣……虽然每个人都知道工程学是用于将科学转化为技术的,但不是每个人都知道工程学也在做着正好相反的事情,即将技术转化为新的科学和数学。"[2]科学家们十分清楚这一点。物理学家麦克斯韦(James Clerk Maxwell)在他的革新了电磁理论的论文中承认:"电磁学在电报技术上的重要应用,反过来也促进了纯科学的研究,因为它既使精确的电学度量具有了商业价值,也使电学家们得到了在规模上大大超过任何普通实验室使用的一系列仪器设备。由于对电学知识的迫切需求,也因为在实验上有机会获得它们,电学硕果累累,不论在激发杰出电学家的活力方面,还是使具有一定精确性的知识渗入实用型人才的知识体系中,都已经取得了巨大进展,这很可能有利于整个工程学专业领域总体科学水平的提高。"[3]这段话是在1873年说的。从那时起,科学和工程技术的合作关系越发强劲,以至于常常被美国国家科学基金会看作是一个整体。

自然科学家发现前所未知的东西。工程师创造前所未有的东西。两者都是大胆地走在前人从未走过的道路上,但是两者又具有各自的原创性途径。随着过去50年中研究成果的不断增多,工程师们已经发展出了工程科学,不论在目光的长远、视野的宽阔、分析的深度,还是在创新性水平、研究的严谨性、认可的标准方面,都拥有能够与科学相媲美的连贯自洽的知识体系。在工程科学的发展过程中,工程师们既不刻意模仿自然科学家,也不轻易忽视他们的存在。工程师主要揭示和提炼生产活动中内蕴固有的独立逻辑,与之同等的是,亚里士多德(Aristotle)和伽利略(Galileo)分析和处理纯研究领域中的逻辑。独立性并不是偏狭性。工程师和自然科学家可以有不同的动机和关注对象,但是他们分享了共同的人类心智和物质世界。他们有共同的知识、方法和思维方式,其中包括数学和仪器设备、理论构架和受控实验,以及研究与开发。在许多工作领域,他们的合作是如此紧密,以至于要想严格区分两者是十分困难的。由于持续增长的知识不断冲破各种学术门类的原有界限,以及社会越来越需要科学研究带来有用的成果,自然科学和工程科学领域的重叠部分也与日俱增。遗传工程学占据了生物学大部分的前沿学科,纳米技术隐约预示着未来化学的发展方向。随着21世纪曙光的降临,学科大综合的趋势正在加快,学科间的交叉研究犹如雨后春笋般不断涌现。

工程科学拓展了知识,设计研制了特殊功能的仪器和系统,与此同时,它所涉及的领域也从人们日常使用的物品和服务扩展到能源、通信、运输、公共卫生和国防等社会基础设施方面。设计并不是工程技术的唯一方面,但却是它极其重要的方面。精良仪器的设计对自然科学来说至关重要,但它是服务于获取知识这一中心目标的。在工程技术领域中,强调的侧重点正好相反:设计成了中心目标,需要科学知识为它服务。工程技术的设计富于创造性和想象力,尽管它总是被许许多多的条件所限制,而这些条件是预期的产品所要满足的。设计包括从在开发中提出某个系统概念,到该产品的生产计划的各个程序。在这个过程中,工程师既要关注该系统的整体性能,又要关注构成它的每一个要素,直至最微小细节的运行情况,同时不能忽略系统运行所处的飘忽不定的外界环境因素。为了确保产品使用的可靠性和安全性,他们千方百计地预计种种可能的问题,并事先加以预防。没有任何科学原理能够囊括所有变化不居的现实问题,所以设计工程师必须既要具备高超的数学能力,又要具备实践洞察力和技术诀窍的明晰知识。洞察力和经验源于设计的实践活动,而一旦经由仔细观察、研制开发和系统化,便成了崭新的科学工程技术知识。航空工程师温琴蒂(Walter Vincenti)在他的设计认识论的开创性研究中谈到,大批的工程师"在从事设计工作,而正是在设计方面,他们所需要的许多工程技术知识,起源于一种直接的技术灵感"。[4]

设计类似于发明。然而在创造技术方面,工程师不仅仅是在发明,他们还要创新。创新所包括的全过程是:从看出创新的必要性,经过设计与生产把新颖的主意变成大规模的使用和经济上的回报。创新,有着广阔的前景,需要有技术和社会两方面的敏锐洞察力。比如说,设计和建造一个地铁系统,即使资金足够,其服务的(或者受其影响而带来不便的)社会共同体也是分为各种各样的人群,更别提政治家、环境保护人士以及与之相关的其他种种利益集团了。工程师必须仔细倾听他们的意见,同他们协商所有相关的问题,其结果将会影响地铁系统的设计,诸如站点的布局等。接下来的建造过程,会牵涉更多的社会群体,从上班族、承包商到诅咒绕道之苦的司机。在这里,组织技术的重要性昭然若揭,不易误解。

已建的工程系统都是货真价实的,具有实实在在的社会后果。在处理错综复杂的技术时,工程师们肩负着艰巨的社会责任,他们在提高人们生活条件的同时,还要承担偶发事故、遭人指责和负面效应的各种风险。为了迎接挑战,他们将视野扩展到社会需求、政府法规以及对环境的各种影响等方方面面。他们还必须戳破媒体天花乱坠的宣传和意识形态的巧言辞令,从而向公众解释清楚各种现实因素,帮助人们评估相关的重要性,掂量风险,权衡利弊,对与技术相关的公共政策作出理智的选择。为了能胜任这些任务,工科院校正在加强有关社会的与交际技能方面的教学。许多工程师都赞成他们的同行奥古斯丁(Norman Augustine)所说的话:"工程师必须像擅长处理重力和电磁力一样地善于处理社会的和政治的力量。"[5]

物性和人性的双重因素,以及科学、设计和领导这三个方面,为我们探究工程师这一职业提供了一个大体框架。这种多维框架并不意味着每个工程师都是所有这三个方面的专家。工程学是一个十分浩大而又门类繁多的领域。在美国,有200多万名在职工程师,100多个行业学会,涉及机械、信息和其他各种各样的技术领域。技术的高度复杂性势必造成脑力劳动中的社会分工。因此,工程科学家主要关注于研究,工程企业家和工程管理者主要关注于组织,而大部分的工程师主攻设计和开发,其中很多都是工程技术的核心部分。但是,这种主攻不是一成不变的。从事某一个方面工程技术的工程师,尽管对其他两个方面业务不是很精通,但也都得有所了解。工程科学家并不把自己束缚在象牙塔里,设计工程师也不仅是技术人员,工程管理者也不仅是负责统计数字的专家。他们都是创造和推进技术的工程师。土木工程师克拉克(Frederick Clarke)把广义的工程学很适当地描述为:

> "它负有微妙而艰难的使命,要把科学抽象转化为世俗生活中的实践语言;这也许是世界上要求最为全面的任务。因为它需要理解**两个**不同的领域——不仅有科学赖以安身立命的纯理论,还有人类社会中所有复杂事物的目标、动力和渴望。工程师必须同时是一位哲学家、人文主义者和精明务实、身手不凡的匠人。他必须是一位足以知道应该**信仰**什么的哲学家,足以知道应该**追求**什么的人文主义者,以及足以知道应该**制作**什么的工匠。"[6]

本书描绘了工程学的巨幅画面,而关于复杂话题的大画面必然是粗略的、不完整的。没有任何一项单一工作能够涵盖、哪怕只是概述像工程学这样丰富多彩的领域,它拥有伸展到技术世界所有角落的无数分支:航空和航天、农学、自动化、生物和生物医学、化学、土木和结构、计算机和软件、电力和电子、环境、工业、航海、材料、机械、采矿和石油、核能、系统控制,以及其他许多方面。为了提炼它们的总体特征而不忽略它们的所有细节,在这里我主要依靠概念和案例的综合。

本书包括了两部分的内容,每一部分都有三章的篇幅。其中第二、第三、第四章审视了工程学的历史和社会经济的渊源;第五、第六、第七章分析了工程学的内容及对技术的贡献。书中的这两个部分,分别采用了以案例引出概念的方法和以案例说明概念的方法。历史部分以叙事为主,但是历史事件往往表现为可导出工程技术各种概念的事例,而这些概念散布在叙事之中。例如,把化学工程的出现阐述为证明工程技术如何沟通科学和工业的例子。具体内容部分先是概要地解释了每一个论题的中心概念,然后立即从工程学各类分支中选择事例来说明这些概念。例如,系统工程的结构——从引出要求到具体设计——是通过两个飞行器的开发项目来分析和说明的。正是采用这种方法,我们不仅可以了解工程学的总体情况,还能够了解其中每一个分支的具体专业情况。这些特定的例子都阐明了议题中的一般概念,同时也获得了更为宽泛的意义。

关于历史部分的章节,包括智力的和社会的两个方面。第二章、第三章涉及智力发展史,从有关技术、工程和科学的概念的历史演变开始叙述。在狭义工程学的历史方面,我集中介绍了四个主要分支:土木、机械、化学、电气与计算机。在每一个分支中,我都力求描述那些与其他分支共同具有的一般性论题,例如,数理分析与理性经验论,确立各种科学基础,以及创建各种新的产业等。我希望它们能够充分地表达工程学发展的观念。

第四章描述了工程师及其组织的社会地位的提高。从介绍自学成才的先驱者开始,追溯专业学会、大学本科生和研究生教育、研究型大学和工业实验室的出现历程。以美国经济作背景,阐明工程学的贡献及其对工业组织的影响。

在本书后半部分的三章篇幅中,深入研究了工程学的技术和专业内容,分别集中阐述了工程学的设计、科学和领导方面。在第五章,一开始就分析工程师和自然科学家所共有的几种一般思维方式,然后从两个不同的衡量标准来考察设计。从小的范围来看,举出若干例子说明了各位发明家在思考过程中的启发、判断和辨明过程;从大的范围来看,采用技术系统的广义观点表述了系统工程的设计原理。个体思维除了惯有的未明确说明、凭直觉获知外,还是私密性的。系统工程学则不然,它拥有可清晰表述的、系统化的和综合性的扎实常识,而且能够应对复杂的情况。原本它是为了推进实施大型工程而发展起来的,它的理念现在对个体设计工程师也同样有用。

第六章把工程科学看作内在自洽的知识连贯体,并且论及诸如“为什么数学在这里会如此有效”这样的认识论问题。工程科学大致可以分成两种类型:一是**系统**类,例如信息论等;一是**物理**类,例如流体力学等。系统科学对工程学来说是内生固有的,而物理类的工程科学,包括了在相对应的自然科学中所没有的新颖概念。工程科学的优势之一就是它的综合能力,凭借这个优势,它们能够从各种不同的学科中综合出基本原理来,并把这些基本原理应用到广泛的实际问题中去。对于纳米技术和生物工程的未来发展而言,它们的作用至关重要。

第七章探讨了工程师是如何从事商务活动和如何接触社会的,他们所面临的道德问题是什么,以及为什么技术因素常常会被其他要考虑的因素所削弱。在这里,他们职业的人性方面凸显出来了。工程师在管理私人企业方面起到了重要的作用,同时在形成公共政策方面也有着次要但不可忽略的作用。作为风险技术的管理人,他们在与日俱增的社会职责和职业责任的压力下从事设计,不得不兼顾可靠性、安全性、环境友好性以及可持续性等因素。由于在全球不断膨胀的人口中大部分人的生活水准提高了,而自然资源又非常有限,这些任务因而变得越来越具有挑战性。只要可持续发展仍然是一个有价值的目标,工程学的前沿就永无止境。

第二章

技术腾飞

2.1　从实用技艺到技术

"夫以铜为镜,可以正衣冠;以古为镜,可以知兴替;以人为镜,可以明得失。朕常保此三镜,以防己过。"*这一名言出自公元7世纪一位皇帝**的笔下,当时他所统治的中国达到了古代文明与繁荣的巅峰。这个有关镜子的隐喻强调了"反思"的重要性。特尔斐阿波罗的神谕"认识你自己",不单单在古希腊和古代世界中流行。依据现时一篇关于商业管理的文章的说法,这句话是"领导者的首戒"。[1]认识你自己的一个很好途径,就是彻底反思你自己过去的一切所作所为。在一个项目结束以后,工程师们常常都要进行回顾分析,从中引出经验教训,而他们的同事也会在着手新项目时将此考虑进去。基于同样的态度,我们当下研究历史并非作为一种学术消遣,而是作为吸取以往经验从而理解现在和筹划未来的一种方法。

当今,工程师在研究领域中是自然科学家的同事,在开发领域中则是先导者。工程学(不包括计算机科学在内)获得了美国联邦基金中的

* 见《旧唐书·魏徵传》。——译者

** 即唐太宗李世民(599—649)。——译者

基础研究基金的大约 1/10,应用研究基金的大约 1/4,以及发展研究基金中的最大份额。鉴于工程学的实用性,它在产业资助研究中的地位尤为看好。美国的大学授予工学博士的学位总量要大于数学和物理科学的博士学位总和(见图 2.1)。人们不禁要问:工程学到底发展了什么能力,才能攀升到这种地位?

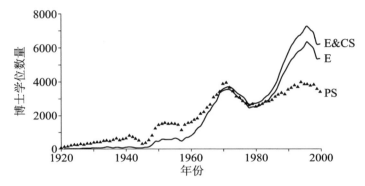

图 2.1　美国的大学每年授予的工程学(E)、工程与计算机科学(E&CS)以及物理科学(PS)博士学位数量。[资料来源:Census Bureau, *Historical Statistics of the United States*(1975), p.387; National Science Founda-tion, *Science and Engineering Degrees* (2002), tables. 19, 46]

作为生产活动发展产物的技术

工程师的聪明才智是不断提升的,但是这点很可能从未使苏格拉底(Socrates)叹服过,他曾向他们的先驱者,即实用工艺师们请教之后承认:"诚然他们懂得我所不懂的事情,但他们仅在那个方面比我聪明而已。"恰如我们现在往往把科学和技术相提并论一样,古希腊人通常也同时提到 epistēmē(狭义上是指科学,广义上一般指知识)和 téchnē(技艺),有时这两个术语还可以互换使用。[2]

柏拉图(Plato)声称:"我决不会把没有**逻各斯**(logos)内涵的任何东西称为**技艺**(téchnē)。"**逻各斯**一词在古希腊哲学中是一个重要的概念,从广义上讲,是指语言规则、逻辑推理和理性判断。拉丁文的古代文献中有亚里士多德的格言:"人是理性的动物。"按其字面意思便是"一种具有**逻各斯**的动物"。柏拉图解释说,正是由于具有**逻各斯**,像医学这样的**技艺**,才有别于诸如烹饪这样的经验或技能(empeiria)。[3]

亚里士多德阐明了技艺与经验之间的区别。他注意到人的心智可分为两部分,一个是没有**逻各斯**的非理性部分,一个是具有**逻各斯**的理性部分。他的进一步分析表明,理性思维至少展示了三种重要的能力。知识(epistēmē)处理恒常存在的主题,并引起理论活动(theōria);技艺(téchnē)处理事物的形成,并引起生产活动(poiēsis);思考(phronēsis)处理指导思想并引起实践活动(praxis)。所有这三种智力技能都能够获得知识,而不仅仅是看法。在理论活动和思考活动中清晰明了且前后连贯的原理和知识,就是我们通常说的科学和伦理学。可是在19世纪的工业技术出现之前,关于生产活动的原理和知识并不存在一个通用的名称。

亚里士多德阐述说:"**技艺**是一种有能力运用真正的**逻各斯**从事生产的状态。"他还进一步解释了技师们是如何运用真正的推理过程而获得生产的能力的:"凭经验所得的许多观念孕育出对相似客体的一种普遍判断,技艺也就应运而生了……我们认为知识与理解属于技艺而非经验,与此同时我们也认为技师较之有经验者更聪明,这是因为前者知其所以然,而后者却只知其然。经验者往往知其然而不知其所以然,而技师却知道'为什么'以及事物要这样做的缘由……一般说来,这是一个人拥有知识并且可以执教的一个标记,因此我们认为,与经验相比,技艺才是更为真实的知识;故技师能够教授他人,而只凭经验的人则不能。"技艺包括许多种类:数学、修辞学、医学、建筑学,等等。建筑行业的技师,即建筑师,由于他拥有建筑施工的原理知识而使其与劳工不同。亚里士多德将**原因**(cause)分作四个方面进行分析:质料因、形式因、动力因和目的因。学者们已经指出亚里士多德的所谓"原因"其实就是"因为",并且他的四因说回答了四个"**为什么**"的问题:因为事物是由某种特定的质料构成的;因为它的质料是以某种特定的形式组织起来的;因为它是由某种特定的动力所驱动的;因为它是为了某种特定目的而行动的。[4]亚里士多德期望技师能对他们的作品给出物质的、结构的、动力的以及功能方面的正确解释。无论我们的工程师们是否达到了这样的期望,他们都在这样做。

作为创造性生产的能力,所谓的**技艺**不仅包括实用工艺(practical arts),还包括艺术(fine arts)和文学,它们具有理性思考的活动,产生了绘画和诗歌。同一个人可以同时从事艺术和实用工艺,在文艺复兴时期这一现象表现得尤为突出。历史学家格拉夫顿(Anthony Grafton)评述说:"他们(文艺复兴时期的工程师们)并不严格区分我们现在所称的艺术(例如绘画和雕刻)和应用性工艺(例如桥梁建造)。恰正相反,同样的工艺师傅往往从事所有这些领域中的项目。"[5]他描述了诸如达·芬奇(Leonardo da Vinci)这样的工程师在艺术和实用工艺两个领域中是如何出色,而且并不认为一方比另一方卑微。在社会地位上,实用工艺和艺术分别获得了平民和贵族的形象,因为一个更多地隶属普通大众,另一个隶属上流社会。然而,古希腊的哲学家并非隐居在象牙塔里,而是走出去同市井中的凡夫俗子们进行交谈,他们已经意识到才智不分社会等级。尽管劳动生产和理论思考会因为具有不同的主题而常受到社会的区别对待,但是它们在智力品质上是平等的。前面引述的亚里士多德关于**技艺**的论述稍加修正后,也同样适用于科学概括与理论构成,它表明的技术的概念现在已为工程师和自然科学家们耳熟能详。

技艺蕴含着自身的**逻各斯**,而其在技术上有着系统性的提升。生产生活资料,寻找工作中的生活意义,协调工作,更新工具,利用资源和改变自然以使其更适宜人类生存,这些构成了人类为谋求生存而必需的共同能力。这些能力发展成为现代技术,犹如一粒橡子成长为一棵橡树一样;虽然技术也汲取来自自然科学和工业的信息并对其施加影响,但它的成长根基主要在于自身。技术绝非只是无意识的自然系统和社会系统的一种堆积,它本质上是属于智力范畴的,是对生产活动和创造性活动中所隐含的推理和知识进行阐述、概括、提炼和系统化的结果,而生产活动和创造性活动正是人类生存方式的核心。

拥有关联性的科学原理是技术的一大标志,这与传统的实用工艺不同,就好比现代物理学有别于古希腊天文学一样。毫不奇怪,技术概念的广泛传播,是伴随着现代工程师和应用科学家的兴起而形成的,这些人不断发展他们自己的推论,并将这些推论相互衔接起来。1829年,植物学家雅各布·比奇洛(Jacob Bigelow)发表了一系列关于技术的演说,将技术界定为"那些更引人注目的工艺,特别是那些涉及科学的应用,可能被视为有用的、能增进社会利益又能让从事者获得报酬的工艺的原理、方法和术语"。[6]他是麻省理工学院董事会成员,1861年该校的成立有助于普及技术的观念。大学里的学生不像作坊的学徒,仅仅接受一技之长的培训而缺乏融会贯通的教育,大学生们在科学实验室获得经验,在那里不但接受了普适性的知识,同时也培养了独立的思考能力。一旦人们意识到系统性的通才教育在大众教育中的优势以后,就开始创建高等学府来取代作坊以作为培养实用工艺家(即后来越来越多的人所称呼的工程师)的主要学习基地。

现代工程师的先辈们

现代工程师拥有一份值得骄傲的遗产。他们的先驱为各自时代的繁荣昌盛作出了很大贡献。他们修建道路、桥梁、运河、水利设施,以及给排水和公共卫生系统,从而确保了物质资料的生产,让人们生活得更好。他们构筑颇有纪念意义的建筑物,赋予他们文明的群体想象力和精神追求以物质形式和鼓舞力量。他们的许多作品经历了时间的洗礼而至今巍然屹立，成了令人敬畏的奇迹：古埃及和中美洲的金字塔、中国的长城和大运河、古罗马的水道网和竞技场，以及印度的泰姬陵等。

工程师的先驱们出身于各种各样的背景。像阿基米德（Archimedes）那样的一些人，既是物理学家又是数学家。另外一些人则是学者型的官员，负责主持建筑工程项目，研究他们从事的学科并作出贡献。其中一个例子就是弗龙蒂努斯（Frontinus），他监管了古罗马水道网的建设，并著有一本讲述古罗马工程详情的著作，关于这方面的书籍，保留至今的仅有两本。此外，还有许多人都是各自行业中技艺顶尖的灵巧工匠。[7]

古代的建筑大师都是知识渊博的人。古希腊语中的 architekton 或者古罗马语中的 architectus 都是"建筑大师"（master builder）的意思，他们设计和指导港口、供水系统以及公共建筑的建设，也就是我们现在所说的擅长于工程设计和功能规划的建筑师、精于建筑测绘和整体建构的土木工程师、熟悉物件起重和起重设备的机械工程师、谙熟于组织工人的管理者。欧洲中世纪的石匠大师也是如此。维特鲁威（Vitruvius）在大约公元前1世纪20年代所写的《建筑十书》（De Architectura）中，将当时理想的建筑大师描述为精通书面语言、绘画、几何学、算术以及光学，同时也不忽略天文学、历史、哲学、音乐、医学和法律的人。因为天文学为测量提供了基础知识；历史有助于装饰的设计；医学有助于规划供水系统和城市布局；熟知当地的法律，能够使民用建筑的建设合理而又顺利地进行；而知晓音乐，则使人动作协调，能根据音量调整起重机与弹射器的绳索张力强度。[8]

维特鲁威在其论文的开始就声称那些建筑大师都是些善于创造发明的人，或者说是具有**天才**（ingenium）的人物。从赋予他们的尊称美名中可以看出，人们对建筑师的聪明才智是何等崇拜。从11世纪开始，那些精巧装置和防御工事的构建者——例如建造伦敦塔的艾尔诺思

(Ailnoth,活跃于1157—1190)——就曾被同时代的人用拉丁文称为**大师**(ingeniator)。该词又经由法文的**技师**(ingénieur)最后演变为英文的**工程师**(engineer)一词。这一名称具有两方面的重要意义。首先,它有别于那些按工作者所用原料对其进行职业分类的惯例,诸如"面包师""银匠"之类称谓。**大师**却以其**天才**(ingenium)而与众不同,"天才"意味着创新才智(ingenuity)和制作新颖之作的双重含义。这些意思在英文术语engine中被保存下来,在它被"蒸汽发动机"(steam engine)这样的意思取代之前,其原意指创新天才和新颖设计——这正是发明者总被他们的创造物光辉所掩盖的一个例子。其次,"科学家"和"物理学家"之类称谓是由学者们杜撰出来称呼那些先前被称为自然哲学家的人的,与之相反的是,"工程师"的称谓起源于日常习语,表达了一种自发的赞叹。⁹如果你曾经对北欧的哥特式大教堂感到敬畏,并惊诧它是如何建造起来的,你自己也许也会发出同样的赞叹了。

大师(ingeniator)的称号在文艺复兴时期变得十分流行,它是伴随着一种新型工程师的兴起而出现的,这些人不仅精通多种工艺,而且还将它们融会贯通。格拉夫顿注意到意大利文艺复兴见证了"一场技术和社会的革命——它从根本上改变了创造建筑物与文艺作品的社会结构,以及由此变革而生的各种产物。正如布尔克哈特(Jacob Burck-hardt)很久以前就说过的,这场革命的主角是工程师"。¹⁰在文艺复兴时期的工程师之中,达·芬奇精通数学,研究过各种各样的机械,在他的履历表上可列出长长的一串工程技能,并一度享有"总工程师"(Ingegnere Generale)的头衔。¹¹

在17世纪后期的法国,**技师**成了受过正规教育的技术官员的头衔。从那时开始,这个头衔很自然地被新兴的科学专家们所采用。首先出现的大多是从事建筑业的,他们自称为土木工程师。**土木工程**(civil engineering)开始是作为一个综合性的术语;"civil"一词是有别于军事的民用之意。随着非建筑类的采矿、机械以及其他工程学科分支的出现,它的含义逐渐变窄。现在的工程学有着许多的分支,每一个种类都是按其工作特性加以区分的。[12]

工程学和应用科学

从历史上第一个工程学会章程问世至今,工程师们说起科学的应用时都对其引以为豪。一般来讲科学是指人们知道或拥有知识的状态,这种知识是大体完备的、概念清晰的、推理严谨的、组织系统的、通过严格测试并在经验上得以验证的。依据研究主题的不同,科学可分为自然科学,如物理学和生物学;工程科学,如计算科学和信息科学;以及社会科学和人文科学。

当工艺倾向于只用来完成手边日常的特定任务时,科学构想却在考虑诸多种类的一般类型的任务。墨守成规的手艺人,通常满足于明了本行业的事物如何运作,但不知道为什么要如此运作;满足于生产而不将生产过程概念化;满足于运用他们自己储备的知识去解决他们目前的问题,而不是积极地获取新的知识。他们的工艺发明,大多依赖于小修小补,依据现存的解决方式稍作修改,而不是去作太冒风险的大变动,因为那些努力需要太多的智力与物质方面的资源。与此相反,工程师和自然科学家堪称近亲,他们并不满足于固守眼下最直接的任务,尽管他们从不会忘记实用性。诚然,就个体而言,一个工程师或许会不得不遵守一个妨碍他进行综合性考察的生产计划表。但就这个训练有素的群体而言,工程师们甘愿为一个更广阔的远景而耗费额外的资源;愿意探究他们所从事工作的原理;去质疑现成的答案;去非难他们自己原来确信的观点;去积极寻求潜在的选择方案;去综合概括、清晰表述并广泛传播他们的发现;去获取新的知识,其中一些或许没有直接的相互关联。这些努力拓宽了视野,但需要大量的经常开支,这好比上大学,即使不算学费,也会失去收入,因此代价也是很昂贵的。从当前从事的任务中退一步,并越过它往前看,科学视野消耗了资源并可能暂时妨碍了工艺的实施。因此在最初阶段,工程科学的发展使人厌烦,而且缓慢,科学构想不被同时代的批评家和一些历史学家所理会,他们草率地认为这些东西即使不会产生反作用也是多余之举。然而,当工程师们发现多种多样的人工制品都具有共同的典型特征要素时,他们就利用多方面的可能性来设计特定的系统。科学的优势使他们能够跳跃到更复杂的系统,把工匠们远远地甩在后面。

许多工程师将工程学等同于应用科学,许多大学盛行开设工程与应用科学院系。[13]纯科学和应用科学之间的区别是不明显的。或许,被人们最常引用的区分标准是研究者的动机不同:或是着重好奇心和强烈的求知欲,或是强调实用性和强烈的创造欲。但这种解释是不能令人满意的,因为人类的动机是多样的,并且是混杂的。基本粒子物理学或许是最纯粹的科学,然而物理学家需要巨大的加速器和对他们的科研有用的其他仪器。普朗特(Ludwig Prandtl)和他的机械工程学追随者们有了制作飞行器的设想,同时也增进了理论空气动力学的知识。一般说来,科学家和工程师之间的区别,与其说在于如何在知识和实用两者之间进行选择,不如说在于一个特定的研究者在权衡这两个要素哪个占的相对比重更大。这个区别是模糊不清的,而且其中有重大的交叠,这种交叠在汇集了大量人才的大型项目中不断增加。

全然不同的动机并不会支配全然不同的方法和结果。由好奇心动机驱动的研究所发现的未必就是无用的;电磁学和其他无数关于自然现象的纯科学研究产生了实用成果,这些成果强有力地改善了我们生活和交流的方式。由实用性动机驱使的研究,也未必因当前需求而受到严格控制。诸如深海钻探或利用核聚变产生无排放能源之类的战略性工程技术研究,是类似于抗癌之类的科学研究的。它们带有实用的任务,但这些任务是极端复杂的,且涉及许多人类尚缺乏理解但必须进行科学研究的现象。许多这种由实用性动机驱使的研究是长期事业,需要和由好奇心动机驱使的研究同样多的想象力和创造力。他们的成果不是归私人所有而是公开发表的,不是由顾客满意度而是由同行评议作定论的。这些实用性研究和纯科学研究在实践方面没有什么不同。

纯科学和应用科学之间的关系没有等级高低之分。一方并不总是或必须依赖另一方。应用数学既不是纯粹数学的运用,在认识论方面也不依赖于纯粹数学。它是一种定向完全不同的数学,从历史上讲,它在纯粹数学出现之前就已经存在了,同时智力方面也不在纯粹数学之下。其他应用学科也与此相似。关于自然的知识可以通过实用的活动或无私的研究而获得。人们能够在纯科学研究中发现一些新知识,并随后将其应用于实践目的,如将量子力学应用到电子设备的研制中去。同样,人们也能够首先实践,然后将直觉获得的知识加以提炼并使之系统化,例如在热机推广后热力学得到了发展。在科学和技术的发展史中,这两种现象曾经无数次地出现。[14]简而言之,纯科学和应用科学之间的差异在于定向不同,而不是智力水平的高低。撇开偏见和老一套的曲解,将工程学视为应用科学,一种面向实用和应用的科学,是合理而荣耀的界定。[15]

技术变化的动力学

技术拥有一种创造性生产的科学能力,使人类活动得以实现。正如所有的潜能一样,它或许被发掘出来,或许还没有。经济萧条时工厂停工,诸多工程师和科学家被迫去开出租车养家糊口,那是在浪费社会的技术能力。工作者在他们的技术活动中发挥着一种社会的技术能力的作用。工程技术、科学和工业生产中的活动一旦产生,这些结果反过来又引起了需求拉动,并为技术进步提供推动力(图2.2)。

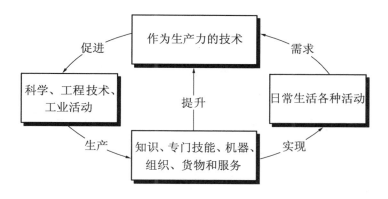

图2.2 作为一种科学生产力的技术的动力学

技术的成果以许多有形的和无形的形式出现,包括很多令人眼花缭乱、不同种类的物品和服务,其中的大多数被人们在日常生活中消耗掉了。隐含在器械设备中的技术最为引人注目,它使人们能够做那些被视为"神奇的"事情,例如懒洋洋地躺在海滩上,与几千千米之外的朋友交谈,或者运用先进的透视显像器械对内脏器官进行医学诊断。即使在食品和纺织品这些技术作用不甚显著的领域,技术仍然对生产和分配系统默默地作出贡献,使它们获得更为广泛的应用,并让公众消费得起。具有技术含量的物品和服务改善了人们的物质生活条件,从而为人们展现了新的可能性,并使更多人拥有更多的可供选择的生活方式。但是它们的到来不是没有代价的,例如污染环境、改变岗位以及破坏风俗。于是人们即使不拒绝全部也会拒绝大多数的新技术;有些人正是这样做的,有些人则鼓吹这样做。然而大多数的美国人认为,与技术使他们能做到的一切相比,付出的代价还是不大的。纵然如此,他们也不是消极地接受一切。[16]他们对不同技术的产品进行积极的选择,由此会产生不同的需求拉动,这些需求拉动又会影响技术变化的方向。

供给面或创造面是其他技术活动成果的生产车间,其中包括:只能意会的技能和明晰表述的知识,工具和机器,物质基础设施和社会基础设施等方面。与其产品和服务相比,它们在数量上只占小部分,但就重要性而言则不可小觑。就像人们会将利润再投资以谋求经济增长一样,这些技术成果反过来又促进了技术进步。它们拓展技术能力是通过扩充其四大主要资源储备库来实现的,即:知识、工具、组织和人力。

一般说来,知识是明晰的,或是意会的。意会的知识隐含在人类的技能和经验、物质器械和工厂的设计及运作,以及工作和管理的组织之中。我宁可用特定的术语来指称那种只能意会而不能言传的知识,而**知识**这个词主要指能清晰表达的信息。明晰的知识是事实性的,也可以是程序性的。关于事物状态的事实性知识,其范围涉及从物理定律到各种材料对各种建筑的适用性等。关于如何做事的程序性知识,其范围涉及从计算机识别的运算法则到炼油的催化裂化工艺流程等。原则上,书写的信息是便于携带的。但实际上,技术转移是艰难而不确定的;除无法控制的偶然性之外,它依赖于其他三个资源储备库的状况。

技术的第二个资源储备库由人工制品和工具组成。除了无数的日常生活用具之外,它还包括:科学仪器和医疗仪器;制造业和农业的机器和工厂;建筑物、道路、桥梁和港口;用于海洋、陆地、天空、太空的交通运输工具;石油天然气管道和电力网;电话网和广播网;水治理和垃圾治理设施等。对这些方面的投资超过了对生产的物质原料的投资。工程师汲取可靠的经验和技巧,并将它们设计成硬件,制造一些使操作自动化的工具,也制造另一些便于手工操作者熟练操控的工具,还有一些则是增强人的技能的工具。因此,工具就是知识、诀窍、技能的物化,目前它们大部分还是手工操作的,但智能的成分正在不断地增加。

有效的劳动组织机构是一种基本的技术能力,教育和研究的组织机构也同样如此。因为技术对生产因而也对经济如此重要,以致它的结构与工业的、商业的、金融的和市场的结构缠绕在一起。许多社会机构,如法律的和政治的系统,仅将技术视为一个较次要的因素。然而,它们就国家安全、专利法、环境法令以及其他无数的问题所作出的决定,对技术变化会产生强烈的影响。

　　工程师们通过他们在工程的科学、设计和领导方面的各种活动来促进知识、工具和组织机构的发展。他们自身属于第四个也是最重要的技术资源库,即人力资源。如果技术能力不被从工厂操作员到企业经营管理者这些具有必备专业和技能的员工所激活,那么技术能力就是处于休眠状态。在员工群体中,工程师和科学家的地位是独特的,因为他们不仅生产物品和提供服务,而且还带来了更多的技术。在将技术能力运用于研究、设计和开发的过程中,科学家和工程师们通过创造新的知识、技巧和工具来扩展技术的能力。他们还通过撰写论文、教育培训和组织课程来促进学习,培养人力资源。

　　在创造和消费两个层面,人类行为都是产生技术的源泉。行为在原则上是自由的,但在实践中却是受约束的。从任何地理的和历史的观点来看,技术活动受到可利用的技术能力、经济、政治和其他因素的限制。人类活动可能有时活跃,有时平静,但只要人类存在,这些活动就将永不停息。技术因为连续不断的活动而具有活力,并伴随历史的发展而演变。受科学创新和不同需求的驱使,受机会和文化的影响,新的技术能力不断地被创造出来,旧的则被修改或遗忘。其中的波动是非常复杂和不可预测的,但是总的发展趋势还是看得清的。

工程技术的历史发展阶段

　　近代工程技术的历史是技术能力不断拓展的历史。它包括三个互相交叠的阶段。每个阶段都拥有与技术内容相关的智力方面和与人类组织相关的社会方面,每个阶段亦都与某种工业生产方式相联系。在经历了一个漫长的前奏曲之后,近代技术发展史的第一阶段出现在科学革命中,并贯穿于第一次工业革命的始终,此时机器因蒸汽机的出现而日益强大,开始在大多数生产中逐步代替了体力。传统的工匠将自身转变为近代专业人员,特别是在民用建筑、采矿、冶金和机械工程技术中对工业革命作出了重大贡献。实践思维方式也由原本的直觉思维,渐渐变成了科学思维。于是,工程技术学院和行业协会出现了。

近代技术发展中的第二阶段产生了新的学科,这些学科推动了以电力、大规模生产和传输为特征的第二次工业革命。在这些学科中最突出的是化学工程和电力工程,它们在与化学和物理学的紧密结合中得到发展,并在化学工业、电力工业和无线电通信产业的兴起中发挥了至关重要的作用。船舶工程师使海洋探险不再危险重重;航空工程师将古老的飞天梦想变成了为普通人提供便利的一种旅行;控制工程师加速了自动化的步伐;产业管理工程师设计并管理大规模生产与销售系统。研究生院出现了,小修小补变成了产业研究,个人的发明被组织成为系统化的创新。

第二次世界大战期间的技术进步开创了近代技术发展史的第三个阶段,即工程科学到来的时代。航天工程学征服了外太空;原子能的应用促使了核工程学应运而生;具有人类从未梦想到的性能的高级材料,在材料科学与工程的实验室中大量涌现。最为重要的是,微电子学、通信工程和计算机工程的通力合作促成了信息革命的到来。这个时期见证了工程学的研究生教育日渐成熟以及在国家层次上组织的大规模研究与开发(R&D)的兴起。

在21世纪之交,除了信息技术的迅猛发展之外,工程技术的一些新领域出现了,其中尤为显著的是生物技术、纳米技术和环境技术。这些技术的研究范围极具复杂性,不仅越来越需要各个学科之间的相互合作,而且还需要传统的科学和工程学的知识融合。也许,技术发展史的第四个阶段即将来临,将使融合化和专业化这两股牵引力协调一致。

2.2 结构工程越来越数学化

"在闻名遐迩的威尼斯兵工厂里,你们威尼斯人所展现的经久不衰的活动提示人们,对于勤学不倦的头脑来说,尚有一大片领域有待探明,特别是那些与力学有关的工作部分。因为在这一部门,种种仪器和机械都是由许多工匠坚持不懈地研制出来的,在他们中间必定有些人部分地是通过继承他人的经验,或部分地是通过他们自己的观察,在解释自己的工作时已经变得愈加聪明,且高度专业化。"[17]这是伽利略在1638年出版的《关于两种新科学的对话》(*Two New Sciences*)一书开头所写的一段话,该书是他以对话形式出版的两本重要著作之一。

伽利略在科学革命中是一位关键人物,他不仅研究星空,而且还研究他同时代居民的生产活动,特别是威尼斯的大规模土地开垦规划。他自己拥有一项抽水装置的专利。更为重要的是,他提倡对机械、仪器以及其他生产用具给出系统的说明,而这预示着工程科学的黎明,尽管还需要历经很长一段时间才能看到日出。

材料和结构:首次抽象化的研究

伽利略注意到,威尼斯兵工厂的工人们制造出了精巧的装置,并且对他们的工艺流程作出了许多有效的解释,但是在面对别人的深究时,却不善于为自己的解释辩解。例如,他们从经验中得知:不能从几何学的角度,将一个小的模型按比例放大为一座大厦。假如模型和建筑物是由同一种材料建造的,很可能前者能够挺立而后者则会倒塌。为什么会这样呢? 工人们的解释是含糊不清的,往往招来学者们的嘲笑。伽利略挺身而出为工匠们辩护,争辩同样的答案需要有更为合理的理由来论证。他自己关于比例的解释,显现出了科学思维的特质。

造船师制作大船所用的单位面积的脚手架要比制作小船所用的更多，并且能为特定尺寸的船只估算所需脚手架的密度。这是他们的工作。满足于已有的成功，他们忙忙碌碌地工作以养家糊口，没有停下来做更深入的探究。伽利略则做到了。他进一步询问**为什么**，并且探询经得起深究的答案。他对自己调查得到的情况进行了**概括**，并把造船实践视为一种**典型**的工艺流程，即按比例缩放的一个案例。比例关系包括许多表面上看来支离破碎的案例。关于比例概念的另一个例子是，当大动物和小昆虫从同一高度摔落时，大动物更容易折断腿。伽利略把各种各样关于比例的案例贯通起来，将**材料强度**视作机械性能的一个重要参数。[18]

伽利略的方法具有科学和工程学的特征。当他遇到特殊案例时，会开阔自己的视野去寻求具有代表性的典型情况，并把该案例作为其中的一个例子。概括的方法使他能够比较各种不同的案例，从多变的细节中进行抽象，从中识别出重要的模式或规律性，并且通过范例得以**体现**，同时把它分析为各种要素。为了研究机械，伽利略仔细思考了一个最简单的范例——一根置于墙外的悬臂梁。他根据两个要素进行分析：所使用的材料具有一定的强度和重量，以及悬臂梁的承载力原理。这个分析使材料和结构两个要素变得清晰起来，在众多工作者的不懈努力下，后来发展成为**材料科学**和**静力学**，而这两门学科是土木工程技术的核心。

在伽利略的分析中，区分了自己命名的"具体的机械"和"抽象的机械"这两个不同的概念。抽象方法是工程学中的一种主要方法，作为一种系统理论的思维方式现已众所周知，按照这种方法，一件人造物通常呈现的特征是**结构**和**功能**方面的，而不是**材料**方面的。这使得工程师们几乎能够分别地处理材料和结构问题，为设计提供了很大的灵活性。例如，除一些诸如随机存取存储器变量之类的接口参数外，计算机软件从计算机硬件的大量物理元件中抽象出来,由此使得一个程序可以在满足此参数的任何计算机上运行。与此相似,悬臂梁的基本原理以抽象的方式描述机械,后者受到一些诸如杠杆臂的材料强度等参数的影响。这些原理可广泛应用到大量的结构工程之中,例如用不同材料建造的桥梁和高层建筑物等。

材料的定量和测量

一旦石头碎裂,木材弯曲,建筑物就处于危险之中。具备材料属性的知识对于施工的成功至关重要。早在伽利略之前的150年,建筑大师阿尔贝蒂(Leone Battista Alberti)就已经依据木材对各种不同建筑物的适用性来进行分类。阿尔贝蒂的书籍是第一本用铅活字印刷的有关建筑和结构工程的重要著作,而铅活字印刷机是在15世纪40年代开始采用的。印刷术便于信息的传播,但同时也限制了信息传播的**形式**。它不利于传播不能以书面形式表述的实践知识,然而也促进了人类进行抽象思维,并强调了规范概念的重要性。阿尔贝蒂用于材料分类的概念全部与材料表观属性有关,例如在各种不同条件下,不同种类的木头具有不同的颜色或相关的耐用性。在这一方面,阿尔贝蒂并没有超越他的老前辈。[19]

伽利略关于材料强度的理论是一个更有影响力的分类概念。尽管材料强度对于建筑是至关重要的,但是到那时为止仍然没有一个很好的界定,部分原因在于它深隐在物质形态的建筑物中。与阿尔贝蒂的定性描述相反,伽利略引入了强度系数这样一个定量概念,它更精确、更系统化,同时也易于测量。同样重要的是,强度的概念同张力和应力的概念密切相关,后两者都是结构分析的基本要素。这些都是难懂的概念。伽利略关于材料强度和横梁弯曲的理论都存在许多瑕疵和错误。在伽利略之后150多年,两位法国工程师库仑(Charles Augustin

Coulomb）和纳维耶（Louis Marie Henri Navier）最终解决了横梁的弯曲与挠曲的问题。在他们之前，胡克（Robert Hooke）、莱昂纳德·欧拉（Leonhard Euler）、伯努利（Daniel Bernoulli）以及另外许多人也都对此作出了重要贡献。然而，这150年征程的第一步，伽利略早已迈出。

除了提出这些概念以外，伽利略也引入了**试验**和**测量**的方法。人们可以测量材料的强度，并把它们作为参数代入到虽近似却简单的结构方程式中去，以求得实际的答案，而无需坐等材料科学的复杂理论的问世。很快，对于木料、石材以及金属，不仅能分析和测试它们的抗曲和抗拉强度，而且也能分析和测试其弹性和抗碾性。许多强度系数表公布出来了。其中一些表被贝利多（Bernard Belidor）收入《工程师科学指南》（*La science des ingenieurs*）一书中，这本书很可能是第一次使用了**工程科学**（engineering science）这个术语。该书出版于1729年，这比**社会科学**这个术语的首次出现早了60多年。

然而，有关材料属性的早期研究成果仅仅局限于实用性。它们往往是不可重复的、相互矛盾的。由于缺少标准化的标度和测量，从而妨碍了对材料的正确比较和系统化研究。许多材料的性质并非固定不变，例如铁器，会因产地和制造商的不同而相差很大。同样地，不稳定的材料样品，也会从根本上削弱复制和标准化测量的努力。正如土木工程师兼历史学家彼得斯（Tom Peters）所说："因此，为了开发可靠的材料和标准，需要可靠的材料和标准，这真是一种叫人左右为难的困境。"[20]在由许多松散相连的要素组成的复杂过程的动力学中，这样的状态并不是一种特例，而是一种规律。每一个要素都因为它自身内部动力和与其他要素的外部相互作用而运行着。它们互相拉动和牵制，艰难地促成整个领域的前进。

对材料性质和可靠性的改善姗姗来迟，这也部分解释了为什么直至1798年法国土木工程师皮埃尔-西蒙·吉拉尔（Pierre-Simon Girard）

关于材料强度的第一篇综合性近代论文才问世。在使用石材和木料的时代,建筑施工几乎不考虑用铁。采用这种新的建筑材料,法国尚在英国之后。作为早期的一位领军人物,特尔福德(Thomas Telford)可能是开创铁路时代之前英国最伟大的土木工程师,以设计建造许多道路和运河而著称于世。他是建造铁桥的先驱。同计划在1814年建造默西河悬索桥这件事有关,他用水压机对铁链和铁缆索进行了近200次的拉力强度试验。期间他得到了数学家巴洛(Peter Barlow)的帮助,后者在三年后将这些试验数据收入他自己的著作中,一般认为,这本书标志着英国材料科学的诞生。

在1856年之后,当贝塞麦(Henry Bessemer)采用转炉炼钢法,以及后来马丁(Pierre Martin)采用威廉·西门子(William Siemens)和弗雷德里克·西门子(Frederick Siemens)的平炉炼钢法生产出了廉价的钢铁时,关于材料的知识就变得越来越重要了。1865年,一个专门从事材料研究的实验室在伦敦成立。随着具有特定属性的材料(如金属、陶瓷、聚合物、合成物等)变得易于制取,许多取决于它们的高性能技术开始发展,材料实验室的数量也在不断地激增。由于注入了化学以及后来的分子物理学的知识,古代的冶炼术渐渐变成了材料科学与工程学,这方面的具体内容我们将在第6.4节作进一步阐述。

土木工程和结构工程中的数学

在1742年,罗马教皇本尼狄克十四世(Benedict XIV)派人诊断罗马圣彼得大教堂拱顶出现的裂缝。这次委任具有时代的特征——这个任务不是给了建筑工匠,而是给了三位数学家,其中的一位曾编辑并注释过牛顿(Isaac Newton)的《自然哲学的数学原理》(*The Principia*)一书。他们的理论方法和诊断结论引发了一场大论战。在对当年未曾自觉应用数学而建造的拱顶的诊断中,数学的效用性遭到了评论家的质疑。

然而,正如土木工程师兼历史学家斯特劳布(Hans Straub)所评述的那样:"尽管对个别的论证有异议,但是这三位罗马数学家的报告应被视为在土木工程史上具有划时代的意义。其重要性在于,与所有的传统和常规相反,对建筑结构稳定性的勘测不是建立在经验规则和静态感觉的基础之上,而是建立在科学和研究的基础之上。"[21]

对结构的平衡进行分析,是静力学历经漫长历史后出现的具有划时代意义的事件。其基本的原理,即杠杆原理和力的合成,是从阿基米德开始就被人熟知的,并在16世纪由斯蒂文(Simon Stevin)详细阐述过。伽利略引入了力矩的概念,并阐明了力的概念。静力学是力学通论的一部分,18世纪的物理学家和数学家为此付出了很多努力。然而,在很长的一段时期里,理论研究对工程实践的影响很小。初始的理论有过于简单化的倾向,没有抓住实际情况的实质内容。在工程设计中,由于把各种要素形成整体的结构尚不存在,而且设计要素会以无穷多的可能方式变化,要辨别出关键性的要素是非常困难的。分析现存的结构相对比较容易,人们可以像自然科学家一样行事,探求特定现象的数学表述。静力学理论首次在工程中的应用,是对一座现有建筑物结构——圣彼得大教堂的拱顶进行分析,这并不令人惊奇。那三位数学家应用一个简单的数学模型,就足以运用力学定律来分析和表述拱顶的复杂结构。他们计算受力状况,并得出拱顶的箍环承受不了水平推力的结论。他们提出,必须增加三个带着链条和螺钉的铁环来确保这一建筑物的整体性,结果这一建议被采纳了。[22]

设计新结构的难度更大。熟知现实情况的复杂性以及各种实际要求的工程师们,不得不开发最适合这个工作的数学工具。其中的先驱者有库仑。他先在梅济耶尔的工程技术学院接受专为法国军官设置的技术培训,接着又以军事工程师的身份在西印度群岛服役了9年,然后退伍潜心研究电磁学,最终发现了现在以他的名字命名的定律。他精通数学,并把数学应用到自己的工程师职业生涯中去,用数学公式表述和解决许多突出的问题,其中包括土压力、土滑移和梁弯曲等这些连伽利略也深感棘手的问题。彼得斯评述说,不像数学家"用一种方法研究一个问题,库仑工作的价值在于他与此背道而驰,仅把数学看作是达到目的的一种方法,将它作为一种工具使用,引入各种参数以同他作为建筑师的意图和经验相一致。库仑对他所采用的方法的系统性方面不感兴趣,只关注它们的应用。他最终得到的结果,不是有关方法的原创性的新颖见解或知识,而是它的功能性结构"。库仑在1773年出版的著作中写道:"尽我所能,我尽力提供我所使用过的足够清晰的原理,一个工匠只要有一点点知识就能够理解和使用它们。"[23]库仑在工程技术和科学方面天资聪颖,使他在理论和实践之间架起了一座桥梁,但对于大多数从事实践的手工艺人来说,还需要稍多点的不定期学习。直到19世纪初期,新型的技术大学才培养出用基础数学和科学原理很好武装起来的毕业生,此时理论静力学才真正形成。纳维耶正是站在这个历史的转折点上,人们通常把他看作结构分析的奠基人。

纳维耶受过良好的理论和实践的教育,这一方面来自巴黎综合工科学校的求学经历,另一方面来自他的叔叔戈泰(Emiland Gauthey)的言传身教,后者是一位富有实际经验的工程师,职位晋升至桥梁和道路总监。纳维耶曾设计过几座横跨塞纳河的桥梁,考察并撰写了有关英国道路和铁路的报告,介绍了许多解决工程技术问题的理论方法,发展了弹性理论,对流体力学也作出了贡献。然而,他对发展土木工程的最大贡献,是于1826年首次出版的他在大学的讲义。在讲稿中,他将前人在实用静力学和力学中的孤立发现整合为一个统一的理论体系,以使实践问题概念化并为它们找到解决方法。因此,他培养他的学生具备对工程技术最有价值的能力,用彼得斯的话来说,就是:"通过简化的理性选择把任意的案例建立在数学原理体系之上的能力。"[24]

由于理论具有概括性,因此关于现实世界的各种理论总是简约化的,它将许多杂乱无章和随机发生的因素一一省去,对于这些因素,科学家有时可以置之不理,但是工程师却不能这样做。然而,理论仍是重要的,因为它以基本概念架构的形式给人以洞察力,据此人们可以评估新的情况,应用积累的知识,预测可能的结果和选择可供解决问题的方案。一种好的理论与一种差的理论的一个区别,就在于它是否有能力在细枝末节和偶然性的旋涡中,通过精选的简约化而捕获基本要素。纳维耶通过他自身和无数前人的经验来获取发现,用数学形式加以表述和综合,把对施工十分重要的一些选项融入他的理论体系之中。于是他归纳形成了一个与物理学紧密相关但又不同的知识体系,即对各种各样建筑物都至关重要的工程静力学知识。在构建完成了自身的科学知识基础之后,建筑和施工就从一种实践技艺转换成了一门技术。

数学进入建筑施工现场

正如纳维耶所讲的那样,工业革命充满了蒸汽。全新的建筑材料——铸铁、熟铁以及日后的钢铁和钢筋混凝土——为石料和木材时代所梦想不到的设计展现了各种可能性。迅速扩展的铁路系统需要无数跨度更长、负荷能力更大的桥梁,以便能够承载轰鸣作响的火车头。因为这些工程大多数不是由政府而是由锱铢必较的私人投资者提供资金,因此必须确保在选用材料和施工工序中的低成本。狂热的竞争进一步需要以前所未有的速度来设计和建造工程。到处都在涌现新的供应、新的需求、新的问题以及新的机会。在一堆狭窄的意会知识中作微不足道变化的传统手工艺方式,既不能产生也不能跟上快速多样的技术变革。科学的工程技术的崛起遇到了挑战——科学和技术不断增长的复杂性,是在近代历史中一再出现的主题。

建造跨越英国梅奈海峡的不列颠大桥,是土木工程技术巨大进步中的一个小小例子。这座大桥是连接伦敦的铁路线的一部分，该段铁路的终点站设在威尔士，这里有前往都柏林的渡口。罗伯特·斯蒂芬森（Robert Stephenson）是铺设这条线路的总工程师，在1845年启动这一项目。他很快就认定，早在25年前由特尔福德建造的悬索桥对火车来说柔性太大，必须采用一种桥面硬挺的新式桥。于是他聘请了在锻铁施工方面有着20年经验的造船工程师费尔贝恩（William Fairbairn），以及霍奇金森（Eaton Hodgkinson），后者是一位因其理论分析能力很强而被同事称为"数学家"的工程师。恰当地选择人才，体现了时代和人的心智都在发生变化。当初特尔福德设计桥梁时，只悬挂一根全尺寸的链条来测量垂度，而不是用悬链线方程来计算。与之相反，费尔贝恩则惯于运用水力学来决定桥梁的外形，他邀请霍奇金森对这座桥梁预先进行数学上的分析。[25]

斯蒂芬森的团队决定建造一座箱型管桁铁路大桥。一根1380英尺（约421米）长的横梁坐落在中间的三座桥墩上，这在当时实在是大胆而又新奇的，但绝不是完全盲目的举动。纳维耶分析过有多个支撑的连续梁的力学机理，他的工作在1843年由莫塞莱（Henry Moseley）引入英国。但是其中所包含的数学是远远不够充分的，这一点也不仅仅是因为它缺乏彻底的测试，而使可靠性遭到怀疑。它没有涉及例如弯折等一些十分特殊的管桁梁问题，并且它太粗糙，不能满足详尽设计的规范要求。设计过程主要是以经验为主的，定量的决策以实验为基础。然而，理论构架的建立的确有助于决定进行什么样的实验，测量什么样的数据，如何分析它们并引出它们对所设计的大桥的重要性，以及决定将进行什么样的跟踪监测。

对于不列颠大桥的建造，霍奇金森的许多由理论推动的实验被人指责为浪费时间。然而，对于土木工程自身而言，这些实验绝不是浪费。它们提出了问题，找到了解决问题的方案，引入了正确的理念，检验了理论的正确与否,并发展了施工技术。麦克斯韦注意到,将电磁学理论应用到电报技术中去有助于发展科学本身。与此相似,由于精确的机械测定方法有了商业价值,也由于工程师们所实际使用的设备在尺寸上大大超过了原来在实验室中所用的模型装置,因此把结构分析应用到桥梁建筑中去,反过来也促进了静力学的发展。数学理论通过汲取和归纳从桥梁施工中收集到的数据,获得了更多的实质内容和可信度——这些理论对随后的建筑项目会更加有用。

建筑学和工程学的分离和重新接近

建筑业是一个庞大的产业,它在2000年占美国国内生产总值4%以上。建筑业中约15%是大型建筑工程,包括高速公路、街道、隧道、桥梁、大坝、征地平整、垃圾填埋场、供水和其他管道、电力和通信传输线路,以及工业用房。[26]这是土木与结构工程师的帝国。他们中有很大一部分人在为政府工作,因为许多民用基础设施属于公共事业。

该产业中的另外45%与建造楼房有关。在这里讲点有关建筑行业和工程专业的历史典故。工业革命展示了一种新的建造方法——铁和钢在建筑结构上的使用,这种工艺的潜力至今仍未被发掘殆尽。建造高楼,或跨越巨大的空间建造屋顶构架,都需要进行结构分析与精确测量材料的强度,这都属于土木工程师和结构工程师的专业技能。工程师们负责建造火车站、展览大厅、工厂厂房,以及其他强调功能的设施,这些都是在未经咨询建筑师意见的情况下就开始动工的。这两个专业曾经分离并疏远了一段时期。如果把伦敦的圣·潘克拉斯饭店和与它毗邻的火车站作个对比,则两种专业人员之间的隔阂体现得非常明显。这家饭店是一座富丽堂皇的哥特式建筑,而车站则是带有朴素无华的铁架和玻璃的拱顶建筑,两者没有体现出建造者们企图减少这种不和谐的迹象。这并不意味着实用的结构风格必定缺乏美感。这座车站广阔的空间展示了一种令人惊叹的庄严恢宏。美学问题在于它与毗邻大饭店的不协调。建筑史专家乔丹（Furneaux Jordan）在车站的图片说明中写道："1864年由巴洛（W. H. Barlow）建成的伦敦圣·潘克拉斯火车站，其铁屋顶跨度达243英尺（约74米），是19世纪最棒的工程技术成就之一。注意钢梁的巨大曲线是如何高过大饭店的哥特式小窗户的，并首尾相连。"[27]

装饰最终让位于技术。历史学家希契科克（Henry Hitchcock）评述道："近代建筑史学家已普遍而正确地强调过，在法国19世纪最后数十年中金属建筑业所取得的进展具有特殊重要性。这个时期的伟大名字不是属于一个建筑师，而是属于一个工程师——他就是埃菲尔（Gustave Eiffel）。"[28]埃菲尔曾修建过几座宏伟的桥梁，但是大多数人知道他是由于他于1889年在巴黎建造了大铁塔。埃菲尔铁塔周身是全铁结构，高高耸立达300米，它不仅经受住了自然力因素的考验，而且还经受住了美学家们大量如大山压顶般的嘲笑，最终它变成了地球上最受欢迎的里程碑式建筑之一。

作为一个工程结构，埃菲尔铁塔因其显眼而非同寻常。除了显露无遗的桥塔以外，这位工程师建造的高塔经常遭到与他另外的作品同样的命运，例如，他的支撑着自由女神像外壳的内部钢铁结构，除非在自由女神像的内部观光，否则所有的人都看不见并且容易忽略它。帝国大厦打破了埃菲尔铁塔保持了22年的高度纪录，它的内部就隐藏着钢铁结构。这种摩天大楼式的建筑风格，是由培养了埃菲尔的同一个工科院校的另一位毕业生所开创的。

詹尼（William Le Baron Jenny）在法国完成学业后，回到了自己的祖国——美国，他在转向建筑实践之前曾当了7年军事工程师。后来他成了芝加哥学派的领军人物，这个学派的许多成员在他的公司工作和学习过。美国高层建筑与城市住宅委员会宣称："詹尼建于1884—1885

年的美国保险公司大楼开始了钢铁框架结构的创新性应用,随后许多高层建筑设计纷纷效法,以其为特征。"[29]先前的砖石建筑的技术一向局限在承重墙上,高楼的墙壁造得非常厚实,16层的蒙纳德诺克大厦的第一层基础墙就厚达6英尺(约1.8米)。美国保险公司大楼的创新之处,在于几乎它的所有外墙都不是由自身支撑的,而是由内部的钢结构来承受大楼的重量的。尽管它自身只有10层高,但却引入了新颖的结构技术。对现代建筑物来说,天空才是它的极限。

小型建筑物结构的材料需求相对较少,因此为形式上的任意变化留有余地,摩天大楼则不然,在实际的材料要求上,它的内部结构必须和大楼的外部形式浑然一体。建筑师们占据了家庭房屋设计的领域,但对高层大楼的设计,他们的工作必须与结构工程师们紧密配合。在考虑建造一座建筑物时,建筑师强调的是人为的因素——它的美感以及为生活和商业服务;而工程师强调的是物理的因素——它在与自然力抗争中的结构整体性。建筑师可以把建筑物只看作完成了的产品,只关注它的外表和功能。但工程师则不能——他们不仅必须认真考虑建筑物的设计,而且还要认真考虑实现设计并将设计转换为物质的实体的施工过程。建筑师和工程师两种专业相互取长补短,经常合作组成一个能够提供一条龙服务的公司。这两个职业最初从古代的**建筑大师**(architectus)中分离出来,最终又重新走向合作。

2.3 机器试验

在美国独立战争的枪声响彻全球的同一年,詹姆斯·瓦特(James Watt)的蒸汽机也首次在商业上露面。正当1789年法国大革命举起了自由、平等、博爱旗帜时,英国却高举经济繁荣的旗帜,因为它的生产率跃升,贸易增长迅速。这就是被称为工业革命的时代,一个推动英国在世界经济与技术强国中确立先导地位的时代。

那些促使英国自诩为"世界工场"的人都是工程师的先驱,特别是在机械工程方面,他们给世界带来了机车和工业革命的其他标志物。瓦特有时被人誉为"机械工程之父"。由于瓦特兼备科学家、实用艺术家与企业家的品质,他的生涯展现了工程师的复杂性。他进行了科学实验,并试图掌握发动机运行的一些原理。除了蒸汽机,他还擅长设计各种各样的装置与仪器,其中有:飞球式调速器、气压指示计、冲程计数器、将气缸活塞的往复运动转变为发动机旋转运动的行星齿轮传动机构,等等。除发明和改进机器之外,他还组织合营公司来进行生产和销售,从而使各种机器有效地服务于社会,而且自己也富裕起来。[30]

以瓦特为例来理解工程技术,我们需要回顾技术的两个方面,即组织上的与物质上的。组织性的技术,涉及协调人与用于生产的物质资源之间的关系,包括企业事务与营销管理。很多机械工程师,包括瓦特、费尔贝恩和斯蒂芬森,同时也是企业家。物质性的技术,在最广泛的意义上涉及"自然的"形态,包括计算器与信息处理算法。能够实现高水平构造的自然技术的四个基本平台是**材料、动力、工具**与**控制**。我们在前一章已涉及材料,而在这里将审视其他三个平台。蒸汽机所提供的动力,把生产从体力以及风力与水力的地理位置局限上解放了出来。蒸汽机本身不仅需要具备能用于其生产的合适器械,而且要有能操作它们的控制机制。动力、工具与控制首先在机械工程中发展起来,然而其他工程技术分支要待物质技术发展后才参与进去。

工程技术中的科学经验主义

土木工程和机械工程在其产品与生产过程的一般特征方面是有区别的。土木工程师建造的是建筑物,而机械工程师建造的却是机器。各种建筑物在功能与形态方面性质相当接近。虽然每一座吊桥因为其不同的需要与环境会产生不同的问题,但也拥有与其他吊桥共有的突出特征。因此,土木工程的建筑结构更易于推广普及和用数学表述,而结构分析是最先走向成熟的工程学。与此相反,机器却有着无数复杂的功能。它们的形态与操作,相对于它们的功能来说是多样化、专业化的,更难以普适化与理论化。人们相对迟些发现隐藏在各种类型的发动机之中的关于热或流体的一般原理,而且全凭受到来自工程实践的显著影响后才得以发现。机械工程技术一直倾向于更多地以经验为导向,尤其在相关的科学处于萌芽阶段时更是如此。自然科学并非与工程技术毫不相干,但它的贡献一般来说更多的是在系统推理与受控实验方面,而不是在特殊理论与信息片段上。这在瓦特的经历中得到了说明。

据说瓦特从约瑟夫·布莱克(Joseph Black)那里得到了潜热理论,并用它来发明蒸汽机的分离冷凝器。这纯属杜撰。事实是,瓦特在自己的实验中独立地发现了潜热的效应。注意,他的实验可不是传统工匠的那种小修小补,这点很重要。瓦特曾经当过一个大学实验室的仪器制作工,正是这段经历使他与传统工匠有很大差别。他写道:"虽然我对蒸汽机的改进并没有受到布莱克博士潜热理论的直接提示,但他十分乐意同我交流关于各种议题的知识、正确的推理方式,以及作为例证向我示范的各种实验,这些的确向我传达了有助于推动我的发明进展的很多东西。"[31]

瓦特所强调的推理与实验,具有科学经验主义的特征,从而把工程师从工匠中分离出来。当校方要求瓦特安装一台用于课堂示范的模型时,他被引到了蒸汽机这一领域。在安装好这台小型发动机之后,瓦特摆弄着它,并注意到它很快便耗尽了蒸汽。他在琢磨大型的工业发动机为何能如此好地保留蒸汽。为了发现究竟是什么东西破坏了按比例的线性缩放,他剖析了这台发动机,逐个检验了它的各部分零件,并确认发生问题的原因是冷凝表面积不同。为了解决这个问题,他测量了蒸汽和冷凝水的体积与温度,发现了凝聚过程的潜热效应,决定寻找防止减损蒸汽机效率的途径,并提出了制造分离式冷凝器的新想法。这既不是盲目摸索,也不是随便摆弄,而是理性的探究与创造,具有科学经验主义的特征。

工程领域的科学经验主义的本质在斯米顿(John Smeaton)的实验中更为清晰地展现出来,对应于军用工程师,斯米顿是自称民用工程师的第一个英国人。他进行了很多实验,其中之一旨在确定各种类型水车的相对效率。如果说瓦特蒸汽机是一个革命性突破,那么斯米顿的水车可以作为进化性改革的例证,革命和改革对于技术进步同等重要。

一旦人们为了工业目的而驾驭水力,水车的尺寸与复杂程度也随之增加了。有两种类型的水车曾被人们广泛使用过。一种是**顶射式水轮**(overshot wheel),水从顶部进来,注满悬挂在水轮周边的水桶,借助于重力的作用而转动水车。一种是**底射式水轮**(undershot wheel),让溪水从底部飞速冲击着水轮的叶桨,利用冲力来推动水车运行。有一种理论专门论证了底射式水轮的优越性。因为发现这一理论偏离了实践经验,1752年,斯米顿进行了一系列实验。他建造了一个直径为2英尺(约0.6米)的水轮模型,变换着水轮周边的水桶或叶片这两种装置。水轮模型上系着一个可变动的负载重物。提供水源的蓄水池是根据可控制的水头与流速设计的。因此,实验装置涉及四个相互关联的参量:负载、水头、流速与水轮外围装置。他变动其中一个参量的数值,保持其他三个参量不变,设定负载重量与水轮转动速度的乘积作为每次测定的水轮输出效率。他取得的实验数据推翻了原有理论上的结论,确定了最佳操作条件,还提出能使水轮的输出功率加倍的改进设计。

斯米顿的工作对于自然科学中称为**受控实验**的一般经验程序和工程技术中的**参量变化**而言,提供了很有价值的示范。不像在特定设计中做可行性研究用的演示模型,斯米顿的模型水轮是关于设计的**一般类型**及其内在机制的科学研究。正如那些在可控的实验室环境中创造了真空或其他现象的自然科学家一样,斯米顿创造了他自己的实验装置。他区分了相关的参量,系统地改变它们,梳理出它们各自的效应与相互关系,对他的实验数据提出合理化的解释。这些正是自然科学实验中分析方法的特征标记。斯米顿从他的数据中得出了关于水轮运行的主要物理原因的特定结论。他在一篇科学论文中公开了这些结果。在近一个世纪之后,斯蒂芬森写道:"直到今天,在对科学工程进行最高级的漫游中,尚鲜见如此有价值的作品……而当年轻人询问我他们应当阅读什么时,我坚定不移地说:'去看看斯米顿的学术论文吧;阅读它们,完全掌握它们,没有任何东西比它们更有益于你们了。'"当他说这些话的时候,水轮正在逐渐被淘汰,但是斯米顿的思想与方法并没有过时。[32]

受控实验的重要性,并不意味着单单其本身就足以对科学进步产生影响。斯米顿的概念框架是相当粗糙的。这对诸如水车之类的简单机械已经足够了,但当机械变得越来越复杂的时候,它们就需要更加复杂的理论了,虽然这些理论对于简单的机械来说也许不够高效。与斯米顿同时代工作,而又独立于他的数学家约翰·欧拉(Johann Euler),把他父亲莱昂哈德·欧拉的流体理论用于分析水轮,得出了关于重力轮优越性的相似结论。这一工作为他赢得了科学奖金,但却被水车工匠们大大忽视了,因为对他们来说,约翰·欧拉的理论实在深奥难懂,也没有向他们提供较之斯米顿的经验成果更多的实践建议。然而,正是他的数学理论提出了一种更一般形态的水力机器,并成了水轮机后继发展的重要一步,水轮机现在还在水力发电厂里嗡嗡作响,而老式水车早已消失了。

来自能量转换发动机的动力

水车、风车、蒸汽机、内燃机,以及诸如此类的机器,构成了一类称为**原动力机**,即**能量转换发动机**的机器。它们是工业的心脏脉动,因为它们释放了储存在燃料、水和其他初级能源中的能量,并且把能量转化为有用的动力或机械功。原动力机的地位并没有随着电力的兴起而衰减,电力具有无比丰富的中介功能,它的产生是依靠发电厂中从自然能源里提取能量的原动力机。[33]

能量转换发动机的设计是机械工程的主要论题。随着机器变得日益复杂和精密,机器设计也越来越要求对其内在的物理原理有充分的理解,工程师和物理学家都对此作出了贡献。沿着能量转换方式的脉络发展的工程技术史,将追溯各种类型动力机的演变:水车如何变成水涡轮机;蒸汽机如何推动了铁路时代,并最后演变为在火力发电厂和大型轮船中运转的蒸汽涡轮机;内燃机如何统治着道路与天空,它既存在于螺旋桨飞机的不同型号的活塞式发动机中,也存在于喷气式飞机的不同型号的涡轮式发动机中。我们将会看到,这些发动机在反向操作时,如何变成了各种泵和冰箱。我们将会注意到,各种类型发动机如何汇合通向涡轮机的设计。我们将会对工程师的独创性深表惊奇,他们用可压缩流体作为媒质把来自燃料燃烧产生的热转化为有用的机械功。

发动机设计的进展伴随着对内在机制的科学理解的进展。沿着这条轨迹,我们将会看到,在研究蒸汽机的运行时,法国工程师卡诺(Sadi Carnot)是如何创立了热力学的;随后卡诺循环与热学又如何反过来促进其他热机的设计,特别是为绝大多数商用车辆提供动力的高效柴油机的设计。我们将会检验帕森斯(Charles Parsons)的反作用式蒸汽涡轮机;询问高效涡轮机的设计如何要求科学地理解流体的运动与压缩;它们如何促进流体动力学与空气动力学的发展;以及科学理论又是如何反过来使作为喷气推进器的燃气涡轮机的发明成为可能。

人类进行能量转换的历史表明,诸如热力学和流体力学之类工程科学的本质与作用是,把自然现象放在生产环境中去考察,并系统地探索它们在实际制约下的一般原理。它提供了把科学理论与工程设计相结合的动力学机制的另一个例子。鉴于篇幅有限，在此我只能一笔带过；实际上，我们已经在土木工程的场合中探索过这个主题，并且会在其他领域再次遇到它。

从蒸汽动力到自动机器

瓦特的创新性发动机设计在五年时间里一直被束之高阁，因为没有人有技能和工具来制作这种发动机。如果不是威尔金森（John Wilkinson）造出了一台能够加工大口径发动机气缸的钻孔机，恐怕瓦特的设计还会搁置更长时间。能量转换的发动机驱动着工业革命。作为复杂的机器，它们不能在没有合适的**机床**，即缺少制作机器的情形下自行起步。[34]

弦弓钻孔最早出现在约公元前2500年的古埃及；而有考古证据表明，曾在意大利中西部古国伊特鲁里亚出现的车床加工，可追溯到公元前700年左右。当达·芬奇在他的笔记本上勾画出车床、磨床、镗床和螺纹铣刀等加工机械的草图时，类似的机器工具已经在社会上使用，而且不断地得到改进。早期的机床是用于木工制作的，而木料随着工业的进步日益被金属所取代。制造了现代机器的机床，大部分是金属加工设备，能够精确地切割或塑造大量的大小不一的金属零件。金属远比木料更难处理，因而机床加工需要更多的工程技术知识。

蒸汽机、火车头和汽船的制造者在机床业中扮演着双重的角色。除了需求的拉动，他们还通过经营自己的机械商店而实施技术推进。当威尔金森在1795年放弃生意时，博尔顿和瓦特公司却建立起自己的铸造厂，并配备了商店，经营钻孔凿洞、大件车削、齿轮铣削、图案雕刻、设备安装和其他业务。它的主要竞争对手马修·默里（Matthew Murray）也很快效法。这两家工业工程商店，至少在私人部门中是第一批经营这种类型业务的,它们相互竞争开发制造发动机部件的新技术,例如设计一台机器来制造表面平整的滑动阀门。它们成了培养大量机械工程师的学校,而这些工程师中的很多人随后开设了自己的商店。随着它们的不断壮大,机床产业吸引了许多人才,其中有莫兹利(Henry Maudslay),他开拓了精密机床加工领域。他的机器商店培育了很多机械工程师,例如内史密斯(James Nasmyth),他发明了蒸汽锤,还有惠特沃思(Joseph Whitworth),他把加工精度提高到一个新的高度。

在工业革命中,英国高超技术背后的一个因素,是先驱工程师们开发出了性能精良的机床,他们在50年时间内将蒸汽动力时代转向了机器时代。费尔贝恩曾描述过这种技术风景线的变迁,他于1813年来到曼彻斯特,并在48年后的一次城市集会上发表演说时谈道:"当我首次进入这个城市时,全部器械都是由手工来完成的。既没有龙门刨床、插床,也没有牛头刨床;除了很不完善的车床和一些钻头,建筑业的预备工序全靠工人的双手操作。现在,每样东西都是由一定精度的机床来做,赤手空拳根本完成不了。自动化装置或自动机床在其内部几乎就有一种创造力;实际上,它的适应能力如此巨大,以至于不存在它无法模仿的人手操作。"[35]

正如当年费尔贝恩所预言的,美国正在从英国的手中夺走机床的领先地位,并会将它一直保持到20世纪70年代。美国人发明了两种威力强大的通用性机床——铣床与转塔车床。20世纪50年代,在航空工业界和美国空军方面的支持下,麻省理工学院开发了数字控制技术,从而把机床自动化提高到了一个新的水平。今天,在美国销售的3/4以上机床是由计算机控制其精确性和灵活性的。

"机床工业处于国家制造业基础设施的核心,它的地位远比它较小的体量所暗示的那样要重要得多。"麻省理工学院工业生产力委员会如此写道,他们担忧美国工业在20世纪80年代的下滑趋势。所有工业都直接或间接地依赖用于金属零件切削和成形的机床。如果他们的工具在速度、精度、可靠性、灵活性或成本效益方面比他人逊色的话，就会有失去竞争优势的危险。当底特律汽车制造厂商抱怨他们所能买到的最好、最快的机床早已在德国宝马汽车公司或丰田汽车公司使用了两年时，美国汽车工业正在酝酿一场危机。[36]

知识在机器中的物化

随着各种机器的相继激增，它们的工作机制也得到了系统的研究。1875 年勒洛（Franz Reuleaux）的《机器运动学》(*Kinematics of Machine*)一书分析了复杂的机器，解释了机器的各部分通常是如何作相对运动的，并描绘了总体上的一连串机制。这样的概念性概括与推论性阐述，就是农业工程师杜思韦特（Born Douthwaite）称之为"去实体化知识"(disembodied knowledge)。其实这种知识是很有价值和不可缺少的，并非言之无物。人们从经验中学习，"耳听为虚，眼见为实"，目睹真实事物的展现，往往不是口头表述甚至平面图像所能替代得了的。那就是为什么信息技术无法消除实地考察必要性的原因。杜思韦特解释了具体的机器本身，特别是能够完成以前需要人工操作完成任务的自动机器，构成了他所谓的"实体化知识"(embodied knowledge)。他举农业机械为例；实际上，机床同样也能作为例子。[37]

加工金属工件都有一些数目有限的基本工艺，且可分为两大类别。一类是金属成形工艺，包括铸造、模压、冲孔、轧制与锻造；另一类是金属切削工艺，包括车削、铣削、研磨、钻孔与镗削。每一种工艺都涉及若干工序，这些工序虽然各自单独看来都非常简单，但为了制造复杂的工件，必须以复杂的方式共同协作。为了完成每一道工序，工匠们已经发明了大量手工工具。他们的技能在协调使用工具以产生预期效果方面，至今仍然得以保留。那些**技能**正是工程师努力将之变为自动化的东西。工人们千方百计力求完成一道工序，而工程师千方百计试图辨别出一些重要特征，使其在物理上符合机器的整体设计，以便当那些特征发生变化时，在范围十分广泛的工作条件下，机器设计仍能适应工况而展示一流的工作性能。工程师提炼出某种技能的本质特征，并把它们融会到某种通用型机床里去。因此，自动化起到一种将技能诀窍蕴含在具体机器之中的**物理概括**的作用，这与用词语或方程阐明知识的**概念概括**截然不同。

与概念解释的分析趋势相反，知识的物化强调了各种要素在一个复杂的功能性整体中的综合。例如，车床是最古老的一种机床。时至1800年，现代车床的所有组成部分——主轴轴承、丝杠、滑板座——在一些地方仍然分开来使用。于是莫兹利以一种理性的设计思路修改了它们，并使之集成。他煞费苦心地确保这些不同构件能以巨大的灵活性、可靠性与机械可控性协同运行，从而使车床成为一种用于精密机械加工的基本工具。综合常常被看作是工程技术的核心。机械工程师兼历史学家伍德伯里（R. S. Woodbury）写到，莫兹利"进行了大综合，将所有这些更早的元件都集中体现在一个设计中，该设计设置了车床一直沿用至今的基本构形，正是这种构形使车床成为意义深远的工具"。[38]

另一个例子是约瑟夫·布朗（Joseph Brown）发明的通用铣床，它提炼并综合了来自近半个世纪铣磨实践的洞见。虽然原先开发铣床的本意是为了用麻花钻在工件上制造沟槽，但后来证明铣床具有巨大的多功能性。工人一旦掌握了用铣床制作沟槽的工艺，就较容易将它改装成适合用于其他产业的工作。如同莫兹利的车床一样，布朗的铣床变成了一种基本的、通用性的机器设计，它通过无止境地适应新的应用而一直保持这一特性。这些基本的机器设计就像科学原理那样，只不过是把一般知识物化在具体形态而不是抽象形态中。

自动化与反馈控制

没有任何东西比控制装置更有效地把技能和"诀窍"具体化为物理形态了。一个工匠控制着手工工具的运动以及它与作业有关的位置和角度。然而手工工具本身并不具备控制功能。随着技术的发展,越来越多的手工控制技术被整合到机床中去。例如,具有滑动刀架的莫兹利螺纹切削车床,正是通过将刀具的平移运动与毛坯工件的旋转运动进行机械性结合,从而获得了有效的控制。未来的趋势更是如此。[39]

一台通用型机器必须允许作相当多的调节以及运行误差,以便它能适用于加工制作形状各异的多种工件。如果没有附加的设备,调节机器运行是通过机械师的人工控制来实现的。为了使机器自动地制作某种特定形状的工件,工程师给它添加了一个控制器。当前,大多数控制器都是数码实现的算法。在旧时,作为机床控制器的部件是模板、夹具和制动开关,它们以与钥匙复制器相同的基本原理运作。用一枚在模板上移动的指针引导机床的运动,并用开关让刀具在工件所要位置上停下来(如图2.3a所示)。虽然制作模板和夹具的价格不菲,但是它

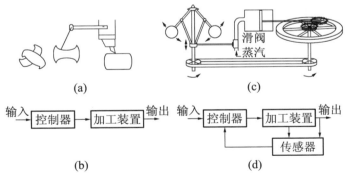

图2.3 (a)一块模板控制着机床的运行,生产出同样形状的零件。(b)从机床运行中抽象出来的一个开环控制系统。(c)瓦特的飞球调速器由一根转轴控制两个上下摆动的飞球构成,其转轴通过皮带与转缸式蒸汽机的转轴相连。一旦发动机突然出现不正常加速时,加速使得飞球摆动得更快,并由于离心力的作用而抬起。飞球的抬起移动了滑阀,按比例地关小蒸汽入口,从而减少进入发动机的蒸汽,导致它减速。(d)从自动调节蒸汽机中抽象出来的一个反馈控制系统

们对于复制很多同样形状的工件来说还是很划算的。它们对于大规模生产的兴起至关重要。

在控制工程中,被控制的系统一般称为某种**设备**。控制方案可划分为两大类。在**开环**控制中(如图 2.3b 所示),控制器拥有所有必要的信息,通过一个不用进一步信息输入的触动器来调节设备的运行。在更复杂的方案中,用一个传感器测量设备的状态,而控制器根据测量到的信息决定对该设备进行怎样的调节。这就是所谓的**反馈**控制(如图 2.3d 所示)。如果说开环控制器只是发出指令,那么反馈控制器就是一直监控着触动器的运行以及设备的反应,并以其后继指令来校正执行中出现的任何错误。

反馈这一术语是由通信工程师在 20 世纪 20 年代首先创立的。然而,闭环控制装置自古以来就一直在使用,例如在公元前 3 世纪,由拜占庭的菲隆(Philon)制造的油灯就已运用闭环控制了。受到水磨坊中用来调节上下两块磨石之间空隙的机械装置的启发,瓦特在 1788 年设计了飞球调速器。它与蒸汽机相配套,两者形成了一个以恒定速度运行的自行调节系统(图 2.3c)。这种飞球调速器属于一类称为**调节器**的反馈控制器,目的在于通过让设备变量之一保持恒定的值,使得整个设备得以稳定运行。可保持恒定温度的恒温器是人们所熟悉的一种调节器。调节器除了用在机器上以外,还用于各种工业设备,以调节温度、压力、液体或气体的流量、电流和电压,以及在不同操作条件下的其他变量。因为调节器必须在与测量相关变量值的传感器相连接时才运转,所以它们刺激了对度量仪器的需求。为了回应这种需求,工程师们发明了众多机械的、电气的、气动的,以及其他类型的传感器和信息传输器。

大型蒸汽船的建造,也导致了对另外一类控制器的需求。甚至希腊神话中的大力神赫拉克勒斯(Hercules)也无法转动有上千吨排水量船只的船舵。为了移动船舵，必须增大作用于转舵装置上的"手劲"，而这可以通过蒸汽机来实现。工程师们必须找到能够使船舵对转舵装置的运动作出精确反应的各种方式，并让舵手对船舵性能产生某种"感觉"。在1866年，格雷（McFarlane Gray）获得了一项具有反馈控制功能的操舵发动机的发明专利权，这一装置率先安装在21 000吨排水量的"大东方"号（Great Eastern）上。它代表一种新型的控制器，能修正一个设备变量的值，使其精确跟踪一个输入变量的变化值：让船舵跟踪转舵装置的指示运动。这种新型的自动控制器称作**伺服机构**（servomechanism），源自拉丁文 *servo*，该词意为奴隶或仆人。

飞球调速器有时会陷入上下摆动的状态。类似的情况烦扰着许多其他种类的控制系统，这些系统经常也是不稳定的，或者容易受到系统参数微小变化的干扰。这些问题引起了那些对动力系统的稳定性，特别是关于太阳系稳定性问题具有传统兴趣的物理学家和数学家的注意。1868年麦克斯韦把调速器当作由微分方程表示的动力系统来加以研究，11年以后劳思（Edward Routh）发现了一个稳定性标准。随着应用对象的不断增多和系统复杂性的提高，问题也随之复杂化了，要求用数学分析来解答。不久，米诺斯基（Nicolas Minorsky）和黑曾（Harold Hazen）等工程师提出了自动控制理论。1922年，米诺斯基分析了各种类型的驾驶伺服机构。他仔细研究了舵手们的人工操作，力图把他们的技能与知识不仅在自然形态上，而且在理论上结合到控制器里去。他发现，知道船舵偏离了所要求的位置与知道它的偏离变化率一样重要，并得出了清晰表述的三个项：比例、积分和微分公式（即 PID）。他研制的这种 PID 控制器能够纠正瞬时的、静态的，以及不稳定性的误差。虽说早在此前11年，斯佩里（Elmer Sperry）依靠理性经验主义已经造出了一个类似的操舵装置，但是正是米诺斯基的理论分析开拓了巨大的新领域。部分原因在于它澄清了概念，PID 控制器已推广到很多应用领域,直到今天仍在广泛使用。

控制机器与全套设备的操作,对于所有工程分支来说都是一个共同的目标。正当机械工程师为伺服机构而奋战时,电气工程师也在同电力传输系统稳定性和长途电话放大器等问题角斗。在第二次世界大战期间,工程师们一起合作,发现在各个领域表面上不同的控制过程背后隐藏着某种一般原理。在战后,当工程领域在第三次浪潮中奔腾向前时,技术上相得益彰的交流取得了丰硕的成果。在这些成就中就有复杂控制理论,我们将在第6.2节中继续讨论这一成就。

2.4　科学与化学工业

我们今天所知的现代生活的最显著特征是什么？也许电力、汽车、大规模生产和大规模消费将会在排行榜上高居前列。这些是发生在19世纪末与20世纪初的第二次工业革命的成果。[40]这里我们着重考察电气工业和化学工业,因为它们对现代社会的基础设施具有重大影响。它们从一开始就是科学密集型的产业,是开展工业研究的。作为新产业先锋的是一群新型工程师。学生们对工程学科情有独钟,特别是对化学工程和电气工程更是如此,因为他们意识到这门学科既满足了社会生产的实际需要,也使他们所从事的职业越来越有机遇。

不像土木工程和机械工程那样源远流长,可追溯到远古时代,化学工业和电气工程除了同前者一样都有一种坚定的实用姿态之外,鲜有前者那样的久远传统。它们源于化学与物理,并且充满了那些科学的见解。化学工程的先驱者大多是大学教授,他们强调科学及其基本原理的重要性。在自学成才的工程师兼企业家的初潮消退以后,美国电气工程的主导地位交到了诸如斯坦梅茨(Charles Steinmetz)和普平(Michael Pupin)等人的手里,他们精通数学和物理学,把这门职业带上了严格推理的道路。到20世纪30年代，电气工程师杰克逊（Dugald Jackson）注意到，"从物理学领域引入到我们领域的精确测量与受控实验，极大地促进了理性而准确的工程计算，也给电气工程教育留下了科学影响"。[41]电气工程师和化学工程师成了工程科学发展的领军人物。

化学、电磁学以及后来的量子力学，打开了通向以前还十分神秘的物理现象的大门。新开拓出来的一些领域庞大而复杂。为了探索和开拓这些领域，科学家与工程师联手了。但是，化学工程和电气工程不再是化学与物理学的附属物，就像一个人不是他的兄弟姐妹的附属物一样。它们具有不同的定位，并发展出了尽管有时重叠但有区别的基本内容。例如，在制药业上，化学家的工作更倾向于药物发现，而化学工程师则更关注药物生产的工艺流程的效率。在电信业中，物理学家更倾向于从事设备的研制，而电气工程师更多关注电力网的发展。化学工程自然而然地延伸到了生物化学工艺流程和生物技术领域。电气工程已经扩展到了覆盖微电子学和计算机科学的地步，而且支配了处于信息技术前沿的电信系统。

从化学到化学工程

自从拉瓦锡（Antoine Lavoisier）的著作在18世纪80年代出版以来，化学结束了它过去的炼金术历史，变成了追求自身利益的科学，并最终通向原子科学。然而，化学在医学和其他领域中的实际应用，总是受到重视与追求。实用性增进了化学的普及性。从18世纪末开始，新的推动力来自蓬勃发展的纺织工业。衣料的漂白和印染迫切需要生物碱的化学替代品，因为当时生物碱是紧缺物资。制备硫酸的罗巴克（Roebuck）铅室法，以及制备烧碱与漂白粉的勒布朗（Leblanc）法和更高级的索尔韦（Solvay）法，正是适应了这种需求。英国一度在这些重化工产品的生产中领先，但是到了19世纪末期，它就渐渐被美国超越了。[42]

有机化学在1810年问世。在珀金（William Perkin）于1856年发现第一种苯胺染料以后，全欧洲的所有化学家都竞相把苯胺和他们在实验中废弃的任何化学物质进行反应，以便创造出各种色彩。在凯库勒（August Kekulé）于1865年发现苯的六边形环状结构以后，化学家们在探寻类似染料或药物那样有用的有机成分时得到了理论的帮助。德国的巴斯夫、霍斯特和拜耳等公司，都是由化学家和具备化学技术知识的人在1863年左右建立的，这些人深知科学知识在他们产业中的重要性。这些德国化学公司与大学和开发性的工业研究实验室建立了密切的联系，从而成了世界其他地方的样板。这种研究使他们能够开发出上百种染料，并以比竞争者更低的单位成本来生产，发展新颖的产品与流程，并且分化出像制药业那样的其他领域。德国人很快就在精细化工制品方面超过英国，并继续在合成染料方面独占鳌头。

德国是化学与化学工业的世界领袖，但并不是德国人把化学工程发展为一门融科学概念与科学知识为一体的、富有特色的学科。化学工程是乔治·戴维斯（George Davis）在英国构想出来并通过美国人得以最终实现的，他们是麻省理工学院的沃克（William Walker）、刘易斯（Warren Lewis），以及他们得力的同事、工程顾问利特尔（Arthur Little）。这三个人，就像他们同时代的许多人一样，在德国从事研究。在1888年，麻省理工学院设立了首个定名为化学工程的四年学制课程，它后来在1920年成为一个独立的系。宾夕法尼亚大学在1892年设立了第二个化学工程系。大多数化学工程系起源于大学的化学系。尽管有了这样的名称，但是课程的早期内容主要还是化学加上机械工程。

富有特色内容的化学工程是在20世纪早期发展起来的。沃克、刘易斯和利特尔勾勒了单元操作并将之系统化，其基本流程普适于许多其他类型的化学反应器，使得工程师在反应器设计中能够以单元形式进行组合与匹配。由于有了这类核心课程，化学工程吸引了越来越多的学生。

在1908年,戴维斯的构想是通过美国化学工程研究院的建立而实现的,但却并非没有遭到来自美国化学会(ACS)的很大阻力。当电气工程迅速建立起与物理学不同的特色学科时,化学工程与化学已经有了一条更牢固的纽带,即化学工程师斯克里文(L. E. Scriven)所谓的"有时爱恨交加的关系"。[43]化学较之物理学更倾向于应用与贸易,今天人们注意到的这一点差别,可以对美国化学会的《化学与工程新闻》和美国物理学会的《今日物理学》这两份刊物作比较看出来。为了使自己有别于化学,化学工程就必须显示出比实用效果更多的东西。通过整合化学、物理学和数学,化学工程师创立了一门奠定在门类广阔的工业化学流程基础之上的工程科学。凭借着它的科学能力,建立起来的不仅有兴旺发达的职业,而且还有基于新工艺流程的许多新兴产业。

产品与流程

德国曾经在化学与化学工业方面领先世界。为什么它没有发展出化学工程?这里我们注意到了**产品**与其**生产流程**的重要差别。产品不能从论文的设计中魔术般地物化。有时候,甚至连最简单的产品都要求有复杂的流程,尤其是在成本、产量与时间上还有待裁决的时候。铝只是一种元素,而且是地球上含量最丰富的金属,但是人们花了很长时间才开发出有商业价值的从矾土中提炼铝的电解工艺。只是为了叙述上的简洁起见,笔者在讨论土木工程和机械工程的时候,才重点关注桥梁和蒸汽机之类的成果。实际上,建筑的工艺流程与制造的工艺流程同样重要,并且经常对产品设计施加种种约束。斯蒂芬森不得不放弃他的不列颠大桥原有的拱形设计思路,因为造桥过程需要暂时阻塞海峡,而英国海军部禁止这样做。鉴于这类法令是规则而非例外,它几乎强制要求现代桥梁在建造过程的每一道工序中都必须自承责任。对一座桥梁建造过程施加的约束,强有力地影响着它的结构设计。**为制造而设计**,这是产品工程师的座右铭,充分表明了仔细考虑产品工艺流程的重要性。[44]

产品与工艺流程的设计需要有相当的智力。这集中体现在表彰哈伯-博施(Haber-Bosch)法的两个诺贝尔化学奖。哈伯(Fritz Haber)因为发明一种合成氨的方法而获得1919年诺贝尔奖。博施(Carl Bosch)因为开发出制造合成氨的工艺流程而分享了1931年的诺贝尔奖。要不是工程师克服了巨大困难来实现大批量化肥生产从而造福于全人类,即使化学家有如此辉煌的发现,也只能滞留在实验室里。正是在生产的工艺流程中,化学工程才找到了它的合适位置。

工业上的化学工艺流程不是实验室化学反应的简单放大翻版。除受到成本、生产容量和环境影响等方面的约束外,还有很多障碍阻碍了化学反应从实验室试管水平成比例地放大到工业反应槽的水平。一个化学家可以在火焰上摇动一个烧瓶来加热、混合反应物以达到所要求的反应,但是要把相似的方法应用于一个有上千加仑体积的工业反应槽时,到头来很可能会以一场致命的爆炸而告终。具有较小表面和体积之比的大容器,对于热量的分布更为不利。为了加热容器里面的内容物,必须更细心地关注流体运动和热传递的过程,以确保化学反应所必需的适度加热与混合。与工业化学反应器相关的物理过程能够被系统地发现,而且它们的一般原理能得到研究。因此,它们能够很顺利地将种类繁多的化学反应按比例放大为有效的工业生产。正是在实施这些任务的过程中,化学工程将自身与化学区分开了。

由于技术和经济两方面的原因,工艺流程在化学工业中较之在其他产业中更为重要。从技术上来看,产品与流程的联系对于化学品来说牢不可破。很多化学产品,诸如聚合物之类,没有一成不变的工艺流程。虽然它们的分子结构是特定的,但它们最后的性质随着生产方法而变化。生产工艺对于产品性能的影响作用,在高级的与特殊的材料中甚至更大,而这些材料在未来会变得日益重要。鉴于这些情况,为了确保产品有令人满意的特性,工艺工程师的及早介入是完全必要的。

从经济上看,化学工业是资本与原材料密集型产业,而非劳动密集型产业。很多化学品是被大量消耗的日用工业品。因为大量生产,化学设备和其他方面资本投入的成本消耗可占产品销售价格的50%。很少有人能承担得起如此昂贵的设备,并用它们做实验来找到合适的生产工艺。因此,甚至在计划阶段,首先就必须把工艺看成头等大事,并以此来预测设备的运行性能。

化学更多地涉及产品的设计——化学分子与化学反应的设计;而化学工程,则是关于有效的制造工艺的设计。在初期的化学工业中,将化学反应从实验室按比例扩大到工业生产的工作是由与机械工程师合作的化学家完成的。这种跨学科的合作对于德国人来说是满意的,部分原因在于他们精通复杂产品:有机的与精细的化学品,诸如染料和药剂等。这些复杂的、专业化的和高价值的产品,需要复杂的化学知识而不是更多的工程技术。并不需要按比例扩大,因为它们的产量小,而它们昂贵的市场价格能够补偿相对昂贵的制造成本。在1913年,德国生产了13.7万吨染料,包括上千个品种;而美国仅硫酸就生产了225万吨。美国与英国的工业集中在化工品的大规模生产,诸如酸和碱等。这些简单而又价廉的产品只需要很少的化学知识,但是需要更多的工程技术来按比例扩大到巨大容量的生产。它们的微薄利润率鞭策着企业想方设法降低生产成本。所以并不令人惊奇的是,英国人和美国人要比德国人更有兴趣发展大规模生产工艺的科学技术——化学工程。

单元操作

早在19世纪,许多化学方法已经在工业上获得了应用,为了解释它们，一门化学的分支发展起来。工业化学家把每一种生产工艺都看作是一套单元，而不是把它们解析为各种构成部分，并根据它们的效用概括出一般性的结论。他们编写的教科书犹如烹饪大全，其中罗列的工艺足有上百种，各种方法相互独立而又有重复之处。每一种工艺（例如制备硫酸），都列出了一份所需要的装置和步骤的清单，而没有提示其中的某些步骤也可以移用于生产其他产品（例如苏打）。对它们的制法所作说明的这种独特性，阻碍了同样的方法移用于其他工艺，因此大多要靠耗费时日的试错法试验，才能打开新的局面。于是化学工程师被归类于"非科学"的科学家。

苹果熟落，月出月没。铁会生锈，煤可燃烧。成千上万诸如此类的自然现象被人们悉心记录并加以分类，这在系统性的观察中可能是一种良好的开端，但还算不上是科学。牛顿发现同样的物理定律支配着苹果下落和行星运动这些截然不同的现象。拉瓦锡发现同样的氧化反应发生于燃烧和呼吸这些截然不同的现象之中。更为重要的是，这些科学家都阐明了潜在的自然定律和过程，并精确地表述它们——有时采用数学方法——以致其他人可以预测前所未见的现象。对细枝末节加以抽象，从形态各异的现象中洞察隐含的重要模式，揭示它们的普遍原理，并用以诠释和预言新的现象，这些都是自然科学的核心能力。在工程学中同样用到了这些自然科学的方法，所不同的是，作为目标的现象通常都是人为的。

同工业化学相比较，化学工程学却从整体论转向分析法，从个别转向类型。它解析每一种工艺流程，关注点不是个别的实例，而是对许多工艺流程通用的操作类型。着重于类型，能确保这种解析不是主观武断的，因为同一类型的操作也见之于不同的工艺流程。组分操作遵从一般的原理，这些原理构成了化学工程学的统一基础。

戴维斯第一个看透了笼罩在化工工艺上的多样性的面纱。作为一个工业顾问和污染稽查员,他走访了多家各式各样的工厂,察觉到它们中存在着共同要素。在他撰写的《化学工程学手册》(*A Handbook of Chemical Engineering*)中,包含有讨论如下主题的篇章,例如加热和冷却、离析、蒸发、蒸馏等的运用。刘易斯评论说:"戴维斯的第一大贡献在于,他正确地指明了如下事实,即基本的科学原理普遍隐含于形形色色的化学工业中,它们的操作从根本上说是相同的。……早在**单元操作**(unit operations)这一术语创设前30年,[他在讲稿中]已经提出了它的实质性概念。"[45]

化学反应诚然是化学加工的关键所在,但是必须辅以许多其他的操作方式,例如让反应物得以适当地接触。工程师把一般工艺分解为若干个主要步骤,其中包括准备原材料,控制反应条件,提取最终产品等。对每一步骤的进一步分解又显示为若干单元操作的组合,其中含有的类型数目是有限的。反应物可能通过研碎、搅拌或其他方式来制备。某种化学反应可能需要加热或降温。反应物也可能是混合物,会在气态、液态和固态之间发生相变。在这种情况下,其操作就要确保各种相的适当接触。化学反应中也可能要采用催化剂以提高反应速率,因此还必须实施能够有效地运用和再生催化剂的各种操作。无论如何,反应器的温度、压力、液位以及其他参数都必须适当地加以控制;因此务必让溶液得以畅通无阻地流经反应器。反应结束后,生成物往往以某种混合物的形态存在于反应器中。除了目标产品外,可能还会有一些有用的副产品、尚未用完的可回收利用的原料,以及必须适当地除去的废物。要将它们一一加以分离,其操作方法包括蒸馏、蒸发、吸收、萃取和过滤等(参见图2.4)。

许多单元操作,例如增压和蒸馏之类,并非属于严格意义上的化学领域。但化学工程师对此并不在乎,仍然坚持认为它们值得科学界的关注,因为这些单元操作是化学反应从实验室规模跃升至工业水平的主要

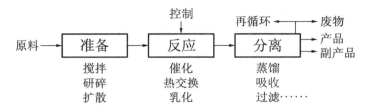

图2.4 每一种化工工艺都可分为三个阶段,而每一阶段都拥有各种各样的单元操作

难关。作为最初一级近似,它们可以从特殊的反应中抽象出来,独立地加以发展,在理论上建立模型,准备应用于一系列范围广泛的新工艺。

把化工工艺解析为单元操作还只是第一步。在开发新工艺时,为了选择合适的操作并将其综合起来,工程师必须理解在一定条件下操作如何进行,以及为什么要这样进行。为此,他们需要把握其中潜在的数学关系。自从19世纪80年代后期以来,物理化学家们一直在对这些操作方法进行调查研究。沃克、刘易斯和麦克亚当斯(W. H. McAdams)把物理化学和热力学两者结合起来。他们解释了无数的单元操作是如何运用一些普遍原理的,例如流体运动与热传递等。1923年,他们在著作《化学工程学原理》(*Principles of Chemical Engineering*)的序言中写道:"所有重要的单元操作都有许多共通之处,如果领会了理性设计和操作基本类型的工程设备所取决的内在原理,那么它们能成功地应用于制造的工艺流程,就不再是碰运气的事了,而只需良好的管理。"有效地进行预言是科学的特长。牛顿力学使物理学家能够预测彗星的回归。类似地,工程师们在他们的设计作业中预测产品的性能。正如麦克亚当斯所解释的:"工程设计的终极问题是充分发展基本而可靠的计算方法,以使人们能够从化学品的物理和化学特性中,预言新型设备的性能所具有的精密性和可靠性。"[46]在这里,与自然科学所不同的只是工程科学所强调的实践性。

从单元操作到工程科学

早期实施的单元操作,往往倾向于侧重显而易见的自然特性,其数学表述却十分粗陋。它所涉及的诸如热传递系数之类的各种参量,对于工艺设计和效率评估都很重要,这些参量都是凭借经验估算出来的。工程师们逐渐地做到在数学上使经验数据相互关联,深入研究了单元操作,以便在科学上探明它们内在的机理。搅拌、过滤、沉淀以及许多其他的操作,往往涉及流体的流动。流体动力学研究流体的黏滞性、摩擦力,以及密度、动量和温度分布等因素所引起的各种效应,自从牛顿以来,它一直受到科学界的关注。由于这些问题极为复杂,除了一些最简单的理想化案例之外,流体动力学的各种非线性方程至今仍然无法采用解析法。于是物理学家们知难而退,移情别恋。但是工程师们却不屈不挠地坚持下来了,因为流体的运动在许多实际应用中至关重要,其范围涉及从航空学到涡轮设计的广大领域。对于化学工程师来说,流体动力学的难度特别大,因为他们所要处理的不仅仅是一般的空气和水,而是一切种类的流体:黏性的聚合物;具有微观结构的泡沫和乳浊液;以及气态、液态和固态的混合物等。即使是运用今天威力十分强大的计算机,有关复杂流动的动力学中的许多问题仍然有待解决。回顾工程学的早期岁月,它所取得的进展不是建立在猜测性的解法上,而是引入了富有成效的概念以从经验数据中获得本质结构,并且构想出易于概括的实际近似解。[47]

学术界和产业界两头皆热。1929年,杜邦公司组建了由奇尔顿(Thomas Chilton)主持的基础化学工程研究组。小组里拥有数个具备理论头脑的杰出工程师,其中就有科尔伯恩(Allan Colburn)。以德国工程师的研究成果为基础,他们确定了重要的无量纲数群,在流体摩擦力、热传导和质量转移等参量之间建立了类推关系。一旦已知其中的一个比率,人们根据类推法就可以估算出其他的比率。科尔伯恩不厌其烦地探究工程学的一般概念,阐明它们对设备设计的重要意义。皮格福特(Robert Pigford)曾是杜邦公司的一位研究员,他在描述科尔伯恩的研究态度时说道:"如此明确地致力于在领会理论意义的基础上**使用**研究成果,堪称早期工程学研究的典范。"[48]

霍根(Olaf Hougen)和肯尼思·沃森(Kenneth Watson)在1943—1947年间出版的著作《化学过程原理》(*Chemical Process Principles*),运用热力学和化学动力学去处理化学工程学问题。伯德(Byron Bird)、斯图尔特(Warren Stewart)和莱特富特(Edwin Lightfoot)所著的《传递现象》(*Transport Phenomena*)一书,出版于1960年,该书提出了一个使人容易理解的数学框架,各种变量分布式地而不是成团地充塞着,从而覆盖了从方程变换到动力传递系数的一切。他们都呼吁工程师要更多地重视理解基本的物理定律,这对该学科后来的发展产生了意义深远的影响。

化学工程学的科学基础建立在如下几个领域之上:热力学,传递理论和流体动力学,反应动力学和催化作用。此外工艺流程设计还获得控制理论和计算技术的辅助。博大精深的科学原理和威力巨大的工具使得化学工程师能够去创新、构思、设计、扩大规模、建造、操作化学加工设备,以及尽快地转入新的研究领域。

青霉素生产中的科学工程

青霉素的战时生产充分体现了工程科学的快速适应能力,也有力显示了工程科学在产生实际成果方面补充自然科学的必要性。弗莱明(Alexander Fleming)在1928年发现青霉素之后,人们企盼利用其潜在作用的激奋心情很快便消退了,因为当时尚无人能够找到一条能生产足够数量的青霉素以供临床试验所用的途径。密布的战云提醒人们,伤口感染和炮弹爆炸同样致命,于是一个由弗洛里(Howard Florey)率领的英国科学家研究团队应运而生,他们决心研制出更多的青霉素而不只是为了满足实验室的好奇心。在使用上百个反应罐培养青霉菌一年以后，他们提取了足以在一个病人身上试验的药剂量。为了保留这种极其昂贵的药物，他们收集了这位病人打针后的每一滴尿液，以便提取其中所含的药分，并且重新注射回病人的体内。尽管如此竭尽全力地循环使用，可是到了第五天，当病人出现了明显的痊愈迹象时，青霉素还是耗费殆尽了。由于药物不足，这位第一个接受青霉素治疗的病人旧病复发，在 1941 年 3 月 15 日不幸去世。[49]

1944 年 6 月 6 日，盟军强攻诺曼底海滩，事前已为这次盟军士兵准备了充足的青霉素供应。早在 3 个月之前，第一个生产青霉素的商业厂家开始运营。时至 D 日反攻*前夕，该厂每月的生产量已超过 10 万份剂量。受伤的士兵注射青霉素以预防细菌感染，其中 95% 得以痊愈康复。从此，那些传染性细菌再也不能肆虐战场和医院了。

如果一种有效的药物比精美的钻石还要昂贵，那它就没有什么影响了。生产规模按比例增长，药品产量和痊愈人数都在与日俱增，使青霉素成了人类的救生员，这是化学工程的一大成就。1941 年 6 月，弗洛里携带他的研究成果来到了美国。在地处伊利诺伊州皮奥里亚的美国国家实验室的科格希尔（Robert Coghill）的主持下，一个项目迅速地确立起来并持续推进。这是在研究、开发和生产上最宏大的国际合作项目之一，其中政界、产业界和大学之间的信息流通畅通无阻。科学研究大大改进了菌种丝体、培养媒质以及化学工艺流程。然而，尽管产量有所提高，科学家们还得花上 18 个月时间才生产出足够供 200 个病人做试验的青霉素剂量。于是，工程师们积极行动起来，竭尽全力施展他们关于化学加工的知识。在微生物学家的紧密配合下，美国辉瑞制药公司的工程师们在容量 1000 加仑（约 3780 升）的反应罐中引进了深浸发

---

*D 日反攻：原是军事暗语，此处特指 1944 年 6 月 6 日盟军诺曼底登陆日，由此英美终于在欧洲大陆开辟了反法西斯德国的第二战场。——译者

酵法。美国默克制药公司的工程师们发明了氧气输送的激式循环工艺,后者成了适于培养好氧微生物的搅拌釜反应器的核心技术。为了同时间赛跑,该项目实施了现在称为**并行工程**的方式,尽管当时还没有这种叫法。在 D 日反攻之前 9 个月,青霉素的研制已经完成了中间试验阶段,一些公司请了工程队来建造厂房,另一些公司则为这些厂家忙着开发发酵和回收工艺。美国辉瑞制药公司在纽约布鲁克林开设的第一家工厂,从设计到投产前后只用了短短 5 个月的时间。

青霉素生产完全是一种崭新的工艺。化学工程师归纳出他们所掌握的反应器原理,以解决反应中的各种问题,用前所未有的速度将菌种从小小的实验室盘子转移到巨大的工业反应罐中。而且,这种从反应过程中概括出来的知识,进一步又萌发了生物化学工程学这一门新学科,这是生物工程学迈出的第一步,有关内容将在本书第6.5节阐述。

知识结构和产业结构

在 2000 年的美国国内生产总值(GDP)中,化学品及其相关产品所占比例达到 2% 左右。这一数值中的 1/4 是医药制品,1/3 是基础工业化学品,余下部分涉及一系列范围广泛的各种制品,从肥皂与化妆品到塑料、树脂、颜料、肥料,以及合成纤维等。化学工业构成了化学工程师活动的主要场所,但是在 1990 年,它们就已经吸引了将近一半大学毕业生的注意,然而从那时以来这一比例在持续缩减。除石油炼制和燃料生产外,化学工程师也在为其他产业工作。食品、饮料、纸张以及纺织品等行业,都要依靠许多化学工艺和生物化学工艺;一些生产照片胶卷的厂家也是如此;还有皮革、橡胶和塑料制品,木材和木制品,石料、陶土、玻璃和陶瓷制品,金属制品和冶金产品,半导体和微电子产品,等等。以上所有这些,连同各种化学品生产行业一起,形成了**化学加工业**,它在美国约占制造业和航运业产值的 1/4 左右。尽管这些形形色色的产品令人目不暇接,但是它们的生产工艺却具有一定的共通性,这使后者成了化学工程师们赖以安身立命的大本营。[50]

自从两次世界大战以来,美国的化学加工业已有许多成功的经历。新兴产业几乎是一夜东风,万紫千红,把塑料和其他合成材料从新奇之物变为现代生活的必需品。它们在全球性竞争中一直表现出色,即使在20世纪80年代,当美国其他大多数产业都跌进了贸易逆差时,化学加工业却仍然保持着贸易顺差的势头。它们正在积极回应和努力适应环境问题,不过在这个领域它们还有许多的事情要做。经济学家一直在细致地分析它们的兴起和业绩,把成功部分地归结于产业界和学术界的紧密合作,即科学、技术和商业的一体化。化学加工业提供了一个很好的例子,揭示了如下三边关系:一门工程学科的知识结构,该学科所理解和利用的自然现象的结构,以及该学科符合工业需求的结构。

例如,由于化学工程师在炼油工业和石化工业中都发挥着核心作用,这两个产业也一并发展起来了。从地下抽取出来的原油中,含有各种饱和烃(即由碳和氢构成的化合物)的混合物。烃类大分子必须裂解为小分子,才能制造出更适用的发动机燃油。随着20世纪初期汽车的迅速推广,对燃油的需求也跟着看涨。现代炼油生产始于1936年,其时采用了法国工程师乌德里(Eugene Houdry)发明的催化裂解法。乌德里的方法需要配备复杂的装置,还要把催化剂放在固定的反应床上。几个石油公司组成了一个研究开发联盟,决定对此进行改造,联盟中拥有各个不同领域专门技能的工程师和科学家们合作攻关。刘易斯带领一个团队开发**流态化**工艺,这是一种高效而又复杂的单元操作。利用麻省理工学院化学工程实践学院的有利条件,他把校园教育带进了产业界,让学生在工业研究人员的指导下进行工作,为新泽西标准石油公司(今埃克森美孚公司)设计一种试验性的催化裂化装置。这个举措对于教育界和工业界双方来说，都是一次成功。流化式催化裂化法，能使细小的催化剂微粒悬浮在升腾的反应液流中，可以使用简便的装置来连续操作。自从1945年以来，这种方法一直是石油精炼中占统治地位的工艺流程。当人们回首它的来源时，标准石油公司的一位工程师说："刘易斯博士传授给我们的经验之一，也传授给了一整代一整代的化学工程师，它就是让我们去寻求基本规律，去理解你正在做的究竟是什么，并把它构筑在一个坚固的基础之上——但并非等你了解了所有情况后才想到去做决定。"[51]对于今天的所有工程师来说，刘易斯的经验仍然不无价值。

在原油中含有的各种烃类，以及氮和硫等化合物，都是构成化学制品的宝贵基础材料。时至今日，绝大多数的塑料、树脂、合成纤维、氨气、甲醇和有机化学物等，都是以石油或天然气作为最基本的原料制造出来的。它们被通称为**石油化学品**，尽管这些东西也可以源自煤炭或者诸如玉米之类的生物质料。一些基本的碳氢原子团是石油精炼过程的副产品，从它们中可以衍生出1.4万种以上的石油化学品。如果生产每样东西的工艺都必须从头开始设计，就像在工业化学中有过的那样，那么石化工业很可能要花费很长的时间才能建立起来。所幸的是，化学工程学已为这一任务做好了准备。许多经济分析发现，正是生产手段的快速商品化，才使美国的化学加工业获得如此的成功。

又如在合成橡胶工业方面，从一无所有到大规模生产仅仅花了两年时间，其中还包括开发出许多新技术。霍华德(Frank Howard)原是一位专利诉讼律师，后被任命为新泽西标准石油公司研究开发部主管，在开发石油化学品中发挥了积极作用。他说："美国的合成橡胶工业主要是化学工程师们的创造。正是化学工程师给现代石油工业和化学工业提供了大规模生产的技术，其水平和我们的机械工业不相上下。"霍华德在有关该产业的书中，恰如其分地作了如下题记："谨以本书献给化学工程师们，正是他们把化学科学的长足进步转化为新兴产业。"[52]

专门的化工工艺可以拥有专利权，而一般原理却不能。开放性是科学（包括工程科学）的特征标记。通过强调构成适用于许多工艺流程、甚或许多产业的科学原理和一般操作的工程职业，它也把这种印记留在了石化工业的结构上。工程师们组建独立自主的公司，在那里，他们把石油精炼中获得的知识推广和发展到更为复杂而多样的石油化工生产中去。这些咨询公司在化学加工设计和开发制造设备方面相当专业化。某些公司进而去研究和开发那些可出售许可证的通用型工艺流程。在论证各种催化剂、工艺设计以及其他领域的创新性和可行性方面，这些公司充当了专门技能情报交换所的角色，在技术扩展过程中起到了至关重要的作用。

某些工程技术公司投资于设计成套工厂，这些采用预制构件和带有一定标准特征的、可修改的模块，而这些模块可用各种不同方式组装起来，以便适应范围广泛的需求。它们的成套服务包罗了从工艺许可证、设计、建造、操作培训和人力资源管理直至生产启动等环节，并往往提供相关费用和实施的担保书。虽然这些总承包的工厂成本较低，但是使用的都是一些最新的技术。有时候，一家工程技术公司利用营业公司的经验优势，为一家刚创建的大型公司开发某种新设计，或者按比例放大某种工艺流程。于是，别的公司因此也会雇请它建造同类型的工厂。以这样的方式，前沿技术能够逐步推广应用于整个产业，而产业界的技术壁垒大大地减少。没有昂贵的研究开发支出，小公司照样也能进入产业界。石油公司可以很快地整合到石油化工业，化学公司也可以在其他行业进行多样化的投资，从而充分抓住赚钱的机会。其结果是，在一个具有高度竞争性的产业中，每一种重要的石油化学产品都有许多生产厂家。早在20世纪60年代，如此专业化的工程技术公司的影响已经呈现，当时它们占所有化工工艺流程许可证总数的约30%，建造了近乎3/4的新建化工厂。在其他产业中,类似的工程技术公司也在广为扩展。

2.5　电力和通信

电磁力,宇宙中最基本的四大相互作用之一,在所有的物理结构中都起到了至关重要的作用。它的作用范围无限,能够引起宏观物体之间的相互作用,例如能把太阳能带到地球上来。电磁辐射可以用于长距离通信,还有无数其他方面的用处。电磁力作为在原子结构和电子运动中占支配地位的作用力,也是造成核子层次上所有微观相互作用的缘由,可以用于制造电子装置,包括电子计算机。一旦电磁力的大门被物理学打开,其无穷无尽的潜能就会变成电气工程学的天堂。"电气工程学"是笔者在这里使用的一个总括的术语,涵盖电子工程与计算机工程技术。

电气工程学就像一枚有着数个助推器的多级火箭。它的第一级是电力;第二级是远距离通信:电报、电话、无线电以及电台广播等。还有两级点燃于第二次世界大战之后,那就是微电子学和电子计算机。自从20世纪末以来,通信、计算技术和微电子学在信息技术中一直在快速地交聚,以致有人认为其改造社会的效应不亚于当年的工业革命。

早期的电力工业和电气工程教育

从古代以来,一些电学和磁学现象就为人所知,但是直至19世纪,经由许多科学家的努力之后,才发现了电和磁之间的内在关系。1831年,法拉第(Michael Faraday)发现了由磁场强度改变而产生的电流,从而开拓了将机械能转化为电能的道路;反之亦然,电能也可以转化为机械能。1864年,麦克斯韦提出了电磁波的理论。24年以后,他的预言被赫兹(Heinrich Hertz)在实验中证实,后者受过工程学和物理学教育。法拉第和麦克斯韦的发现,逐步成了电力工程和通信工程的科学基石。物理学家并没有到此止步,不久他们发现自己已站在原子世界大门前的台阶上。1897年,J. J. 汤姆孙(J. J. Thompson)确定了电子的存在。3年以后,普朗克(Max Planck)开创了量子现象研究的先河。他们都促成了电子学和微电子学的长期融合。[53]

从电报和照明开始,电力得到了大规模应用。在英国,1838年惠斯通(Charles Wheatstone)沿着连接帕丁顿和西德雷顿两地的铁路,建造了世界上第一条商用电报线路。当时,警察接到一份用电报拍来的警报,就预先等在火车站,果然抓获了一个乘车前来的逃犯,这件事成了轰动一时的社会新闻。在这条电报线路建立之后不久,莫尔斯(Samuel Morse)也在美国建立了巴尔的摩与华盛顿之间的电报线路,他的作业技术很快便在该行业占据了统治地位。1858年,一条海底电缆横跨大西洋发送了第一份电报,而南福伦特灯塔放射的第一束电灯光芒照耀大海上空。当时的电报和弧光灯都相当简陋,由专用发电机提供电力,并没有向电气工程师们提出更高的要求。

时至1880年左右,巨变正在发生。电报开始面对来自电话的竞争,贝尔(Alexander Graham Bell)申请到电话的发明专利权,并开始在商业上投产。照亮公共场所的弧光灯,也面对着来自爱迪生(Thomas Edison)发明的白炽真空灯泡的挑战,而后者更加适合于住宅和办公室照明。在爱迪生成功地实现分路电流技术后,不久便由中心电站发电、配电,并把电力作为一种商品出售。威廉·西门子展出了一条电气铁路,以及连接电力客户照明电路的各种型号的电动机。于是世界站到了将使人着迷40年的电气化的门槛上。电力行业和电气设备行业都做好了起飞的准备,迫切需要具备电力知识的工作者。

大学回应了时代的召唤,学生们也是如此。1882年,麻省理工学院开设了第一门有关电气工程学的正规课程。康奈尔大学紧随其后，接踵而来的是其他一些政府赠地大学*，而常春藤联盟的名牌大学行动则迟缓多了。攻读新专业的学生在剧增。在麻省理工学院1892级学生中，有1/4以上主修电气工程学。在大多数大学里，电气工程学专业原本作为物理系的一部分，所教的电气内容大部分都是物理学。对工程学的热情，结果发展成为对物理学的热情。从建校起，康奈尔大学和麻省理工学院就要求全体学生必修物理学课程，但是实际上很少有学生学习超过校方的最低规定的课程。如今电气化时代到来了，他们也像来电了一般挤满了各个物理实验室。

电气工程学的苗壮幼苗，根植于自然科学的肥沃土地，而它的繁花则沐浴在工业发展的阳光下。随着技术的突飞猛进，那些开设电气工程学课程的物理学家们，渐渐发现自己已无法跟上技术发展的步伐，尤其是在电话学、电气照明和电动机、交流发电机和电力传输等技术领域。一些富有实际经验的工程师从产业转向教学，在19世纪90年代开设了一批颇有特色的电气工程学课程。于是，大学里的电气工程学系一个接着一个地相继独立出来了。早在1884年，即在美国物理学家组织他们自己的专业学会之前15年，美国电气工程师协会（AIEE）就已经创立了。

电力和通信两者都用到了电学现象，但是却拥有不同的技术。由于美国电气工程师协会侧重于电力方面，从事通信专业的工程师们便在1912年组建了自己的协会。深受无线电波横扫八方的鼓舞，无线电工程师协会（IRE）是跨国性质的，它从一开始就广纳贤士，欢迎加入的不仅是美国工程师，而且是世界各国在各个专业上涉及电磁学和电子学

---

　　* 赠地大学：1862年美国国会通过《土地赠予学院法案》（Morrill Act of 1862），规定由政府提供免费土地兴办州立大学。这种国家赠地办学的公立大学，强调教育平等，学科实用，服务地方。——译者

的其他行业人士。AIEE 和 IRE 两个组织在 1963 年合并,重组成电气电子工程师学会(IEEE),这是目前最大的工程技术或科学职业的协会。

为世界提供动力

从断电引起的破坏性后果中,可知现代社会对电力的依赖程度何等之深。除电气和电子设备无处不在外,电气化是通过改变生产工艺与提高生产力的途径来促使经济增长的。在蒸汽机时代,把工业机器连接在处于中心位置的发动机上,成组地加以驱动。电动机却让机器卸除了多余的轮轴和传动带。结果是,组合的传动装置使得工业工程师根据所做工作去确定机器的位置,从而优化它们的效率,并有可能实施大规模生产线。1920 年,电力首次超出蒸汽力而成为工业的直接动力。在此后的 25 年中,制造业的资本生产率增长了 75% 左右,劳动生产率增长了两倍以上。而且,由于电力生产更有效率,制造业的单位能耗也在下降。对于大型蒸汽涡轮机驱动的发电机来说,单周期能量转化效率从 1900 年的 5% 上升到约 40%。热电联产的发电厂总效率可以高达 60%,因为除了发电之外,发电厂所生的余热,通常又以蒸汽的形式供给其他产业使用。尽管这些变化在消费者看来并不显眼,但是提高了的生产率足以提供各种产品和服务,从而深远地改变人们的生活条件。[54]

电气化需要工程技术和其他领域的许多工作者分工合作,齐心协力。机械工程师设计能量变换发动机和别的机器。土木工程师建造水力发电的堤坝。技术的领军者是电气工程师。电力生产和电力应用是电气化这枚"硬币"的两面。电力供应包括三个方面:一是**发电**,把燃料或流水的能量通过机械的原动机转化为电力;二是**输电**,把从中心电厂发出的大量电力在高电压下传输到用户附近的地区性枢纽变电站;三是**配电**,把枢纽变电站的电力在中等电压下送至为各个终端用户供电的输电线(图 2.5)。使用电力还必须具备:照明和加热装置,驱动工业

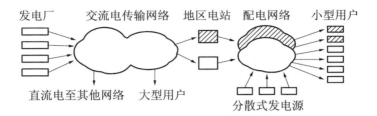

图2.5 在供电系统中,大型中心发电厂产生大量的电力,并被输入高压交流电(AC)传输线路。北美电力系统网格分为互相紧密连接的四大网络:东部电网、西部电网、魁北克电网和得克萨斯电网,它们又稀疏地连接着高压直流电(DC)线路。地区的变电所降低电压,为小型客户分配电力。小型发电机靠近终端用户分布的现象,日见流行。许多地方在使用燃烧可再生能源或清洁天然气的涡轮机,除了为特定客户服务之外,还将剩余电力馈送入配电网络

机器、交通运输工具和家用电器的电动机,适合各种电子器件的电流和电压源,以及测量仪表仪器。上述所有这些都要求有专门的工程技术设计。

最初发电和供电两者是捆绑在一起的。点亮纽约市各条大街的爱迪生电力系统公司,经营范围包揽了从白炽灯泡到发电站的每一样东西。这两种业务很快便分离成两种行业:一是**公共供电**行业,例如联合爱迪生公司之类;一是**电气设备**行业,例如通用电气公司之类。然而,商业上的分离并不意味着它们在技术上也是截然分离的。电器必须设计成适合可用电力的特性,出国旅行的人一直因为随身所带电器的变压器和插头不符合当地标准而苦恼,这是众所周知的事实。反之,供电商必须确保其电力适合电器型号,即便不是通用的,也得是大多数人惯用的;如果他们做不到这点,就会面临一个萎缩的市场,就无法从电力生产的规模经济中获利。例如,美国现今采用的电力频率标准是60赫兹(Hz),这是在工程师们对25—133赫兹之间所有数值作了一系列尝试之后才得到的结果。最后的选择似乎有点独断的味道;例如在欧洲,只有50赫兹才能顺利运行。但是,这件事也不算太独断。实际上,这

一狭小范围是由电力照明和感应电动机两者技术要求之间的折中所决定的。在早期的时日,在没有多少政府法规可循的情况下,无数的竞争参与者为力求达成一致的协议和标准,进行了何等激烈的讨价还价,这足以见证技术理性的力量。

关于直流电(DC)和交流电(AC)孰优孰劣的论争,历时长达10年之久——这就是所谓的"电流之战"——充分表明了电力和电器、发电和配电之间的技术关系。交流电的技术更为复杂。霍普金森(John Hopkinson)想出了使交流发电机并联运行的方法,特斯拉(Nikola Tes-la)发明了三相交流电动机,斯坦梅茨也解决了许多技术上的难题。要不是上述这些人的努力,交流电很可能还赢不了这场恶战。尽管直流电取得了先前的成功,爱迪生也极力为之辩护,但为什么那些工程师还要坚持开发交流电呢? 一个重要原因在于电流传输问题。直流电无法进行超长距离的有效传输,这一弱点迫使发电厂的位置必须靠近终端用户,而用户大部分都住在人口密集的城市。相比之下,采用较简单的方法就能使交流电高电压、低损耗地传输,使得发电厂的最理想位置有可能靠近它们取得能源的地方。交流电的凯旋彰显了电力传输技术的重要性。

在许多地方,用户的电力付款单上会分列出服务费用的明细账目。看看你的账单,你会发现付给发电的钱竟然要比付给送电的钱少一些。

设计和管理电网

电力供应有它自己的一些独特之处,要求有专门的工程技术。它必须极其可靠,因为这是大部分经济和社会活动的基础。电力无法大量储存,它在产生出来以后就必须及时用掉。在一天的不同时间内,以及在一年的不同季节里,对电力的需求量也有很大不同。为了对上下波动的需求提供十分可靠的电力,公共供电行业传统的做法是对发电厂预定的发电能力留有充分的余地。为了加强节约和提高效率,公共供电公司设法把它们各自的输电网络相互连接起来,以便那些有更大需求的客户能向那些产能过剩的公司购买电力。大规模电网创建始于20世纪20年代,当时工程师威廉·默里(William Murray)企盼出现他所谓的"超级电力",通过某种电网用"超级电力"把整个国家紧密地连成一片。他的展望已经实现了。现在,一个拥有67万英里(约100万千米)长的高压线路的电网,覆盖了整个北美地区。[55]

一个电网连接着上千发电机组和百万计的客户,是一个复杂得令人望而生畏的巨无霸网络系统。而且,大多数电网都不能用普通的开关来操作。用机电式开关控制实时电流实在太慢,而通常的电子开关则瞬间就会烧坏。能够经受得住高电压的电子设备,即使在今天也是很珍稀的,在当时更是不存在的。一旦电流输入电网,它就按照物理学定律和整个电网的特性进行传播。在电工学上通常称为**环流**(loop flow)的这种现象,可以让电流在电网中绕上一个大弯。从尼亚加拉大瀑布预定送往纽约市的电力,有时也会通过输电线远至俄亥俄州。电网的操作员并不直接地控制电力流动的路线。他们所能做到的一切,就是对负载和涉及的发电机输出两者进行协调。为此,电力系统网络是连接在同样复杂的数据网络上的,后者专门收集和处理危急的信息,以便协调、分派和确保电网的可靠运行。

相当数量的工程技术需求,揭示了设计和控制电网的巨大难度。自从1920年以来,电气工程师们一直致力于电网的建模、负载的多样化、电流的分析、稳定性的调研,以及控制算法的设计,为此倾注了大量的心血。在早期阶段,电网分析员堪称是数字计算机最大的商务用户。他们的努力对发展具有广泛意义的控制论和系统论作出了贡献。

电网密集的相互连接使资源共享变得便利,但是却以电网的不稳定和可能崩溃为代价。一旦某些装置发生故障,举例说,当某些线路被坏的变压器阻断时,环流效应就会自动迫使电厂的电流进入可供选择的其他线路,要冒着使它们负荷超载并导致跳闸的风险。因此,一个小小的地方性偶发事故,就会造成电网其他部分的瘫痪,这种故障依次扩散开去,势必引起大面积的停电。1996年8月10日,正是一个串联故障致使美国西北大片地区发生停电事故,经济损失估计超过10亿美元。如何确保电网的可靠性,是压在工程师肩头的沉重担子,这种可靠性包括供应所需电力的能力,以及要经受得住诸如发生闪电击中变压器之类意外故障的能力。

可靠性变得越来越重要,因为当下所采用的敏感的信息处理装置,要求通过的电流比以往任何时候都更加稳定。然而,鉴于新近撤销了原有管制规定,并由此引发了供电行业的结构重组,可靠性正在受到威胁。某些唯利是图的发电厂使得电网的运行更加反复无常,每一家的行为都会影响到整个电网的运行态势。除此以外,电网也在老化之中;许多构件的服务年限已经超过了它们的设计寿命。由于市场竞争驱使企业缩减费用,电网的维护支出也在直线下降。诚然,通过能源交易和打开电网通道,可以释放洪水般的大量电流,但是一旦传输量逐渐接近电网所许可的容量,电网动力学的复杂性就会急剧上升。对电网新容量的提升几乎陷于停顿,部分原因还在于环境诉讼的费用过高。

电子开关能够改变特定线路上的电流,实时回应电路发生的故障,前所未有地增强了控制电网的能力。在历经了几乎长达20年的研究开发之后,电子开关终于正式投入电网使用。可是,由于它们的价格十分昂贵,很可能阻碍了进一步的推广应用,尤其是那些被撤销管制规定的行业,当下正忙于攫取短期利润。原先专为受当局温和管制的行业而设计的电网已经老化,在今天纷扰的竞争性市场中,如何设法稳妥地让它们更加可靠地运行,这对电力工程师来说,不啻是一个严峻的挑战。

或许历史给人们上了一堂教育课。工程师卢基斯(Alexander Lurkis)曾经主持纽约市官方专案组调查该市首次大规模停电事故。他注意到,1957年爱迪生联合公司的总裁忽略工程师而重视一个会计师,后者把服务质量排在获取利润之后,并发起了一场大规模的市场营销活动:"当社会对电力的需求剧增时,该项目还是成功的,但是1959—1981年期间的工程规划和决策却失败了:1965年的停电事故袭击了美国整个东北地区,损失十分惨重;由于各个发电厂电力不足,被迫降低线路电压,结果导致了灯火管制;遍及大都会地区的大面积电力中断,需要很长时间才能使电力恢复正常;1977年,停电击溃了整个爱迪生联合公司的电力系统;1981年,在下曼哈顿地区发生了停电事故。"[56]

把世界连成一片

"来自特洛伊的战报,通过一站站烽火台快速传给我。"[57]特洛伊城攻陷了,远在400千米之外的迈锡尼,那位与人通奸的王后在数小时之内就得到了消息——此时她正忙于为凯旋的夫王布设死亡的陷阱。一种类似的烟火系统,在另一个传说中也起到了至关重要的作用,说的是大约公元前8世纪中国西周朝代的灭亡。西周的最后一位君主,为了博得他的妃子嫣然一笑,下令点燃烽火,发出游牧民族入侵的虚假信号,折腾那些急急赶来营救的诸侯以取乐。可想而知,一旦入侵真的到来了,将会发生什么后果。这样的通信系统,费用之高让人望而生畏,只有政府和贵族才负担得起,但是平民百姓并非不渴望了解远方亲人的信息。在古代中国的诗词中,人们通过潮汐涨落和候鸟迁徙作比喻,来表达渴望信使到来的企盼心绪;将信函装在漂流瓶里,也有同样的象征意义。为了满足这种普天下人的共同需求,一旦电力作为动力加以利用,它就立即应用于电信学。[58]

第一份横渡大西洋的电报信息,是一封有着98个单词的贺信,那是维多利亚女王(Queen Victoria)寄给美国总统布坎南(James Buchanan)的,传输花了16.5小时。海底电缆首次开通于1858年,在两个月之内发送了732份电报,后因故障而中断,部分是由于缺乏操作经验造成的。第一句电话通话——"华生先生,快来;帮帮忙"——在1876年由贝尔送出,完整无误地传到了邻近的房间,但是贝尔还必须等上39年,才能在第一条洲际电话线开通典礼上重复这句话。不过他未能活到1953年,在第一条跨大西洋电话落成典礼上再次重复这句话。1901年,第一次穿越大西洋的无线电通信,全部内容只有一个字母"S"便结束了——由于一阵不期而遇的狂风吹倒了接收天线,只好用一只风筝来悬空吊起电线。包交换技术构成了因特网的基础,在1969年第一次由包交换技术连接的通信,比1901年幸运了两倍——在一台计算机瘫痪之前,接收到两个字母"LO"*。从电报到电话,到无线电,再到因特网,通信已经取得了巨大的进展,但是它的每一步也充满了问题,其解决方法充分证明了工程师的独创性和坚定性。

通信工程的一般任务,是提供从信源经由传输系统,向用户传送信息的工具,其中运用了电脉冲或电磁波技术。马可尼(Guglielmo Marconi),一个自学成才的年轻人,后来获得了诺贝尔物理学奖,在1896年申请到一种无线电报机设计专利,通过综合了科学、设计和商务领导能力的工程学,使这一技术得以广泛应用。10年以后,费森登(Reginald Fessenden)发明了一种技术,能为无线电话产生连续不断的电磁波。无线通信从根本上需要有全新的设备,其中包括振荡、检波、调幅、放大、调谐和滤波等装置。某些问题的存在,是和长途有线电话共有的。技术上的挑战激励了许多人。在他们的发明中有三极电子真空管,具有振荡、调幅和放大电磁波的功能。这种真空管放大器的问世,解决了超长

---

* 这次实验是在洛杉矶加利福尼亚大学完成的,可称世界上第一次互联网络通信实验。实验人员原本打算输入"LOGIN"(登录),但因传输系统的突然瘫痪而只输入一半单词。——译者

距离电话音讯中继转播的问题，从而使1915年第一条洲际电话线路的开通成为可能。电子学的时代，诞生于电信学的发展过程之中。

长途通信大致可以分为两大类型：一是电视之类的无线电广播，二是电话之类的点对点通信。贝尔原先把电话设想为一种无线电广播装置，正如他在对现场讲演进行直播中所证实的。1906年的国际大会把无线电（radio）通信广义地定义为：无需导线而能在空间传播的通信。它率先用于点对点，尤其是海上航船双方之间的通信。1920年，当匹兹堡的KDKA电台*首次开始商用无线电广播时，人们就称它为"无线电话"。无线电广播的即时普及性开辟了大众通信的时代，而当1936年英国广播公司开始电视业务时，它获得了另一次大推进。在数十年中，广播业主宰了无线通信，并把无线电电话推向合适的市场，例如海外通话或者警务通话等。直至20世纪80年代，随着通信卫星和蜂窝网络技术的开发，促进了移动电话的应用，无绳化才重新跃起为点对点通信的一种流行方式。

在第二次世界大战前夕，当无线电庆祝它的第40个生日时，美国的通信工程在连接世界方面已经取得了很多举世瞩目的成就。电话线路排除了种种困难，接入了40%的美国家庭。无线电携带着新闻飞越天空，进入的美国家庭几乎是安装电话家庭的两倍。这两方面的市场渗透率，都在稳步上升。在美国政府当时制定的法规下，美国电话电报公司垄断了美国的电话市场。随着贝尔电话实验室不断取得新进展，该公司成了通信技术的世界巨头。长途通信业踌躇满志，似乎可以心安理得地进入受人尊敬的"中年时代"了。

人类最伟大的成就终归就要来临，对此很少有人表示怀疑。在第二次世界大战期间，美国的雷达研制由位于麻省理工学院的辐射实验

---

* 美国匹兹堡KDKA电台是世界上第一座领有政府执照的电台，1920年11月2日正式开播。该台所有工作人员均是作为志愿者的西屋公司职员。——译者

室领导,开发出了微波技术。后来的新技术"滚雪球"般地发展,终于在1982年使美国电话电报公司分解。原有的实验室变成电子学研究实验室,成为麻省理工学院第一个跨系所的实验室,其中汇集了数门学科,特别是物理学和电工学。从这些以及其他跨学科的合作中,形成了两大相关领域,成为信息技术的坚实基石:微电子学和电子计算机。电气工程师和其他学科的专家紧密配合,在微电子学领域同物理学家、材料科学家合作,而在计算机领域同数学家和软件工程师合作。不过,在这两大领域里,电气工程师仍然保持着中心地位,同电信学也联系密切。第二次世界大战之后,通信技术,连同工程学的其他分支一起,已经迈入一个新的历史阶段。

第三章

信息工程

3.1　从微电子技术到纳米技术

　　信息技术大大推进了信息平民化的进程,信息成了大规模生产和即时分送的商品,能为大多数人轻易地获取。与信息**技术**有关(不包括信息**内容**)的大部分产业,现在在美国经济中居于主导地位。这些产业可以分为三大类:半导体与其他电子元件;计算机的硬件设备、软件和系统设计;远程通信设备和服务(见表3.1)。微电子、电子计算机以及远程通信是第二次世界大战以后最令人振奋的工程成就。同等重要的是,它们在因特网和其他形式的网络开发中的集成和整合。

晶体管和微观物理学

　　固态物理学家塞茨(Frederick Seitz)说:"所谓的信息高速公路或计算机高速公路是由晶体硅片铺成的。"[1]摩尔定律所描述的计算能力呈指数级增长,不是计算机科学的功绩,而是半导体技术的功绩。晶体管引发的设备革命,不断产生更小尺寸、更快速度、更高可靠性和更大规模的集成电路。没有这些令人惊异的小型化,我们就不能如此大声地嘲笑IBM董事长托马斯·沃森(Thomas Watson),他在1943年做市场预

表 3.1　美国信息技术(IT)产业:2000 年国内总收入和 1998 年就业人数

IT 产业[a]	收入 (10 亿美元)	就业人数 (千人)
硬件[b]	**105**	**836**
半导体	65	284
电子元件	21	376
仪器	19	176
计算技术	**281**	**1979**
计算机	46	380
维护和服务	41	447
软件包	46	252
系统设计	95	548
数据处理	53	352
远程通信	**251**	**1395**
通信设备	52	353
通信服务	199	1042

资料来源:Census Bureau, *Statistical Abstract of the United States 2001*, tables 1122,1123

a. 不包括销售和信息内容供应

b. 不包括计算机

测时,竟然宣称全世界市场兴许只要5台计算机。这也难怪,当时的巨型计算机所采用的真空管能够填满一座大楼,又要耗费足以照亮一座城市的电力,有多少机构能够承担得起呢?[2]

微电子革命,包括建立一个庞大的产业和一个物理学大分支,是科学和技术携手共进中的一件划时代的大事。微电子革命有着三个相互交错的阶段。第一个阶段以1948年晶体管的发明,以及此后不久对其内在机理的诠释为标志,而这催生了以微观电子控制为基础的一整套固态电子设备。第二个阶段是20世纪50年代的开发阶段。第三个阶段是开始于20世纪60年代的技术革命。摩尔定律总结了微电子设备的革命性**成果**,确切地描述了第三阶段的技术**进化**。前两个阶段的成果使得第三阶段的顺利完成成为可能,因为在前两个阶段有着对固态晶体元件的基本机理及其制造工艺的深层理解。

微电子革命的物质基础是半导体,硅是其中最著名的实例。美国的半导体工业在2000年的总收入超过了650亿美元,并且一直快速地增长,在世界半导体产业界占据了最大的份额。其大量的产品是计算机和其他的信号处理芯片。半导体,除了能制成操控电子的微电子设备之外,还能制成控制光的光子设备和控制电子和光子相互作用的光电子设备。虽然光控设备不像微电子设备那样普及,但是它们在信息高速公路中的作用与日俱增。

半导体的导电性要比金属弱些。更重要的是,它们的传导性可以通过许多方式加以控制。通过有控制地掺入杂质(其他种类的原子),硅可以制成带负电荷的**n型**半导体或者带正电荷的**p型**半导体。[3]当一片n型半导体和一片p型半导体相互接触时,它们便形成一种相当于二极管整流器作用的**pn结**,在电压的极性作用下,电流能正向通过而不能反向通过。一种**pnp双极结晶体管**由两层p型半导体将一层薄薄的n型半导体夹在中间组成。它有两个pn结,它的设计使得偏压上的一个微小变动就会产生一个大的电流变动,从而导致功率的放大。

半导体的某些性能被发现后,人们还来不及对其命名并弄清内在的物理原因,它们就已经投入使用了。约在第一次世界大战前,由半导体晶体制成的整流器曾用于无线电通信,其后绝大多数被真空管所取代。然而在第二次世界大战期间,当人们发现硅和锗的探测器性能远远超过微波频率管时,半导体晶体又重新被启用,随着其地位的不断提高,它们东山再起,这是因为那时与之相关的物理学知识已经迅猛增长。

1925年到1926年间创立的量子力学打开了通往微观领域的科学大门。它很快就被应用到所有可能的领域中去,其中包括金属和半导体。到了20世纪30年代末,科学知识为即将到来的器件革命的技术种子的萌芽准备了丰富的养料。

在美国电话电报公司贝尔实验室的凯利(Mervin Kelly)那里,这种情景已显而易见。凯利曾领导真空管研究部门,十分清楚真空管具有不尽如人意的功率消耗高和使用寿命短等缺点,坚信未来的希望在于固态电子元件。他在1936年成为贝尔实验室主任之后,积极筹划发展固态物理学。不久,奥尔(Russell Ohl)发现硅的某些物理效应,并称此为pn结。凯利的设想受到战争需求的进一步推动,在和平迹象初见端倪的时候,他重组了贝尔实验室的物理研究部。这个研究部设有一个固态物理学核心研究小组,下属有一个致力于半导体研究的小分组,这两个小组都由肖克利(William Shockley)领导。

半导体研究小组肩负着寻找固态放大器以及其他器件的重任,根据肖克利关于"在产业研究中,应将尊重实践问题的科学方面作为重要的创新原则"[4]的格言,他们作出了战略性的决定。他们相信科学的认识将会带来科学研究的重大突破,所以不对当时使用的复杂材料修修补补以迅速获取微小的改善,而是决定彻底探索相对简单的硅和锗的物理性质。他们如愿以偿。1947年圣诞节的前夜,在发现电子50年后,巴丁(John Bardeen)和布赖顿(Walter Brattain)制成了第一个金属点接式晶体管,将能量扩大了330倍。肖克利不满足于屈居第二名,他对pn结进行了理论分析,预测到一旦载流子注入半导体表面的势垒,就会产生一种双极结晶体管,而关于此理论的实验证明后来由夏夫(John Shive)完成。晶体管在1948年6月宣布问世。在两年后出版的《半导体中的电子与空穴》(*Electrons and Holes in Semiconductors*)一书中,肖克利解释了它的内在物理机制。

将发明开发为有用的产品

晶体管是由物理学家发明的。但是将发明转化为具有广泛实际应用的革命则需要多学科的协同作战。这些学科中主要有物理学、材料科学和工程学，其中居于核心地位的是将各种知识转化为实际装置的电子工程。电子学、电工学的传统阵地已扩展到了将微电子学和量子电子学涵盖在内的地步。1952年由美国无线电工程师协会组织的固态电子学研讨会，成为20世纪60年代宣告新的重要成果诞生和传播技术的重要论坛。[5]

初期的晶体管深受性能不稳定、速度低、寿命短以及成品合格率不足20%等弊病的困扰。20世纪50年代，由于晶体管的性能不断提高，运行速度不断飙升，而市场价格不断暴跌，它们变成了一种价廉物美的日用品。具有其他功能的配套器件也陆续开发出来了，与此同时，许多器件被集成为能更高效制造的单片电路。

微电子的革命是半导体产品与工艺流程两翼的发展。产品的发展以**集成电路**为巅峰，而工艺发展以半导体制作的**平面工艺**为巅峰。这个双交叉的进步伴随着对基础科学前沿的攻关，并得到了强劲的产业整合的支持。固态物理学最终发展成为物理学的一个最大的分支，提供了技术驱动科学的很好案例。

半导体工业从一开始就适宜扎根于科学之中，它以其知识的共享性和人员的机动性成为产业发展的楷模。美国无线电工程师协会主办的固态电子学研讨会强调公开化，拒绝邀请那些对自己的发现严加保密的守旧研究者。同样地，美国电话电报公司也是崇尚自由开放的，部分原因是政府对它垄断的电话业务的管控，而部分原因是它判断只要它独占鳌头，就能从庞大而充满活力的产业中获利。美国电话电报公司举办高级研讨会传播知识，宣称不论何人只要肯付区区2.5万美元，就乐意授权其晶体管专利技术。与此同时，贝尔实验室领导的半导体研究和发展稳步前进，他们聘任经过精心筛选的年轻博士，这些人在几年后学到了最新水平的技术，然后携带他们所获得的知识扩散到别的公司去工作。

1955年,肖克利离开了贝尔实验室,在加利福尼亚州帕洛阿尔托开设了自己的晶体管制造公司。在那里,他找到了一个合作者,斯坦福大学的特曼(Frederick Terman),后者当时正狂热地从事发展工程科学。肖克利奔波于全国各地招募科学家和工程师。在他招聘的8个成员中,有7个在投入肖克利的晶体管事业之前没有任何半导体制作的经验,他们在1957年离开肖克利后,创建了飞兆半导体公司。其中的两位,罗伯特·诺伊斯(Robert Noyce)和摩尔(Gordon Moore)在1968年离开飞兆后创办了英特尔公司。这种人才流动不断地重复进行。在25年中,前飞兆公司员工创办了100多个经营半导体器件和设备制造的新兴公司。于是硅谷便应运而生了。

半导体工业与大学的研究人员保持着紧密的联系。摩尔解释了英特尔如何将公司内部的研究与开发限制在那些需要解决的直接问题,而到大学中寻找更多与此相关的基础研究。例如,大学研究形成了关于等离子体腐蚀的科学知识,那么工业就将其用来代替湿法腐蚀,并改进了集成电路的制造。[6]美国的半导体工业从其紧密协作的传统中受益匪浅,这种协作涉及从芯片设计的物理学研究到设备制造的所有相关领域中的人员。它使各方通力合作,汇集了研究与开发的资源,并再次占领了技术制高点,夺回了20世纪80年代与日本竞争中暂时丢失了的阵地。[7]

伴随着半导体工业的发展,产品创新和工艺创新竞争激烈,两者互相推动向前发展。在产品方面,引入了许多新器件和新器件组合。其中有贝尔实验室的阿塔拉(M. M. Atalla)和卡亨(D. Kahng)1959年首次制造的金属氧化物半导体场效应晶体管(MOSFET),它是现在集成电路的最通用元件。集成电路(IC)本身可能是自晶体管问世以来的最重要发明。

当晶体管问世时,它主要是作为真空管的替代物。然而,工程师们不久就意识到它的潜在价值远远超过了真空管。晶体管作为一个内置的小器件,它能高速运行,且耗能低微,这两者都是合人心意的。它能为巨大而复杂的系统提供微型处理器,譬如电子计算机的微处理器。对这种潜在能力的开发,需要的不仅仅是单个晶体管的微型化,还需要由许多晶体管和辅助电路元件组成的整个系统的微型化。这恰恰就是基尔比(Jack Kilby)的想法,他在1958年发明了将电阻器、二极管、电容器和晶体管置于单晶硅片上的集成电路。基尔比采用金属线焊接的办法将这些器件连接在他的集成电路上。诺伊斯对于连接有更好的想法,即用霍尔尼(Jean Hoerni)不久前发明的平面线路连接法。诺伊斯注意到平面晶体管所有的连接都位于单一表面上,他建议器件之间的连线可用铝沉积在其表面,从而制造了一种真正的单片集成电路。

基尔比和诺伊斯努力工作,想让人们相信把许多器件置于一张芯片上将不会损害制造业的收益。在他们首次有此想法之后不到3年的时间里,集成芯片全然不顾人们对它的种种怀疑,开始从生产线上滚滚而来了。能达到那种速度实在是工艺工程学的一次大捷。正如我们在化学工程的来龙去脉中看到的那样,掌握隐藏在制造工艺背后的科学原理,促使工艺工程师开发出新产品。集成电路却提供了另一个例子。基尔比解释道:"它[集成电路]能够利用半导体工业的重要成就。它不必去发展晶体的生长或扩散工艺而去构架第一块电路,而且诸如晶体外延附生法等新技术很容易用到集成电路制造中来。"[8]集成电路的商业化生产能够如此快地进行,仅仅是因为它利用了巨大的半导体工艺知识库,这个知识库积累了10年来晶体管制造行业艰辛奋斗的成果。

标准的、可靠的晶体管生产需要一些方法来制造纯的单晶硅,引入定量精确的杂质,生产精密的器件构形,保护成品器件性能在使用中免于退化变质。制造几微米宽的晶体管需要引入杂质薄层,制造极小的金属连接，而且还要精确控制所有元件的物理尺寸。为了达到这些目标，许多工艺被发展和细化，如：扩散、离子注入、薄膜沉积、合金化、晶体外延生长、氧化物掩模、光刻、刻蚀、氧化物表面钝化等。这些都是半导体的**单元过程**，该术语来自化学工程。许多单元过程涉及固体的复杂的物理和化学属性以及与不同反应物的相互作用。人们做了大量的科学和工程方面的研究去理解和控制它们。一旦掌握了这些知识，它们就会成为通用性的工艺而用于制造各种设计和构形的器件，包括集成电路。

平面构形对于集成电路设计和它的生产工艺都是至关重要的。在较旧的构形中，晶体管发射极和集电极位于硅片相反的两面。为了制造它，不得不把晶片翻转过来，颇费苦心地将其两侧的电路图案排列整齐。平面构形却免除了这种难度较大的工艺，它的设计思路深受**平面工艺**生产的影响。在平面工艺中，许多单元过程在不弄乱排列的情况下连续地在一个单一表层完成。它使得复杂构形器件的高生产量成为可能。设计者和制造者能够为生产他们特定的产品而组合和搭配单元过程。而且，制造工艺是与芯片上的线路图式无关的，芯片图式体现了芯片的逻辑程序从而被规定为某种产品所具有的特质。芯片图式与制造工艺无关，撇开界面交流的种种限制不说，它意味着产品设计和生产过程能各自独立地进行。它允许在计算机工程师和半导体工程师之间进行一种有效的分工。这种有效的分工带来很多后果，其一就是集成电路的快速商业化，就制造工艺而言，它仅意味着各种全新的芯片图式的出现。

经历了10年发展，产品和工艺相辅相成，交汇在一起产生了器件革命。1961年，当飞兆公司为第一台科学研究专用的超级计算机批量生产具有高度可靠性的10兆赫（MHz）晶体管时，半导体工业的全球销售额闯过了10亿美元大关。此时，半导体工业已经成长发展到技术进化阶段。

技术进化的成就

摩尔在1965年说过,所有与晶体管和集成电路有关的物理学基本问题都已解决,"甚至不需要去做任何基础研究,也不必替换目前的任何工艺。仅仅需要工程学上的努力"。[9]在20世纪60年代,工程学的创新集中在降低成本和增加产量方面;在20世纪70年代和80年代,不仅产品质量改善了,而且制造利润几乎提高了100%;在20世纪90年代,新产品进入市场的周期大为缩短。他们创造了无数的新技术,诸如登纳(Robert Dennard)在1967年发明了动态随机存储器(DRAM)的晶体管基本存储单元,1973年他又发现了集成电路设计的等比例法则。所有这些成就因为摩尔定律而更加有名。

1965年,摩尔从现有的数据推断并预测到:集成电路的复杂性,体现为每块芯片上的最小成本晶体管数量,该数量大约每18个月翻一番。这就是摩尔定律,它适合于这个产业,而不仅仅是适合如图3.1a所举例说明的英特尔的微处理器。[10]

摩尔定律没有表述一种革命性的突破。正如摩尔所言的那样,它所描述的是业已实现了的事情。然而,它所表述的递增式改进在工程领域是常见的。墨菲(Murphy)、哈根(Haggan)和特劳特曼(Troutman)等工程师在评论马克思(Marx)的格言时说:"'进化发展到一定程度就变成了革命',这句话完全适用于集成电路的发展历程。"[11]此中描述的效应是革命性的,而摩尔定律本身所表述的却是技术进化。集成电路增长的速度越快,则摩尔定律的持续时间越长,这是从量上而不是质上有别于其他的工程进步。

有两个方面的要素促成了摩尔定律:一方面是硅片的尺寸不断增大;另一方面是电器元件形体尺寸的不断缩减。微型化的过程一开始,灾祸预告者就预测了它发展的极限。时至今日,光刻技术的发展已无情地扫除了接二连三的障碍,它能用越来越短的光波在大块材料上刻

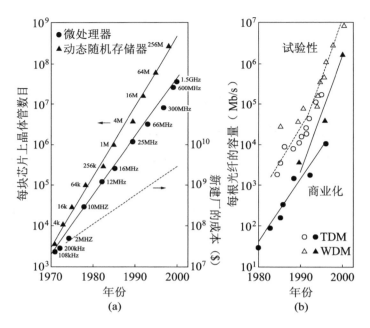

图3.1 （a）三角形代表动态随机存储器的每块芯片拥有晶体管的数量（用存储容量表示），圆点代表英特尔微处理器（用时钟频率的最大值表示）。这两者都是投产当年所获得的数值。它们的增长按摩尔定律进行描述。虚线说明的是某个新开设制造厂当年的成本，由摩尔第二定律加以解释。（b）光纤通信的信息容量快速增长。波分复用（WDM）技术将许许多多的信道聚集在一条光纤通道上，每个信道使用时分复用（TDM）来聚集无数的声音信号。[资料来源：（a）G. E. Moore, *optical/Laser Microlithography VIII: Proceedings of SPIE* 2440:2（1995）and intel.com.（b）A. E. Willner, *IEEE Spectrum* 34(4): 32（1997）and nortel.com]

蚀出越来越精密的图样。然而，许多人为采用革命性的技术而辩解，他们认为革命性技术无论如何要比进化性技术更加富有魅力。《国际半导体技术发展路线图》（International Technology Roadmap for Semiconductors）的编委会主席加尔吉尼（Paolo Gargini）注意到，在20世纪90年代，这种主张浪费了很多时间。他写道："所幸的是，供应商家和集成电路公司的制造工程师们出人意料地推行了**进化**的方法，为**整个半导体工业节约**了时间。"[12]

最初的商用集成电路的最小形体尺寸是25微米(1微米＝10^{-6}米)，相当于一种大型细菌，小于人的头发的直径(人发直径约为50—100微米)。2000年安装在奔腾4处理器上的最小器件尺寸是180纳米(1纳米＝10^{-9}米)。目前正在生产线上安装的最新的远紫外光刻技术，已经能够生产小至15纳米的晶体管，相当于一个中型的分子。产业界预测，摩尔定律至少在今后十几年时间里仍然有效，不过必须克服的技术障碍将会不断增加。[13]

纳米技术：新世纪的革命

追溯到1959年，当诺伊斯研制出第一块单片集成电路时，物理学家费恩曼(Richard Feynman)断言，没有任何物理学定律能够阻止宽度仅为10个原子(大约十亿分之一米或1纳米)的器件产生。他曾讲道："在这底下还有很大的发展空间。"[14]目前的光刻技术已经朝这底下走了很长的一段路，而任何人，特别是电气工程师，都明白这种技术终将由于物理学和经济学的原因而停顿下来。从物理学的角度来看，例如隧穿晶体管绝缘层之类的量子效应构成了终极的限制。从经济学的角度来看，令人沮丧的消息是由所谓的摩尔第二定律带来的：新建的集成电路制造厂的成本呈指数式增长，部分原因是产品质量和性能的严格控制需要高分辨率的光刻技术。当只有屈指可数的大型半导体制造商才能承受得起数十亿美元的设备时，产业结构就岌岌可危了。[15]

物理的和经济的限制结合在一起，预示着无法将传统的集成电路技术变革推进得很远。一些革命性的技术必须继续担负起微型化的任务。正在到来的革命被命名为**纳米技术**。它瞄准的目标区域是从1纳米到约100纳米，这一范围覆盖了大多数的化学分子和生物分子。因为尺寸规格小、表面积与体积比高和量子效应等特征，这些尺寸的结构展现出很多新奇的属性。这些属性对制造更好的太阳能电池、更轻盈而坚固的材料,以及具有前所未有密度的信息存储,都是有用的。具有纳米孔的材料可用作石油精炼的催化剂,以及去除环境致污物的过滤筛。设计用来控制单个DNA分子的具有纳米特质的器件,能够提升基因工程的效率。无论是从电子学到环境,还是从卫生保健到空间探索,纳米结构都有巨大的应用潜力。随着先前几十年的研究和先进仪器的发展,已经建立了许多前进的据点。如何通过研究和开发的共同努力,掌握它们的属性,找出加工它们的方法,应用它们去设计和制造纳米尺寸的高效器件,这一时机已经成熟。美国政府在2001年启动了"国家纳米技术计划"。其他国家也有类似的规划。

纳米技术从两个方面着手研究纳米领域。自上而下地看,在大块材料上形成越来越小蚀刻结构的技术进步将持续下去。光刻技术和其他固态电子学技术应用到了包括集成电路在内的许多其他领域,诸如微机电系统(MEMS),它将电子学与可移动机械零部件整合在一起。因为这些机械零部件可用作物理传感器和致动器,微机电系统作为控制器件找到了更广泛的应用。其中一个陈旧的例子,就是控制汽车安全气囊膨胀的加速计;一个较新的例子,是光通信系统中转换光的镜面列阵(mirror array)。另一些令人振奋的应用发生在生物学和医学领域,譬如控制药剂释放的微型胶囊,或者控制DNA分子以及进行医疗诊断测试的所谓"芯片式实验室"(labs-on-a-chip)。大多数的微机电系统现在处于微米尺度,但是纳米机电系统(NEMS)即将问世。[16]

自下而上的方法(bottom-up approach)是真正带有革命性的。在这种方法中,器件的设计和建构是一个原子一个原子、一个分子一个分子地逐个进行的。诸如扫描隧道显微镜之类的仪器已经能够移动单个的原子。使用这种显微镜,美国国际商用机器公司(IBM)的工程师们将35个原子排成他们公司的标志,这个标志不到5纳米高。然而这种方法非常笨拙,不能将任何东西商业化。纳米技术遇到的挑战是如何设计理想的结构,并找到能用精确的控制和有竞争力的成本将它们大量合成的工艺。在这方面,化学家居于领军地位,因为分子合成是他们的专长。但是他们必须同其他领域的专家合作,因为分子必须进一步被汇集成固态材料或特定的构形。

这种自下而上的方法一般包括两个步骤,这两个步骤有时在同一个处理过程中完成。第一步是设计和合成模块,模块的组成部分通过共价键或别的强化学键结合在一起。第二步是集成模块,应用氢键或别的弱化学键聚合来形成一个器件。这一过程的实质是,强化学键将许多原子键合成一个小分子,弱分子间作用将许多小分子键合成一个超分子。许多生物分子就是超分子,它们自我组装。纳米技术的目标,是找寻到类似的自组装工艺流程来制造人工器件。[17]

分子电子学的一个远大目标,是要造出一种由单个分子组成的晶体管,以及由许多这种分子键合在一起组成的计算机处理器。这是一个超乎寻常的企望,但是正在取得进展。其中一个例子就是碳纳米管,这种引人注目的分子是晶体状的,非常结实坚硬,是一种极好的热、电导体,能被制成金属或半导体。自从1991年碳纳米管被发现以来,它已经引发了一场研究热。以碳纳米管为基础的晶体管和小型逻辑电路,已展示在人们面前。由单个碳纳米管制成的二极管,一头是金属,另一头是半导体。然而,尽管人们对碳纳米管的属性已经知道得相当清楚,但是产生人们所需求属性的碳纳米管工艺却还是不可靠,更不必说将单个的碳纳米管组合成复杂的电路。即便是在分子电子学中一路领先的碳纳米管,它要在电子器件微型化的竞赛中独占鳌头,仍然需要跨越诸多的障碍。[18]

3.2 计算机的硬件和软件

如果现时没有办法使用日益复杂的集成电路芯片,那么半导体技术的影响将大大减弱。但是集成电路在数字计算机中遇到了挑战,后者对集成电路性能的要求是无穷无尽的。

算盘和算法,即进行计算的设备和法则,这两股涓涓细流通过工程学和数学汇合形成了计算机科学这条大河。**算法**(algorithm)这个单词源自9世纪初中亚波斯地区的花拉子密的名字(Muhammad AI-Khwā-rizmī)。花拉子密撰写了两本影响久远的著作。其中第一本讲述了算术,现已失传,此书在将现在我们所使用的印度数字引入欧洲的过程中发挥了作用,印度数字现仍被错误地称为"阿拉伯数字"。第二本书的题目产生了**代数学**(algebra)这个单词,这本书通过移项**还原**(aljabr)和**化简**(muqābalah)的办法解方程。它们一起勾画了计算机科学的三个核心思想:信息表示法、操作程序和抽象符号处理。[19]

数字是数目的**表述**。许多数字系统表示同样的数目体系,但是计算却并非全然如此。试用罗马数字作一个简单的乘法,譬如,CXXII 乘以CIX,就会明白为什么罗马人会依赖算表,为什么好的计数法对于计算如此重要。卓越的阿拉伯计数法有自己的位置记法和零符号,大大促进了书面数字计算程序的发展,譬如上面那道乘法题可表示为122×109。这些新的算术程序被称为算法,随着时间的流逝,它们代替了算盘和算表。算法一词的含义渐渐地扩展到将其他的计算规则包括在内。但这还不是全部。算法也意味着代数学的实际应用,代数学的能力在于对抽象的非数值符号(包括那些代表未知之物的符号)的运算。在现代计算中,算法超越了数字运算,扩展到运用任意符号求解一般问题。

计算机的出现

尽管算法这个术语出现得比较晚,但自古以来,求解特定问题的各种各样程序已为世界各地的人们所使用。一个著名的例子就是求出两个整数的最大公约数的欧几里得算法。随着数学的发展,求解数学问题方法的增加,许多特殊的算法也产生了。在20世纪30年代,数理逻辑学家图灵(Alan Turing)、丘奇(Alonzo Church)、哥德尔(Kurt Gödel)使**算法概念**明朗化,将算法视为一个程序,这个程序由有限序列的确定指令组成,它将一个给定的输入转换为一个特定的输出。图灵等人描述了通过一种算法能得到什么,不能得到什么——换言之,就是什么能被有效地计算。他们的工作奠定了计算机科学的逻辑基础。[20]

古代的算盘和发明于17世纪20年代的计算尺,仅仅是许多手工计算装置中的两种。随着求解复杂的行星轨道和其他科学问题所需要的时间越来越冗长,手工计算变得越来越困难了。自17世纪开始,人们作出许多努力来建造算术运算的自动化机器,但是没有一个是真正成功的。为了便于计算,对数表、三角函数表和其他数学函数表等大量数表在18世纪相继问世。不幸的是,它们错误百出。巴贝奇(Charles Babbage)被一次次的错误所激怒,于1822年劝说英国政府出资赞助建造"差分机",差分机可用单一的算法完成加法和减法运算。在长达10年的研究中,巴贝奇又提出了"解析机"计划,这是一种革命性的多用途计算器,通过穿孔卡片写入指令。在程序设计和文件编制过程中,巴贝奇得到了女伯爵阿达·洛夫莱斯(Ada Lovelace)的支持。尽管巴贝奇的解析机最终并没有建造成功,但其潜藏的一些思想影响了艾肯(Howard Aiken)。艾肯设计建造的美国第一台机电型通用计算机——"马克一号"(Mark I),在第一个程序员霍珀(Grace Hopper)的协助下于1943年开始运行。

在将巴贝奇和艾肯隔开的那个世纪,技术获得了巨大的进步。机电设备和电子器件出现了,人们更好地掌握了自动控制机,一些公司已经研制出了计算器的穿孔卡片装置,诸如美国国际商用机器公司。从20世纪30年代后期开始,德国的楚泽(Konrad Zuse)和贝尔实验室的斯蒂比茨(George Stibitz)研制出了采用电磁式继电器的计算机。大约在

1941年,艾奥瓦州立大学的阿塔纳索夫(John Atanasoff)构思了电子计算机,并制造了一台被称为ABC的原型机。因为服兵役,他在完成这台计算机之前转移了注意力。然而,阿塔纳索夫对宾夕法尼亚大学摩尔电气工程学院的埃克脱(Presper Eckert)说,宾夕法尼亚大学将变成开创现代计算机新纪元的两次革命的诞生地,这两次革命就是电子计算机和存储程序式计算机。

1943年,埃克脱和莫奇利(John Mauchly)在摩尔学院率领了一个工程师团队开始研制 Eniac(electronic numerator、integrator、analyzer 和 computer 的缩写,即电子计数器、积分器、解析器与计算机)。Eniac是世界上第一台大型通用电子数字计算机,具有18 000个真空管,重达30吨,于1946年开始运行。它有20个寄存器,每个寄存器都能进行十进制操作,因而能够执行每秒5000次加法或减法计算,比当时已有的任何机器都快近1000倍。它虽然能快速计算,但是为了特定计算而把它安装起来却是缓慢的。编程要用手工完成,在巨大的插接板上设置成千个通用开关,跨接丛林般盘绕的电缆线路。[21]

埃克脱和莫奇利意识到了他们计算机的缺陷。在1944年的第一个月,当他们开始筹划继续开发名为Edvac*的新一代计算机时,想到了将操作指令作为数据储存在同一记忆器件上——这个概念就是现在众所周知的**存储程序**。他们的工作在战争期间被视为机密,但是当1944年9月冯·诺伊曼(John Von Neuman)来访时,他们和他详细探讨了他们的计划和设计。在此次以及后续他参加的一系列讨论的基础上,冯·诺伊曼起草了有关Edvac的设计报告,该报告包括关于存储程序式计算机逻辑设计的阐述,但摩尔学院的团队当时并未获悉。冯·诺伊曼是这份草案的唯一作者,在没有得到他允许的情况下,这份草案于1945年流

---

* Electronic Discrete Variable Automatic Computer 的缩写,即离散变量自动电子计算机。——译者

传开来。冯·诺伊曼既从未明确宣称,也从未公开否认存储程序是他的思想。这种存储程序式计算机以"冯·诺伊曼机"而闻名。[22]

伴随着和平的到来,摩尔学院解除了禁令,于1946年开设了有关计算机设计和应用的暑期课程。来自20个学院的28名学生参加了该课程的学习,并在许多学院激起了建造电子存储程序式计算机的热潮。而且,该课程还以广阔的视野讲授了计算机在社会中的作用。参加了暑期课程班的威尔克斯(Maurice Wilkes)回忆说:"我们明白计算机在科学和商业领域即将发挥至关重要的作用。"[23]到那时为止,人们设计的所有计算机都是用来处理冗长繁重的数字计算,譬如对弹道之类的科学问题的求解。商用处理数据的计算机先驱是埃克脱和莫奇利。这两位专家在1946年成立了第一家早期的计算机公司,后来它被转卖给雷明顿·兰德公司,后者设计了Univac,即世界上第一台商用计算机。

除科学计算和商业数据处理外,计算机的第三种应用就是嵌入物理系统中的计算。嵌入式计算为美国麻省理工学院的"旋风"(Whirlwind)项目所开创,起初是为了模拟航空器的控制和稳定。它的**实时计算**成了嵌入式应用中不可或缺的技术,这些应用有诸如防空雷达信号处理和空间飞行控制等领域。到1951年,"旋风"计算机开始运作,Univac也开始为美国人口调查局处理数据。计算机应用的大扩展开始了。

工程学、数学和应用的结合,创造了一门新的技术。专家们意识到了它的巨大潜力,随即迅速动员起来。美国电气工程师协会于1946年成立了现称为电气电子工程师学会下属计算机协会(IEEE-CS)的组织,拥有约10万名成员。一年后,更多面向数学的美国计算机学会(ACM)也成立了,如今已有8万名会员。在这些协会组织研讨会以促进和交流技术思想的同时,计算机行业也如雨后春笋般地迅速发展起来,计算机公司纷纷成立,诸如美国IBM公司和巴勒斯电脑公司等。IBM从20世纪50年代中期以来就一直在该行业居于主导地位,但它无法阻止工程师–企业家双重身份的人组建新的电脑公司,例如王安实验室、控制数据公司、数字设备公司(DEC)等。这些早期建立的以及许多后来接踵而至的公司,与大学以及工业实验室的研究差不多,使产业保持着创新性、竞争性,使它充满活力和影响力。

什么是计算机科学?

当计算机产业和专业组织机构在前领跑时,学术界却迟疑了。尽管大学里开设了各种计算机课程,但是其中大部分设在电机工程系和数学系,他们的工作往往被视为计算机工程学。直到1962年,当IBM的美国国内计算机产品全年收入额超过10亿美元时,斯坦福大学和普渡大学才率先成立了独立自主的计算机科学系。新型学科的理论核心围绕有限时序机、形式句法和复杂性等概念而逐步形成。计算机科学从1968年高德纳(Donald Knuth)出版的《计算机程序设计艺术》(*The Art of Computer Programming*)一书获得了更进一步的动力。[24]

正如历史学家波拉克(Seymour Pollack)评述的那样,形成学术认同落后的一个潜在原因是:"那些主张成立被称为'计算机科学'或'信息科学'这一独立学科的人,在认同这样一种科学的特质或基础时感受到强大压力。"这种压力并没有伴随独立系科的建立而消除。哈明(R. W. Hamming)在1968年接受美国计算机学会图灵奖的演讲中提道:"'什么是计算机科学'这一问题在从事该领域的人们中长期争论不休,我们把这个领域称为'计算机科学',但是我认为它应该被更准确地标明为'计算工程学',这样很可能就不会被误解。"与哈明相似,布鲁克斯(Frederick Brooks)开始时也犹豫不决,但是他最终还是把自己在北卡罗来纳大学创建的系称为"计算机科学系"。然而30年的认识使他改变了自己的想法。 1996年,他写道:"我认为,尽管我们可用任何合理的标准称这门学科为'计算机科学',但实际上它不是一门科学,而是某种**合成**

物,一门工程学科。我们所关心的是**制造**事物,它们是计算机、算法或软件系统之类的东西。"他警告说,用词不当将会使人误入歧途,这里丝毫没有暗示我们应该接受工程师比科学家地位低这种陈腐的传统观念。更为重要的是,它会诱导员工或误导学生去为新奇而寻找新奇,避开实际问题,而忘记了计算机用户的真正需求。[25]

有一段时期,人们把计算机科学等同于编写程序。美国计算机学会以及电气电子工程师学会下属计算机协会(IEEE-CS)在1988年联合组建专题调研组,共同探讨"作为一门学科的计算机计算"课题,结果发现,因为计算机计算这一领域十分宽泛,单独作为一门学科不再是合适的。然而,一个令人满意的新概念却不容易形成。什么是计算机科学?我们是科学家还是工程师?在哈明演讲后的30年中,这些问题仍然存留于计算机领域之中,如何解决也是举棋不定。理论家哈特马尼斯(Juris Hartmanis)主张:"计算机科学正在更多地关注**怎么样**而不是**是什么**,后者更多的是物理科学的关注点。一般而言,**怎么样**与工程学联系在一起,但是计算机科学却不是工程学的分支。计算机科学事实上是一种独立的新型科学,但是它与工程学所关注和思考的问题纠缠在一起,并且互相渗透。"哈特马尼斯认为企图将计算机科学和工程学分开只会适得其反,迈克尔·路易(Michael Loui)赞同这一观点,他说这是因为**一般而言**工程学和科学本来就是不可分割的:"工程学科有一个科学的基础——工程科学,其中包括:静力学、动力学、固体力学、热力学、流体力学,等等。自从第二次世界大战以来,所有的工程学科通过与它们的科学基础结合而逐渐成熟……计算机科学的基本概念和原理不是根源于力、热和电这些物理现象,而是根源于数学。因此,计算机科学是一门新型的工程学。"[26]

在《美国新闻与世界报道》(*U.S. News and World Report*)2002年列出的全美大学可授博士学位的排名前十位的计算机科学系中,有一个系声称是独立的学院,八个系设在工程学院;在余下的一所大学中,一个计算机系设在工程学院,另一个设在自然科学院。[27]在许多其他大学与文科学院中,计算机科学系都设在文理学院。这些多样化的定位表明一个领域的发展是何等杂乱无序。

计算机科学与工程的领域

计算机科学与工程的主题,已经通过很多方式加以分类。此处,大概可被分为三个相互交错的领域——**基础**、**系统**和**应用**,它们分别面向数学、工程技术和应用繁复计算技术的各个学科(图3.2)。[28]

计算机的基础研究紧密依附其数学根基,主要从事有关计算理论、可计算性和复杂性、形式化模型、算法分析和分类、语言表述,以及诸如

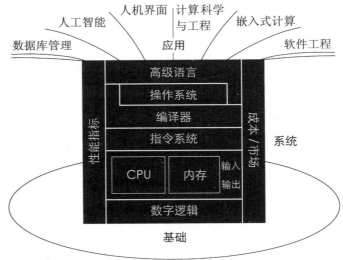

图3.2 计算机科学和工程可分为三个相互交错的领域,从下向上加以说明:基础、系统和应用。计算机**系统**,包括硬件和诸如操作系统之类的系统软件在内,分为几个抽象层次。每个层次为高层次提供服务,由低层次执行指令。可以把它看作一台"虚拟机器",从其设计可见,其他层次的复杂性为仔细说明的界面所隐藏。底部三个层次组成计算机系统结构,三者之中,指令系统形成了硬件和系统软件之间的界面,它的下个层次是机器组织,包含存储程序式计算机的三个组成部分:中央处理器(CPU)、存储器和输入/输出

逻辑和数学组合等相关数学分支。尽管它的一些先进成果远离计算技术,但是它对许多领域作出了贡献,其中包括密码学、计算机语言设计和应用协议。[29]

计算机的应用是无穷无尽的:信息的处理、存储、检索和管理;制图学、自然语言处理,以及其他各种人机界面;人工智能和机器人技术;自动化与过程控制;计算科学与工程学,诸如计算流体动力学、计算医学、计算机辅助设计等。现在计算是许多学科的主干,但是它的主要作用在于其工具性。人类基因组计划如果没有威力强大的计算机的帮助是不可能完成的,但是这一计划的焦点是基因组而不是计算机。一旦**计算**科学被视为**计算机**科学的一部分,有时就会产生混乱。[30]

计算机的许多应用是工程技术密集型的。嵌入式计算机是信息系统的组成部分,作为手机信号处理芯片和工业加工设备的控制芯片的元件。它们出现在手表、电子游戏机、汽车等数不清的产品中。尽管它们不如个人计算机(即 PC)那样惹人注意,但是在面对无所不在的计算趋势时,它们的增长潜力远为巨大。计算机的另一种类型的工程技术密集型应用,是大型的、特定目的的系统,涉及十分繁杂的信息处理,或许是与来自传感器实时输入的信息有关,例如机票的预订和出票、航班时刻表和空中交通控制。这样大规模系统的设计和开发存在着特定的困难。为了对付这些困难,一个被人称为**软件工程**(这一名称出现于1968年)的计算机专业分支变得日益重要。

计算依赖于计算机。为各种类型的计算机应用提供平台和基础设施,是计算机系统工程的职责(如图3.2的中心区域所示)。尽管计算机是多用途的机器,但是为了某些特定种类的应用需要,还可以将它们的性能最优化。科学上的数字处理需要高性能的浮点计算;商业上的数据处理需要高流量的输入和输出。计算机工程师必须弄清所打算应用的领域的功能需求。因此,他们需要估算成本,建立测量性能的评价标准,在成本和性能之间作出最好的权衡。

计算机系统包括硬件和软件。系统软件包括机器-用户界面、控制机器运行的操作系统、文件管理器和其他实用程序,以及写应用程序所用的高级语言的编译器。系统软件为特殊应用的软件提供通用的服务和支持,例如文字处理软件或电子制表软件。在软硬件界面中,隐藏着很多复杂的机器指令集架构。指令集向系统软件设计者展现了所有编写能使机器顺利运行的程序所需的信息,而且只展现了这些信息。它的执行可被看作两个或更多的信息等级的抽象。从功能的角度看,机器包括处理器、存储器和输入/输出。这些操作通过算术逻辑元件完成,而算术逻辑元件由逻辑门组成的寄存器构成。指令集及其执行通常简称为**计算机体系结构**。[31]

计算机硬件不能望文生义地理解为物理学意义上所指的质地非常"坚硬"。硬件的设计者不是深入研究微电子器件物理属性的人。所有他们必须知道和使用的都是特定的功能规范,譬如晶体管的时钟频率之类,以便他们能够好好地利用设备。这是在与巨大复杂性作较量的工程中典型的**系统抽象方法**(systems abstraction)。

系统抽象方法不仅应用于系统的硬件,也应用于系统的软件,后者也划分为等级层次,例如系统软件和应用软件。在计算机系统中,没有任何层级是绝对的,它们之间的界线是模糊的、可变的。硬件和软件之间的界线也是同样如此,许多功能都能在两者中的任一领域执行。为特定应用所编写的程序可以装进芯片;反之,可以把嵌入装置的芯片设计成可重复编程式的,而不是一次性更换式的。塔嫩鲍姆(Andrew Tanenbaum)在他编写的教科书中写道:"在最早的第一批计算机中,硬件和软件之间的界线是一清二楚的。然而,随着时间的流逝,主要是由于计算机的发展,层级已经不断地增加、移除和合并,这条界线已经被弄得相当模糊不清,现在往往很难将它们明确区分了。事实上,这本书的中心议题就是:**硬件和软件在逻辑上是等价的**。"[32]

计算机革命的传播

在对计算机科学与工程学进行简单的介绍之后,让我们回溯计算机系统各个层级的历史沿革。我将按照年月顺序进行叙述,首先从最先出现的较低层级开始。最初的计算机器仅仅是硬件,程序员直接用机器语言进行工作。随着机器变得越来越复杂,工程师们越来越精通技术,他们引入了更多的抽象方法。因而,逐渐形成了如图3.2所描绘的许多层级。

如果说,1946年美国宾夕法尼亚大学摩尔学院暑期课程班为建造存储程序式数码电子计算机的竞赛鸣响了第一枪,那么英国的威尔克斯就是穿越终点线的第一人。他的延迟存储式电子自动计算机Edsac在1949年开始运作。虽然晶体管早在此一年之前已发明,但是Edsac仍使用真空管,正因为如此,它被称为第一代电子计算机。

以晶体管为基础的第二代电子计算机在1958年问世。系统抽象方法允许高级设计以几种方式执行,便于用晶体管取代真空管而无须增加许多新设计。体系结构创新在1964年被引入克雷(Seymour Cray)的CDC 6600型计算机中,其中多处理技术使得几个中央处理器共享一个存储器和许多外围处理器。这台超级计算机引发了大规模的科学计算,创办于1972年的克雷研究所研制的一系列产品把这种计算技术进一步提高了。

随着1965年美国数字设备公司(DEC)的PDP-8型和IBM公司的360系统的先后上市,电子计算机进入了以集成电路为基础的第三代。PDP-8型计算机价格约为1.6万美元,大约是大型计算机价格的1/10,使得小型计算机一举成为大型计算机的竞争者。它在科学界和工程界非常普及,常常应用于专门的领域。

大多数计算机公司自行研制集成电路(IC)处理器。美国英特尔公司在1971年开始生产第一个商用微处理器,并作为"芯片计算机"进入市场。它的成功激励了很多追随者,从而开创了两大趋势:一种是具有特定用途的专用型计算机,另一种是通用型计算机。特定用途的嵌入式计算由专门设计的芯片来完成。在1972年,微处理器成功用于掌上计算器,由此开始进入家用器具、工业设备直至信息系统等所有方面。即使如此,专用计算机的许多潜能仍需进一步开发利用。

对于通用计算机而言,微处理器带来了个人计算机和工作站。个人计算机(PC)由于较低廉的价格,吸引了更多的计算机新手和更大的消费者市场。工作站是为科学、工程学和商务用途而设计的,它为经验丰富的程序员提供了更好性能和更高可靠性的计算工具,不过价格也更高。

在1975年,新兴的米茨公司以成套工具包的形式出售了第一台微型计算机——"牛郎星"(Altair)电脑。为了提供与之配套的用来编制程序的工具,另一家称为微软(Microsoft)的公司成立了。两年后,另一家新兴的公司设计生产了"苹果二型"(Apple Ⅱ)电脑,这是第一台全组装的个人计算机。随着电子制表、文字处理和数据库这三个应用软件"撒手锏"的出现,苹果机的流行以惊人的速度飙升。1980年,快速增长的PC市场吸引了IBM公司。IBM公司一反惯于使用自身专利技术的传统,开始从外包公司购买技术,其中包括英特尔的微处理器、微软的操作系统等。这种"开放标准"最终被证明是一把双刃剑。它既能够促使IBM公司以创纪录的速度发展它的PC,但同时也使竞争对手容易克隆IBM公司的产品,入侵由IBM公司凭其声誉和促销活动开拓的市场。激烈的竞争使价格降低、生产周期缩短,从而增加了产品的数量,加速了性能的改进。1980年以后的20年中,机器的微处理器性能的提高每年以150%到200%的速度增长;与此同时,小型计算机、大型主机和超级计算机则以每年约25%的速度增长。[33]

　　促进计算机性能改进的一大动力是由摩尔定律描述的集成电路(IC)技术。但是集成电路不能单独运行。就像一支庞大的未经训练的军队很容易被击溃一样,大量的无组织的晶体管会产生混乱而不是性能提升。将数目惊人的晶体管安装在一块集成电路上,并将它们不断增长的复杂性转换为有效的计算,这是由计算机体系结构来完成的。

　　存储程序式计算机的基本结构从概念上说有三个部分:处理器、存储器和输入/输出。发挥了计算、存储和传输三大功能。除逻辑运算和算法运算之外,处理器还实施条件转换,也就是在计算过程中,它控制指令的执行顺序,而这些指令是基于某种决策的结果。存储器存储所执行的程序以及实时计算需要的数据。由处理器控制的输入和输出系统,从寄存器、存储单元或别的器件中取出或在它们之间分配数据,这个过程可能很容易受到他人或别的计算机的影响。所有的操作均可通过三种部件组成的结构来完成,并被系统软件设计者的指令集所囊括。

　　在存储式程序结构中,有着大量创新性的设计。由于能在执行的不同阶段平行处理多个指令,计算机处理信息的整体能力不断提高;复杂的存储器层级体系加快了数据存取的速度,将频繁使用的数据放入能快速、简便存取的内存条,而将很少使用的数据放入存取速度较慢的存储器;20世纪80年代开始引入的简化的指令集架构,通过指令的迅速发送,进一步提高了速度。这些连同其他的结构设计,使一个处理器能够用指令流找到对应的数据,推断数据的地址和派生的各种结果,选择最优化的执行顺序,因而能以不断降低的成本来展现令人惊异的计算技艺。

计算机的编程

　　由于流行媒体和某些学术思潮的推波助澜,对计算机的崇拜把计算机给神化了。神以自己的形象塑造了人。一位颇有影响的哲学家宣称,因为图灵机大体上能够计算任何可计算的数字,所以人类只不过是一部有血有肉的图灵机而已。对于如此空洞的哲学言论,实践工程师们却提出了"图灵沥青坑"的隐喻:即使人类解决了如何为原始图灵机编程使其从事重要工作的大问题,这种机器很可能还是像陷入了沥青坑的巨大猛犸象一样,需要比宇宙年龄更长的时间来做一台台式电脑在几分钟之内就能完成的计算。实际问题明白无误地摆在霍珀和莫奇利的面前,他们在1953年写道:"因此,在两种计算机之间作出选择得出的一个答案是,首先要考虑的是操作在经济上是否合算,而不是这种操作在技术上是否可行。对于许多用户而言,所要考虑的重要经济因素之一,便是全体编程员工为确保电子设备有效使用而花费的全部成本。"[34]他们继而主张:工程师们在设计计算机时应该考虑到行之有效的编程技术。[35]

编程工作突出了人与数字计算机的显著区别。机器仅仅是在一组0和1字符之间运行,而这对于人来说则是万分冗长乏味而且很容易出错的事情。当第一台电子计算机竣工并开始运作时,工程师们就努力去寻找多种更易掌握的编程方法,于是开始开发**计算机高级语言**,以及执行高级语言的各种技术。1950年,威尔克斯发明了汇编程序语言,将人类可辨认的基本的符号语言翻译为机器执行的二进制数字。一年后,霍珀引入了**编译器**的概念,使得程序设计员能够用高级的面向问题的语言来编写程序。

1952年在电子计算机上实现的第一种高级编程语言,是安装在通用自动计算机(Univac)上的"短码"(Short Code),它原是莫奇利发明的。高德纳和帕多(Pardo)写道:"令人最惊奇的事情是,在以数学为导向的各个计算活动中心,却不是首先开发出诸如此类代数语言的地方。"尽管他们很惊奇,但是实际上"短码"的诞生地绝不是单单一个地方。从事"旋风"计算机项目的工程师们,也独立地提出过一种与代数语言编译程序相似的思想。IBM公司的巴克斯(John Backus)在1954年发明了第一种重要的、持久的编程语言——Fortran语言。他提出了一个问题:

为什么软件编程语言来自工程师。他声称:"实际上Fortran并不是来自感悟用数学符号编程妙处的某个头脑风暴;恰正相反,它肇始于对经济学基本问题的认可:编程成本和排除计算机故障的成本已超过程序运行的成本,随着计算机越来越快速和便宜,这种不平衡将变得越来越让人无法忍受。"[36]正是这种对实用的关注而不是对理论的关注,导致了高级编程语言的发展。

高级语言解除了程序员监管复杂机器运作的苦差事,例如指派寄存器或为中间结果留出内存空间等。然而,如果要使机器令人满意地运行,就必须执行这些任务,而且要富有成效地执行。最初,编写机器代码的繁重工作是由程序员来完成的,现在委派给编译器,编译器不仅要将高级语言翻译成汇编语言,而且还要分析它们,一一提供机器执行所必需的详细信息。开发一种可靠的、有效的编译器绝不是一项轻而易举的工作。开发Fortran语言的工作量相当于25个人花了一年的工夫。现在,借助于理论和编程工具,编译器能够更快地发展,它们可以像富有经验的程序员一样高效率地编写机器代码。

高级编程语言的一个优点,就是它们对各种不同的计算应用需求的适应性。随着应用领域的增加,编程语言的种类也在增加。到1972年,仅仅在美国就有170多种编程语言在使用。面向对象的编程,为了实现更强有力的抽象而将过程与数据结合在一起,导致出现了C++和其他允许软件组件能重新使用与扩展的语言。基于网络的应用带来了Java和其他独立于平台的语言,并且它们仍在继续发展。

计算机的运用

鉴于高级语言编译器使计算机**编程**例行的众多程序自动化,操作系统也随之使**运行**它们的众多程序自动化。随着计算机变得更为复杂,操作员的操作速度再也赶不上机器的运行速度。早在20世纪50年代中期,工程师们就开始开发能最有效地控制计算机运作和最大效能管理计算机资源的操作系统。[37]

操作系统不仅能合理安排不同的作业,而且还能确保调整中断了的作业再继续进行,并阻止因一个作业的故障而危害到其他作业或计算机系统本身。此外,它们的管理成本不能高到用尽一台计算机的所有计算能力。在20世纪60年代中期,一个重要的成就是OS360操作系统的问世,这是专为IBM 360型系列计算机安装的操作系统。它为该系列中所有的机器服务,涉及的领域从轻量级的商务数据处理到重量级的天气预报与其他科学计算。然而,尽管OS360很先进,但是它还是使许多渴望多道程序设计和交互程序设计工具的程序员感到失望。在多道程序设计中,一台计算机处理器将几项作业交叉在一起进行,从而避免了处理时间的浪费,当等待一个作业输入时,它会转换为先执行另一个作业。多道程序设计的一个子系统将许多控制台连在一台计算机上,程序员通过此种方式与计算机互动,实时消除程序障碍,而不是等待时间表中按部就班的批处理。这个方案称为"**分时**"(time sharing),目的在于高效地使用并不充足的计算资源。

1962年,同时服务于多个用户的分时计算机原型机在美国麻省理工学院首次公开展示。受此鼓舞,麻省理工学院和美国电话电报公司联合组队,合作构建一个能够使一台中央计算机服务于大量用户群体的操作系统。由此开发出的第二代分时操作系统Multics(即"多路信息与计算服务"的简称)在实用上并不成功;它需要比它那个时代所能提供的复杂得多的技术。它的主要成就是充满前瞻性的想象力。Multics取代了"**计算机即产品**"的主流观点,引入了就像电力一样便于使用的"**计算即服务或计算即应用**"的理念。这种高瞻远瞩的看法通过现在出现的网格计算、分布式计算等新技术得以不断实现。

尽管Multics操作系统期望的交互计算服务并没有在大企业中得以

推广,但是它确实为使用该系统的小型技术团体带来了很大的方便。当美国电话电报公司于1969年退出联合研制团队时,贝尔实验室的工程师汤普森(Kenneth Thompson)和里奇(Dennis Ritchie)在寻找替代品,研制出一种多用户操作系统Unix,以Multics的双关语命名。Unix不像先前的操作系统以汇编语言编写,它追求简单性,大多数用被称为C语言的高级语言来编写,Unix和C语言相辅相成地发展。C语言使Unix能被移植到别的机器,为Unix应用程序的开发者提供简易的界面。Unix以微不足道的费用使其自身和源代码在大学中广为流传,很快获得了大量的追随者,并被改编为许多版本。其中最重要的修改版,是20世纪70年代末由加利福尼亚大学伯克利分校开发的。在该校所作的众多修改中,包括增加网络功能和因特网协议。由于这项修改对于在大学里推广使用因特网很有帮助,它为Unix在因特网的应用中建立了一个强有力的位置。[38]

　　Unix作为支配工作站的操作系统达10余年之久,但与垄断个人计算机操作系统的微软公司MS-DOS操作系统以及后来的Windows操作系统有所不同。Unix操作系统更可靠、更耐用、更易于进入网络,然而,它们有一个很大的弱点。因为Unix有许多不同版本,所以对应用软件的开发者来说,就不如一体化的微软系统那样更有吸引力,而正是应用软件吸引了大多数的消费者。

　　微软的源代码是一个被小心翼翼地严守着的秘密;许多Unix商业版本也是如此。然而,源代码在Unix学术时代的开放性交流,带来了**开放源代码软件**运动,使源代码免费地或无限制地被再分配使用。软件开发商以这种方式让他们的用户对产品的进化产生更多影响,同时回过来也受益于其他开发商的开放源代码。为了防止任意修改和无序扩散而削弱Unix的功能,在1984年设立了"通用公共许可证"(the General Public License)制度,为Unix的免费分配制定了法律界限。在这种约束之下,托瓦茨(Linus Tovalds)于1994年发布了高性能的、高可靠性的Linux操作系统。它很快吸引了许多销售商和技术支持者,包括诸如IBM这样颇有影响力的大公司。英特尔公司减弱了与微软公司的合作,开始最优化其支持Linux操作系统的处理器。虽然Linux在消费者世界中对Windows的威胁很小,但是它正在袭击微软公司的企业市场。2002年在服务器、强化个人计算机或用于网络服务的工作站等的市场中,Linux攫取了市场总量500亿美元中约13%的份额。更为重要的是,作为可编程嵌入式设备的一种操作系统,它有着巨大的潜力,例如用在手机、电子游戏和个人数字助理之类电子设备上,可以下载信息和程序,通过因特网处理信息等。这似乎是未来的浪潮。[39]

亨尼西(John Hennessy)在有关新世纪计算机系统研究的文章中写道:"新的应用源自我们正在走向的新时代——**后PC时代**,这个名称是帕特森(David Patterson)首先提出的。"亨尼西注意到,嵌入式处理器的销售额在1997年超过了PC处理器,并预测在2003年其销售额将会达到PC处理器的三倍,他写道:"信息设备绝对会在未来占有大的份额……未来的环境会以因特网和网络为中心,在其中服务的都是令人着迷的应用程序。在这样的世界中,你的网络联结将会变得比任何一个计算设备都更为重要。"[40]在这样一个崭新的时代,计算机体系结构设计师必须加入到通信网络结构设计师的队伍中去。

3.3 无线通信、人造卫星和因特网

在第一台存储程序式计算机开始运作的前一年,即1948年,香农(Claude Shannon)发表了他的通信理论,预见到通信技术和计算机技术将相互促进。尽管那时的通信技术还是完全模拟式的,但是香农已经注重于数字化方面,因为"数字化不仅应用到通信理论,而且也应用到

计算机理论之中"。[41]他关注的焦点已被充分证实。通信工程学已经彻底地变更了自身,它吸收并激励着计算机和微电子学中与之相伴的发展成果。随着新世纪的开始,它处于高技术的最尖端领域,忙于发展全球信息基础设施。

通信系统

一般的通信系统至少包括五个部分:**信源、发端设备、信道、收端设备和信宿**。信源产生消息,如有必要,消息将被变换器转换为电信号,其波形从物理方面体现信号传达的信息。发射机变换信号,从而使其能够通过特定的信道(即传输系统)被有效地发送,但信号传输会受到随机的噪声干扰而产生错误。当信号到达收端设备时,噪声被过滤干净并转换为适合用户(即其信宿)的格式。用户同时也会详细说明其想得到的服务质量,包括保真度标准等(图3.3)。[42]

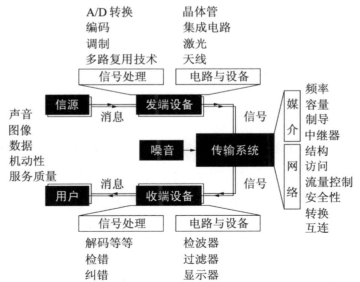

图3.3　一般的通信系统将来自信源的信号通过发端设备、传输系统和收端设备将信号传送给用户。它包括物理技术和系统技术。前者包括器件与传输媒介;后者包括信号处理和网络体系结构(A/D即模拟数字)

通信系统取决于物理技术与系统技术两个方面。物理技术由硬件组成:产生和调制电信号的电子器件,带有所需中继器和转换器的传送媒介,以及收信端的检波器等。系统技术依据逻辑或程序将各个物理器件整合为一个系统,为用户提供所需的功能。它们分为两个相关的种类:**信号处理**与**网络体系结构**。信号处理设计的是:适合有效传输的信号形式;将信源信号变换为所需形式的程序;检错的算法;以及在收信端还原信号传输的信息。网络工程师们根据信源的特征所设计的是:与无数终端设备的有效连接;授权访问、转换与控制流量的程序;启动、维护与终止数据传输的协议。所有的设计旨在为预期的用户提供优质服务。通信工程师们设法将一个系统的流量最大化,将出错的可能性最小化。在与必需装置的复杂性和成本费用发生冲突时,他们常常不得不放弃某些目标。

二战以后,通信系统的每一部分都获得了突破。传统的信源和用户是通过计算机和可移动部件联系在一起的。通信设备随着微电子学、光子学与计算芯片等技术的进展而越来越呈现多样化。传输媒介扩大到微波、人造卫星和光纤等。信号处理变得越来越数字化。现在的体系结构包括分组交换、网际互连和蜂窝网络。因而,无线通信已经超越了人与人之间在固定地点通话的那种无特色的低端通信服务,而是根据形式与用户类型提供多样选择。自20世纪80年代早期蜂窝电话作为商用新产品首次展示以来,无线通信所拥有的解除有线束缚的巨大潜能,正日益为人们所认识。从20世纪80年代中期开始,传输图像的传真机得到广泛的应用,传真机的第一个专利可追溯到1843年。[43]计算机数据传输已成为通信流量的主要部分。因特网在其最初的头20年仅限于在技术性组织中使用,1990年才出现了它的第一个商业服务供应商。全球化的信息高速公路系统正在出现,它提供了集声音、图像、视频和数据为一体的服务。

开拓新的传输媒介

所有的无线电通信系统都是使用电磁波来传送信号的。不受控制的电磁波在真空或大气中传播;能够控制的导波在线缆——双绞线、同轴电缆与光纤——中传播。电磁波在很宽的频率范围内都已被利用。以电磁波的一定波形传送的信息总量与波形的**带宽**(即频率变化幅度)成正比,在那些频率上几乎集中了波形的所有能量。载波的频率越高,拥有的带宽就越宽,因而传输的信息量也越大。例如,传输人的声音需要约 4 千赫(千赫即 10^3 赫兹)的带宽。像那些早期电话网所采用的明线,以若干千赫的频率运行,刚够传输单一的声道。20 世纪 40 年代开始开发的同轴电缆,能以高达 500 兆赫(兆赫即 10^6 赫兹)的频率运行,可同时传输几万个声道,它也用于传送有线电视信号。

人们对传输容量的需求不断增大,推动着长途电信越来越趋向使用更短波长、更高频率和更宽带宽的载波。使用这些载波需要日益复杂的科学知识。在第二次世界大战之前,广播电台的载波频率已逼近 100 兆赫。频率更高的就是微波了,其频率在 1000 兆赫(10^9 赫兹)以上。1931 年首次证实可用微波传输信息,这项技术于二战后随着雷达技术的发展而走向商业化。因为高频波衍射效应很小,几乎不会偏离直线传播,且能有效地利用定向天线收发信号,所以它们主要用于视线范围内的点对点通信。第一次用微波中继转播信号是在波士顿电视台和纽约电视台之间进行的,经过五次转送,传输距离达 220 英里* 以上。在此后 15 年之内,微波中继传输遍及各大洲。当陆地通信网到达海岸线时,它们由空中的中继站连接。

美国电话电报公司的试验性通信卫星 Telstar,是第一颗能有效接收与传输信号的通信卫星,在 1962 年跨越大西洋进行了洲际现场实况电视转播。3 年之后,"国际通信卫星 1 号"(Intelsat-1)开创了国际性的

---

* 约合 354 千米。——译者

商用卫星通信。它定位在高达35 800千米的地球静止轨道（GEO）之上，对地面观察者来说是固定不动的，其通信区域覆盖地球表面的1/3。如今，有来自许多国家的大约180颗地球静止轨道通信卫星环绕着地球运转。自20世纪80年代以来，它们是电视节目转播的主要支柱，将节目源和网络中心连接到当地的广播台，或接到装有大型地球终端的电缆接头上。直播到户式的电视传输需要高性能的卫星来产生足够强大的信号，以便使家庭的小型接收设备也能探测到。从20世纪90年代初以来，这种方式已证明在商业上是切实可行的。[44]

人造卫星在电话对话的传输中很少成功过。地球静止轨道卫星的位置如此之高，即使让光以每秒30万千米的速度来回一趟也要花费相当可观的时间，这足以导致信号延时而使通话者烦恼。因此，当光纤在20世纪80年代中期变得富有竞争力时，卫星很快就失去了电话传输的市场份额。

人类的眼睛对频率在390—770太赫（THz，即10^{12}赫兹）的电磁波很敏感，这一频率区间等同于波长在0.39—0.76微米。可见波段，连同波长恰好超过此波段的红外波段和恰好低于此波段的紫外波段一起，通常称为**光学波段**。第一个近代长途通信系统就是光学性质的，它是由法国人查普（Claude Chappe）于1793年建造的法国镜子电报，是一个光学系统。*它取决于能见度的大小。然而，光学通信的最大潜力却在别处。不单是可见光的速度，所有不同频率的电磁波都是以同样的速度在自由空间中传播的。电磁波的主要优势在于它那庞大的带宽，就像一根允许信息流高速通过的粗大管子。

20世纪50年代，玻璃纤维已用于医学检查传输可见光，但是传输过程中光的损耗很大，可见光尚无法通过一个房间长度的一段玻璃纤维传输。1951年，蒂勒尔（W. A. Tyrrell）坚持认为光频比微波频在远程

---

　　*这是用镜子反射光波来传送信号的系统。——译者

通信方面更有优势,但他对缺乏适当的光源和传输介质深感遗憾。激光(laser,即英文"受激辐射放大的光"的缩写)点燃了他对光源的希望。1958年,他从理论方面作出了预言;两年后,在实验方面由梅曼(Theodore Maiman)加以证实。高锟(Charles Kao)则点燃了寻求更好传输介质的希望,在1966年证实了光纤通信的损耗可以降低到适合办公室间内部通信的标准。1970年,这两方面都取得了重大的突破性成就。半导体激光达到了可在室温下连续运作。[45]符合高锟标准的单模态光纤在商业上业已投产。在随后的10年中,光纤损耗稳步地降到接近理论极限的每千米0.2分贝(dB/km),以至于信号能在光纤中传输50千米之后仍然保留10%的输入功率。通向光纤通信的道路已经畅通无阻。[46]

1977年,试验性的光纤通信系统在世界不同地方的几座城市涌现,其中包括芝加哥。从图3.1b可见,从此以后它取得了长足的进步。在传输光波长在1.2—1.6微米的波段,具有带宽潜力60太赫(THz)以上的石英纤维,可以起到最粗信息管的作用。同时,石英纤维在物态上可加工得最细,以致很容易透迤地穿入那些空间非常宝贵的办公楼。它的抗干扰性能使担忧电子干扰的军方着迷。更为重要的是在远程通信领域,它的低损耗意味着在传输通道中仅需安装很少的放大器,它的低噪声意味着在传输过程中的低出错率,而它的坚固耐用则意味着长久的使用寿命。由于光纤具备所有这些优点,因此快速获得了应用。时至20世纪末,光纤几乎成了整个世界远程通信网络的支柱,并且日益跻身于大城市和馈线回路中去。如今,已有超过35万千米的"玻璃项链"装饰着大洋底部,取代了以往用于防海底地震和其他科学研究的旧式铜质电话电缆。它们的信息传输容量是如此之大,以至发生供过于求的情况。[47]

现在的远程通信网络,就像是十车道的高速公路系统,却设置十分危险的狭窄进口坡道。位于街道角落处的信号处理装置的中继线和中继连接,是光学的、快速的,然而在街角电信装置与单个家庭之间的最后50米,却大多是由专为声音传输设计的旧式双绞线连接的。美国电话电报公司建设连接这些客户的线路足足花了数十年的时间,占该公司1982年拆分之前约60%的总投资,更换它们的成本非常昂贵。要让许多家庭获得包括电话、电视和因特网的宽带服务是有一定难度的,但却有巨大的潜在收益。现在各种技术之间存在着激烈的竞争,例如:将现有的双绞线改造为数字用户线路,为现有的电视电缆提供调制解调器,敷设新的光缆,与邻居终端的无线连接,以及直播卫星,等等。正是在这个领域,通信工程师们独自面对着一个令人振奋的前沿。[48]

信号处理和网络体系结构

到目前为止,我们的讨论都集中于物理技术方面。其实,系统技术同样重要,决定着信号所需的形式,以及信号从特定信源到特定用户的路径。信号处理的一个例子,是有关模拟信号与数字信号之间的转换。1937年,里夫斯(Alec Reeves)发明了一个将信号数字化的方案,1962年当大量生产的晶体管提供了有成本效益的工具时,该方案才实现商业化。晶体管能够在一秒钟之内将一个连续信号测量数千次,并将测量结果量子化为数百个等级,而每一个等级可用一个二进制的数字代码表述。结果便出现了一种数字信号,一系列断断续续的脉冲,这些脉冲能进一步被同一台仪器处理和传输,这台仪器同时也处理计算机数据,并将图像数字化。数字信号具有在长距离传输方面最小失真的优势;数字信号中继器不像模拟信号放大器,它不会积聚噪声。现在,在电话总局之间的大多数中继线路是数字化的,并能够提供综合业务。

通信系统中的发端设备执行的信号处理,其内容实际上要比模数转换多得多。其中一个重要的处理是**调制**,也就是将信号标记到适于传输的载波上。现在除了我们熟悉的用于无线电广播的振幅调制

（AM）与频率调制（FM）外，还有许多其他调制方案。在接收端，将信号**解调**为恢复到用户可理解的形式。调制解调器（调制－解调）调制来自计算机的数字信号，以便使信号能在模拟式电话线上进一步传输。

发端设备的另一个重要处理是**多路复用**（multiplexing）。这一操作能将多种信号同时集束于一种单一载波上而不会把它们弄混，因而能够确保有效地使用带宽与传输资源。其中第一个开发出的方案是时分复用（TDM）技术，即在连续时隙中传输来自不同数字信号的交叉脉冲。这就是在传输数据容量为51.8兆比特每秒（Mbps）的OC-1系统*中，单一光纤如何能同步携带许多多路电话通话的原理。数字化技术将声音信号变换为一串64千比特每秒（kbps）断断续续的脉冲。一台时分复用器能同时容纳672个这样的脉冲串，从每个脉冲串抽取一个脉冲依次排列，如此使所有的脉冲串交互形成一个43兆比特每秒的单一数据流。然后，将这个脉冲流发送入光纤进行传输。在对应的收端，多路信号分离器将该脉冲流重新还原为672个信号，并将它们分别发送到各自独立的路径上去。时分复用系统的数据流使用一种特定的载波波长。先进的光纤通信系统将各种不同波长的许多TDM数据流集束在一起，通过波分复用（WDM）系统传输。在图3.1b所描述的传输率的指数式增长中，采用时分复用系统和波分复用系统是至关重要的因素。

点对点通信网络必须把其众多用户中任何要求结对的用户联系起来，使用共享资源，并要确保这种共享不会危及隐私和服务的有效性。**网络设计**和**流量控制**是远程通信中难度最大的问题之一。

当一个人要打电话时总要拖着一根电话线，这样的做法并不吸引人。自从无线电问世之后，无绳通信和移动通信就有可能了。无线电技术的首次应用是在船上。陆地移动通信有两个主要障碍：第一，需要

＊OC为光载波Optical Carrier的缩写，光纤的基本数据传输率称为OC-1，其传输数据量为51.8 Mbps，通常以OC-N代表N倍的51.8 Mbps。——译者

有耗能低、重量轻的发端设备和收端设备,这个问题已被微电子学所克服;第二个问题是有关传输的。导线传输尚可铺设更多的电缆,但大气层只有一个,其有限的带宽必须被所有的非导线传输所分享,而大气层在初期是被无线电广播业务所占据的。迟至20世纪60年代,可用带宽仍将陆地移动电话限制于少数信道,大部分信道被用于警方警务与出租车调度。虽然这项业务已经糟糕成了这样,但用户仍在订购名单上排起了长队。工程师们清楚地看到:为满足不断攀升的需要,应该设法以某种方式实现传输频率的重复使用。无线电的解决方案,不像光纤那样主要依靠物理技术,而着重于信号处理与网络体系结构方面的先进系统技术。

1971年,贝尔实验室提出了**无线蜂窝体系结构**(wireless cellular architecture),通过增加一个空间维度以获得频率复用。它抛弃了单一的大功率站点覆盖一个大区域的旧方案,反而将大区域分成蜂窝状的一个个小的相邻单元区,每一个单元区都有自己的低功率信号发射站点。现在,不同的单元区可用同样的频率来传送更多的电话,因为信号衰减确保了低功率发射设备对邻近单元区的干扰最小化。当一个打手机的人从一个单元区走到另一个单元区时,原来他所在的单元区发射站就会将这个电话转接到另一个单元区发射站。蜂窝系统需要复杂的整体设计来鉴别呼叫者,查找受话者的位置,分配频率,连接和转接电话,保护个人隐私,跟踪用户的位置移动,以及连接到拥有大多数用户通话信源和信宿的固定电话系统。但是,问题的复杂性并未减弱遍及世界的创新热情。在20世纪80年代,出现了多种不同设计的蜂窝系统开始过剩的现象。第一代蜂窝系统使用模拟技术使人想起调频收音机,它们提供单向传呼与双向语音服务。第二代蜂窝系统转换为数字技术,增加了数据服务,不过服务质量离预期还差得很远。用户的数量以每年20%到50%的速度增长,在美国的增长速度比在欧洲和亚洲的要慢得多。在世纪之交，人们迫切期待的第三代无线移动网络，正争取在快速访问因特网的多媒体无线业务上获得全球的共识。[49]

通信与计算的汇聚

美国电气电子工程师学会会刊《IEEE综览》（*IEEE Spectrum*），在描述"网络的网络设计师"的形象时开篇写道："一个来自加利福尼亚州，衣冠楚楚，好交际，重实效；另一个来自纽约市，拘谨缄默，埋头于大量信息，沉浸于概念之中。然而在40年之后，瑟夫（Vinton G. Cerf）与卡恩（Robert E. Kahn）的事业结合在了一起。引用瑟夫的话来讲：'当我们俩旋转跳起双人舞时，就像是在举行一次历史性的宫廷舞会。'在他们卓有成效的合作中，最大的成果是因特网。"[50]注重实效的瑟夫的主要工作是在计算方面，而擅长抽象概念的卡恩的主要工作是在通信方面。他们的智力爱好与合作把全球信息基础设施展示为计算和通信在硅质地板上跳的华尔兹舞。[51]

一般意义上的**互联网**（internet），顾名思义，是指把网络互相连接在一起的网络的意思。这种广义的互联网及其技术比现在全球所使用的因特网的特性更为普通。因特网起源于阿帕网（Arpanet），后者不是因特网，而仅是一个为连接计算机而设计的数据网。计算机的运作不同于人，将它们连接在一起需要不同于电话连接的新技术，而电话连接是为人与人之间的通信而设计的。阿帕网与众不同的创新在于分组交换技术。

传统的电话网采用**电路交换**（circuit switching）技术，所敷设的物理电路是专用于始终维持电话传送的。专用电路符合人类的要求；两人之间的通话产生或多或少的连续信息流，如果来自对方的回应在电话传输中被延迟一秒钟，他们都会不耐烦。不像通话有规则而无耐心的人类，计算机收发的信息量毫无规则，往往瞬间突发，但能忍受信息延迟。当计算机用户积累了一大堆电子邮件时，一台计算机照样能够保持长时间的沉默，而当用户点击一下"发送"，它会突然进行大批量的传输。如在两台计算机之间铺设一条专线，将是一种巨大的浪费，因为它必须要有高容量来处理无规则的脉冲猝发，但在大部分时间中却是处于空闲状态。

计算机通信的更高效率可通过**分组交换**(packet switching)技术来获得，该技术采用动态的线路取代了静态的线路。如果说电路交换技术好像是为每一列火车保留一条铁道的话，那么分组交换体系结构就像是可容纳许多车辆的高速公路。一条信息必须与其他信息共享通道。因为冗长的信息可能会妨碍有效的共享，所以不能把它们当作整体来对待。分组交换技术将一条完整的信息分割成许多小部分，即信息包(packet)，让它们各自分别传输到目的地，在收信处将它们重新组合复原。在传输途中的每一个交换中心，一个信息包在到达时都要排序等待，然后当轮到它时就被转送到达其目的地。为了避免在特定线路中受到堵塞，一条信息的各个包可能要沿着不同的路径派送。由于某些线路比其他线路传输得快，各个包在到达它们共同的目的地时可能会秩序紊乱，因此需要特别的措施来确保它们进行合适的重组。分组交换技术通过牺牲服务的质量提升了网络效率。信息包可能会丢失，而且其路由选择和重组也可能会导致信息传递的延时。延时不会烦扰计算机但会惹恼用户。这就是为什么因特网电话技术的引入会姗姗来迟。

有三个工程师都各自独立地想到了分组交换的构思：美国兰德公司的巴伦(Paul Baran)在20世纪50年代后期产生了这样的想法；麻省理工学院的克莱洛克(Leonard Kleinrock)在1961年发表了第一篇有关的论文；英国国家物理实验室的多纳德·戴维斯(Donald Davies)在1965年正式提出了由"包"来交换信息。克莱洛克把他的理论思想传授给了罗伯茨(Lawrence Roberts)，当罗伯茨在1965年通过拨号电话线直接连接计算机时，进一步坚定了自己的技术思路。当他被美国高级研究规划署(ARPA)招聘从事计算机网络开发时，他的经验使他清楚地知道需要采用什么样的技术。

美国高级研究规划署后来归属国防部，它更名为美国国防部高级研究规划署(DARPA)，一直关注信息处理技术的进展状况，其中部分原因在于当时美国大多数计算机是由美国政府购买的。在20世纪60年代，美国国防部高级研究规划署发现了两个问题：第一个问题是，许多制造商的不同型号的计算机互不兼容，使得标准化的希望变得渺茫；第二个问题是，研究机构分散在全国各地，导致计算资源的大量重复和低利用率。为解决这些问题，鲍伯·泰勒(Bob Taylor)提议在计算机之间构建一个全国性的电子连接网络，从而使计算资源能够共享，而不兼容性通过通信得到了缓解。他的建议立即得到政府立项，于是罗伯茨于1966年被选任项目经理。

罗伯茨负责构建计算机网络的总体设想，在这个基础上，他会征求关于特定组件的各种建议。网络的一个主要问题是，被连接的主机广泛使用截然不同的操作系统。通信系统必须使它们能够互相"理解"。获得兼容性的一条路径就是，编写通信软件，以在特殊的操作系统上运行。然而，这需要许多版本的复杂软件，只要通信技术变化，就得重新编写软件，这使得网络发展很困难，而且成本高。为了解决这个问题，罗伯茨采纳了克拉克(Wesley Clark)的建议。克拉克将工程学的**模块化**(modularization)和**抽象**(abstraction)的一般工程思想用于分离计算与通信的任务，从而使这两大任务能够调整至相互干扰最小化。在模块化中，从主机中分出大多数的通信任务，将它们分配给为此专门设计的小型计算机——接口消息处理机(IMP)去解决。接口消息处理机形成通信网络节点，该节点隐蔽了来自主机的网络复杂性。以上所有这些技术,都要求每一台连接节点的主机和接口消息处理机的界面兼容。为此,它必须符合某种**协议**(protocol),该协议为准备分组交换的数据制定了严格的规则,为启动、维持和终止传输制定了严格的程序。在计算机中,协议等同于一个人要打出电话必须完成的程序,接口消息处理机等同于电话内部的运作机制。借助于接口消息处理机,计算机的操作就变得像人一样:我们略微了解电话系统就可打出电话,并轻而易举地从拨盘式转换到按键式。

高级研究规划署委托博尔特·贝拉尼克和纽曼公司(BBN)设计与建造接口消息处理机。该公司的电信理论家卡恩还负责所有的系统设计。主机协议的设计则由洛杉矶加利福尼亚大学网络测评中心主持,在那里,克罗克(Stephen Crocker)与瑟夫是计算机科学的明星研究生。计算机通信协议的成功制定取决于主要参与组织各方的通力合作。为激发思想与达成共识,克罗克着手发出**"请求评论"**(request for comments),这是一种非正式的征询活动,至今成为网络开发的一个很有影响力的传统。阿帕网在1969年底投入使用,开始通过租用电话线在其最早建立的两个站点,即洛杉矶加利福尼亚大学(UCLA)与斯坦福研究所(SRI)之间进行信息传输。1971年阿帕网很快增加到15个站点、23台主机,两年后,进一步演变成国际性的网络。

为了将阿帕网引入到许多技术团体中去,并促进计算机网络的开发应用,卡恩于1972年组织了第一届国际计算机通信会议(ICCC)。会议当场演示在美国各地40台计算机之间联网通信的阿帕网,从而开启了网络传输的真正发展。这次会议的成果之一是成立了国际网络工作组(INWG),首任主席为瑟夫。第一批的许多基层组织负责因特网标准的建立与改进,INWG则继续并加强请求评论的意见征询活动。

国际计算机通信会议与国际网络工作组都彰显了一个影响因特网特征的行业特殊性。因特网不像电话网,不是在垄断性的操控下发展的。它的发展源于自上而下与自下而上的异乎寻常的共同努力。政府倡议广阔的视野与总体概念,但是不限定详细内容与技术。因特网技术的发展常常依赖于对网络进行投资的技术性社团形成的一种共识。这是一个更为民主的进程,但同时也在维护网络安全等方面产生了问题。

从计算机网络到网络的网络

在20世纪70年代,随着网络的迅速增长和扩散,其类型也在不断增加。世界各国都在开发他们自己的"阿帕网",这些网络各有自己的通信协议,但互不兼容。这些广域网络覆盖了大片的地区,但是数据传输率却相对较低。为了给大学校园之类的地区社团提供高速率的信息传输,具有完全不同技术的局域网出现了。此外,远程通信的新方式,诸如无线与人造卫星,都需要新的网络技术。1972年,当卡恩继任阿帕网的项目经理时,他面临着一个无比丰富、但却非常混乱的新兴领域。

卡恩是一位优秀的工程科学家,他并没有急于投入将卫星连接到阿帕网的技术细节中去,相反,他提出一个普遍性问题,即如何将类型完全不同的各种网络相互连接起来的必要条件。由于互联网的一般特征是易于扩展到兼容基于新技术的网络,卡恩引入了**开放体系结构网际互联**(open-architecture internetworking)的想法。这种构思将阿帕网所采用的逻辑从计算机网络延伸到网络的网络中去。在开放的体系结构中,一个网络将没有全局性的操作控制。它不支配参与网络的内在结构,其中的每一个参与网络都保留其各自的个性。在两个网络之间的接口是网关(即路由器),它确保信号传输的兼容性,但不保留传输信号的内容记录。为了设计出这种网络体系结构的详图,卡恩聘请了瑟夫,后者是面向通信的计算机操作系统的首席专家。从此他们开始了在网际互连开发上的长期合作。

瑟夫与卡恩关于网络传输控制协议(TCP)的论文发表于1974年。

通过在实际应用中的进一步改进,TCP分为TCP与因特网协议(IP)两种,以适应两种模式的信息包交换。1983年,TCP/IP全部被阿帕网采用,并被集成到太阳微系统公司(Sun Microsystem)工作站的Unix服务器中去。尽管存在竞争,但在20世纪90年代它牢固地确立了在全球网络协议中的主导地位。

一个互联网的逻辑结构体系正如在工程抽象中常见的那样,是由许多精心设计的接口模块组成的。它们可能位于不同的网络,一起确保消息可靠地从一种应用程序向另一种应用程序传输,而不管这种程序是电子邮件还是网络浏览器。在这些模块之间是传输层,TCP是传输层的主要协议。为了给包交换作好准备,主机的传输层通过应用程序将传来的信息分割为一个个小包,并在每一个数据包上添加电子"信封"。这个信封包含有这样一些信息,例如:接收应用程序、差错检测码,以及在消息中确定数据包位置的序号。然后,传输层将电子信封传到另一层,在这一层加上另一个有更多信息的信封,例如远程网络应用程序的地址等。这样一层层地封包,一直到将数据包投入通信网络的计算机物理端口。一旦进入这个阶段,数据包就被传输到路由器。路由器就像两个国家之间的边境站一样,它依据IP协议将两个网络连接在一起。路由器注意最外层信封的信息,考虑流量状况,选择一条最好的路径送往目的地,校对信封以进入合适的网络,并以其路径发送数据包。在目的地的计算机那里,不同的接受层逐一打开信封,检查是否有错,如有必要请求重新传输,按原样组装数据包,把消息传递到寻址的应用程序中去。

互联网的结构大体如图3.4所示。在其中心是由路由器相连的包交换网络。在其外围,配备有调制调解器组的路由器连接到各个网络,例如电路交换的电话网,通过此网,很多PC用户可进入互联网访问。

不像语音通信那样几乎任何人都可使用,数据通信要求用户有一

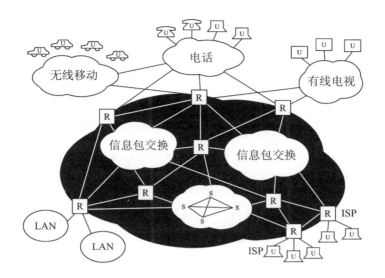

图3.4　一个信息基础设施包括一个与路由器（用字母R标示）相互连接的包交换网络核心（黑色区域标示）。其余的路由器作为网关而服务于其他通信系统，诸如无线移动网络、固定电话网和有线电视网，每一个都为很多小用户提供入口（用字母U标示）。互联网服务供应商（ISP）也为大用户们和局域网（LAN）提供入口

定的技术能力。数据网络的用户大多数是工程师与科学家。他们为应用开发作出了很大贡献，没有这些应用，阿帕网及其后续将被局限于研究团体中的信息传播。第一个出现的重要应用是电子邮件（e-mail），它由BBN公司的汤姆林森（Roy Tomlinson）于1972年发明，第二年便占据阿帕网流量的75％。邮件表和新闻用户群体随之而来。

　　打破因特网在实验室的垄断而进入普通家庭的主要动力，或许是万维网（WWW）的应用。万维网产生于欧洲核子研究中心（CERN），原先是为便于基本粒子物理学家传输大量即时的数据而建的。1989年，当伯纳斯–李（Tim Berners-Lee）提出一个能在散布于各个计算机的数据之间创建链接的分布式超文本系统时，计算机网络已遍布于欧洲核能研究中心的各个角落。为发展这个思想，他率领一个由物理学家和工程师组成的团队来建立"超文本传送协议"（简称http），该协议支持数据

通信的方式，以便能够轻松自如地浏览信息。为了信息的系统识别，他们引入了具有标准化网络地址形式的"统一资源定位地址"。将网络设计成便携式的、可升级的，以致能在不干扰现存信息内容的前提下扩展为可容纳附加的信息。1991年，欧洲核子研究中心将网络软件分发到各个基本粒子物理学研究团体中去使用。到当年年底，10种网络服务器已经开始在世界各地上市。为了改进浏览器的性能，安德烈森（Marc Andreesen）在国家超级计算中心领导一个团队研发了Mosaic，这是一种速度更快的网络浏览器，具有图符链接之类的一些新特色。1994年，安德烈森和他的团队离开原有机构去创办公司，该公司开发了Mosaic的商业版，名为网景（Netscape）。如今，人们通过网络可以轻而易举、兴趣盎然地获取各种信息，因特网变成家喻户晓的字眼。[52]

将具有完全不同特性的资源和用户连接起来，这是网络技术潜在的基本想法。因特网不断地把有线电话系统、蜂窝系统、覆盖有线和无线基站达不到的偏远地区的卫星系统，以及其他的系统连接在一起。工程师们通过整合通信、计算机和微电子等技术，已经研发出一种多媒体网络，可以传输声音、视频和计算机数据。他们进一步预见到，在未来有一个全球化的信息高速公路，能够使任何人，在任何时间和任何地点，以任何方式、任何速度，采用任何可兼容的终端进行交流。

第四章

处在社会中的工程师

4.1 社会进步与工程师形象

工程师以解决现实世界的问题,创造性地、科学地、有效地处理事物而引以为豪。然而,实用性与有效性并非受到普遍的重视。"效用的理念长期以来一直带有庸俗的印记。"一位历史学家在评论书面文化时如是说。在书面文化中,技术的概念一直到第一次世界大战以后才得以流行,即使到现在仍被认为是一个"有风险的概念"。[1]实干家与言论家之间的文化差异招致了误解。所幸的是,对工程师的固有成见丝毫掩盖不了他们对社会经济的贡献。

在历史上,工程师与他们的先驱者大多来自劳工家庭,以他们的双手苦干,更多地依靠自己的思考与经验而不是学校教育,而且被迫按要求交付产品。他们受到那些有教养、有闲暇的女士与绅士们的鄙视,这些人自诩更有文化、更加高贵,而正是那些生产物品并提供服务的人才使得这些人有可能享受荣华与富贵。达·芬奇感受到了杰出人物是众矢之的,他作出回应:"我完全意识到,某些专横的人会认为他们有理由指责我不是一个文人;宣称我不是一个有文化的人。愚蠢的家伙!他们居然不知道我能够像马略(Marius)反驳古罗马贵族那样反驳他们:那些用别人的劳动来装饰自己的人,他们不会允许我奋发自强。"[2]

胡佛在进入美国政府以前,访问了英国,并加入了一场关于牛津大学与剑桥大学是否应该把工程技术纳入教学中的论战。在返回美国的大西洋旅程中,胡佛与一位英国女士同桌用餐,畅谈甚欢。在早餐告别时,这位女士问他从事什么职业。当听说他是一个工程师时,她情不自禁地发出了一阵惊叹:"什么? 我还以为你是一位绅士呢!"[3]

工程师们不只是使英国女士感到惊奇。美国总统西奥多·罗斯福(Theodore Roosevelt)在给一位友人写信时谈到了斯蒂文斯(John Stevens)其人,罗斯福曾任命他为建设巴拿马运河的总工程师。总统发现,斯蒂文斯阅读了大量文学作品,他不仅阅读小说,也阅读诗歌。"这实在令我非常震惊。"罗斯福写道。[4]

自学的胜利

斯蒂文斯来自边远落后的地区,在铁路打工时自学成才。这几乎是早期工程师们的通例。工业革命中的大多数技术先驱来自社会底层,很少接受学校教育。即使在领军的工程师中,也只有少数一些人接受过较高的教育。一些人上过小学或中学,另一些人则在矿井或兵工厂中做过童工。他们中的大多数曾经在磨坊修建工、理发师、木匠、石匠、仪表匠那里当过学徒。由于他们卑微的出身,这些先驱工程师们常被有成见的人视为没有能力进行科学推理的手艺人。这种成见非常顽固。迟至1959年,当工程研究已经非常普遍时,一位学者仍在宣称没有一个现成词汇可用来表示技术的改进者,就像"科学家"一词可用来表示知识的改进者那样。他拒绝"工程师"一词,因为"它在原意上和本质上仍然是指从事某种工艺的实干专家"。[5]

那种陈词滥调甚至对于早期的先驱者来说也是不适用的。在第2.3节中,我们看到了斯米顿和瓦特的科学思想。艰辛的历史研究已经表明，虽然领军的工程师们未曾接受正规教育，但他们并不是没有文化的人。正如历史学家马森（A. E. Musson）与鲁滨逊（Eric Robinson）所指出的那样，把早期的工程师错误地定位为未受教育的、非科学的修补匠，是"具有学术教养的人们通常难于理解自学成才可能性的直接结果"。[6]

工程师的先驱者们正是自学成才的。在英国，年轻的费尔贝恩学习数学到深夜；斯米顿压缩他的生意规模，以挤出时间学习科学知识；而乔治·斯蒂芬森（George Stephenson）让儿子罗伯特·斯蒂芬森（Robert Stephenson）从图书馆借阅技术类著作，并在晚上朗读给他听。特尔福德在一封信中写道："知识是我最热切的追求。"尽管他偏好实验方法，但浏览甚广，收藏一大堆书籍，其中包括很多有关法国工程技术与理论的著作。[7]有数名工程师，包括斯米顿、莫兹利、费尔贝恩与内史密斯等人，还对天文学很有兴趣。他们自制望远镜与观察仪器，这表明，他们不仅拥有必要的数学才能，而且还有广泛的智力好奇心。在斯迈尔斯（Samuel Smiles）的《工程师的生涯》（*Life of Engineers*）一书中，字里行间处处跃现着工程师们的自助精神。几乎没有经过任何正规训练，他们就把自己从工匠转变为工程师，有时还能成为成功的企业家。往往有人既擅长土木工程，又擅长机械工程。斯蒂芬森家族不仅制造了蒸汽机与火车头，而且建造了火车运行的铁路与桥梁。斯米顿不仅建造了埃迪斯通灯塔*，还进行了系统的实验来提高水车的效率，并在他的科学论文中汇报了成果。例子比比皆是，而且并不限于英国人。大家很容易就会想到诸如爱迪生之类的美国工程师。由于他们思想的独立性与敏锐的直觉，这些自学成才的工程师汲取了相关的科学知识，并将其融入通过他们的工作所获得的实际技巧中去，从而详尽阐明了科学知识，并创造了一批新的工程技术知识。正如历史学家波拉德（Sidney

---

*埃迪斯通灯塔最初是木结构，建于1698年，1703年遭毁。1708年改为橡木和铁结构，1755年又遭毁。斯米顿于1759年将其改建为混凝土结构。——译者

Pollard)指出的:"他们从底层中崛起,以至于在自己的一生中,不仅实现了从贫穷到富有的转变,而且还吸收了、并且实际上创造了一种全新的技术。"[8]

非正式交流的效能

自学需要现有知识的激励与启蒙。人们往往感到困惑的是,为什么在特定的时代与社会,会有如此多的人们受到激励,然而只要看看在英国经济高涨时期有如此多的机遇出现,也就可以理解了。为了回应经济发展的需要,在18世纪出版了大量向普通读者介绍数学、科学与技术论题的教科书、期刊以及其他印刷品。传播科学知识的讲座在伦敦非常流行,后来又通过巡回演讲向全国扩散。赖特(Joseph Wright)在他的《一位正在讲授太阳系仪的哲学家》(*A Philosopher Giving a Lecture on the Orrery*),以及《在气泵中做小鸟实验》(*An Experiment on a Bird in the Air Pump*)等油画中,捕捉到了它们对普通民众所产生的魅力。[9]

对于积极能干的劳动者,科学共同体的大门并不是关闭着的。与固定模式的组织相反,他们同科学界的交往不是正式的,但也并非徒劳无获。很多经常参加会议的人认为,他们的大部分收获来自在走廊中的非正式闲谈,而不是正式讨论。一个正规的理论具有它自身的系统结构,其中大部分可能与手边的问题无关,而且学习它们可能是智力资源的一种消遣与挥霍。通过两个有学识的人之间的非正式交谈,其中的一个能很快熟悉信息的相关片段。广阔的视野、开放的心智、批判的分析,以及其他对于科学至关重要的理性的思维方法,也很可能是更多地通过个人接触而不是从正规理论中获得的。这种非正式的相互交流在工业革命中不断发生。很多俱乐部和协会是由哲学家、科学家、工程师以及实业家等混合组成,他们在一起讨论共同感兴趣的话题。在这类组织中,有伯明翰的月光学会,每当月满时分,会员们就欢聚一堂,从

18世纪晚期一直到19世纪都是如此。先后入会者有斯米顿,瓦特及其搭档博尔顿(Matthew Boulton),天文学家赫歇耳(William Herschel),分离出氧的化学家普里斯特利(Joseph Priestley),精通化学的实业家韦奇伍德(Josiah Wedgwood),以及查尔斯·达尔文的祖父、内科医生埃拉斯姆斯·达尔文(Erasmus Darwin)。他们带来访问者,演示实验,提出问题,给予建议,从而在他们追求多方面兴趣的同时提供了相互支持。这正是技术思想的种子在其中孕育和成长的科学基础。

切不可高估这种科学家与工程师之间互动的流行与重要性。诚然,它培育了领头人,但是从手艺到科学工程还有很长的路要走。即使在机械工艺中已经便于使用和获利的知识领域,诸如由数学家设计出来的最优形状的轮齿,也被湮没无闻达数十年之久。不过,某种相互作用确实发生了。能够与领衔的科学家们平起平坐地讨论各种问题,足以表明很多工程师绝不是没有科学思维的能力。

职业协会的成立

比起与科学家交往更重要的是,工程师们自行组建了用以交流信息和讨论他们特别关心的问题的协会。斯米顿在1771年创建了土木工程师协会,它开初不过是一个美食俱乐部。英国土木工程师协会(ICE)于1818年建立,是第一个现代意义上的职业学会。它的会长特尔福德鼓励其成员为学会的发展自愿出力。不像他们的法国同事,他们没有政府的赞助,但同时他们也免受政府的干预。在世界上第一个工程师协会的章程里,这些工匠出身、自学成才的英国工程师们奋起表达了一种新的技术职业的先见之明:"工程技术是一门引导自然界中的巨大能源为人类造福的艺术;作为自然哲学的最重要原理的实际应用,工程技术在相当大程度上实现了培根(Bacon)的期望,并改变了整个世界中各种事务的面貌与状态。"[10]

英国土木工程师协会在刚刚起步时就拥有自己的办公场所和图书馆,每周组织会议,并记录会议议程。不久以后,它开始出版工程刊物,协调技术知识的传播,设立会员准则,并把某些度量和实践标准化。它成了其他学会的榜样。不幸的是,由于它过分偏重建筑业,机械工程师们在1846年又成立了机械工程师研究会,乔治·斯蒂芬森是它的第一任会长。其他领域的工程师们也纷纷起而仿效。

德国工程师协会在1856年成立,在带动德国综合技术学校率先上升到大学地位,并转入前沿性的研究生教育方面,起了关键的作用。美国土木工程师协会在1852年问世。学会多种多样,是因为工程师专业的多种多样。1886年,美国开始致力于建立全国性的工程师协会,并在1964年建立美国国家工程院时达到了高峰。

理工大学的崛起

专业学会组织了活跃的工作者,它们的刊物论文主要是面向有学识的读者。正像任何一种人类事业,一种职业必须培训它的未来新生代。诸如工程技术这样一种知识密集型的职业,更要求以能被新手领会、能给予他们激励的形式来组织和传授知识。自学与非正规的学习能够长时间地进行下去,但是自学成才的人太不可预测,不足以产生数量充足的合格工程师,特别是当技术的复杂性突飞猛进的时候。正规教育把一代代的工作者更紧密地联系起来。在这一点上,英国落后了。它的主要大学全神贯注于经典与文科的学习,勉强提供的技术教育姗姗来迟。随着工业革命的推进,英国开始失去它的技术领先地位。正如1893年一位工程师在英国土木工程师协会上所指出的:"正如许多人已经意识到的那样,现在威胁英国工程技术的危险在于,如此之多的外国工程师拥有更彻底的教育和更领先的数学知识。"[11]那种威胁的基础,早在几个世纪前就潜伏着,揭示了政府在技术中应扮演一种合作者的角色。[12]

那些承担公共事业与军事项目的能工巧匠,较之在很多其他行当当中从业的工作者来说,与政府有着更密切的联系。认识到他们的重要性,并为了保护他们免受士兵们的傲慢无礼,法国政府早在1675年就创立了"工兵与工程师军团"(Corps des Ingénieurs du Génie Militaire)。就像今天的美国工程师军团一样,工兵部队中的法国军官经常致力于建造道路、桥梁,以及其他土木工程。正是在这个时候,"工程师"首次变成了一种具有特定专门技能的职业称号。为了更好地教育他们,政府在1747年左右建立了数个军事科学院,装备有第一流的物理和化学实验室。这些学校提供严格的课程,包括制图法、机械设计、建筑结构,特别是数学。他们中一位叫库仑的毕业生成了著名的工程师,后来成了物理学家。

当法国大革命通过理性方法释放出巨大的热情来改善人类处境时,一场最伟大的变革发生了。1794年创立的巴黎综合工科学校,不仅在工程技术上,而且在一般科学上都是一次教育突破。在第一年登记入学的约400名学生,都是从全法国通过竞争性考试选拔出来的。他们在开头两年进行科学教育,课程包括微积分、力学与化学,以便他们在学习工程技术专业的各个分支之前,先掌握一般的科学原理。在给他们上课的教授中,有当时最优秀的工程师、数学家与自然科学家,而许多学生后来又同样从事那些辉煌的事业。综合工科学校的毕业生获得了科学工程师的荣誉。拿破仑甚至在发生重大危机的紧要关头,也不让他们卷入战斗,宣称他不希望杀掉这只"会下金蛋的鹅"。

因为受到政府的资助,巴黎综合工科学校受制于政治的兴衰存亡,在那个法国激烈动荡的年代更是如此。它也因为过分理论化而受到批评。于是几所私立技术学院出现了,向大批民众提供更易于掌握的实用知识。位居这些学院榜首的是巴黎中央工艺与制造学校(The École

Centrale des Arts et Manufactures），其中埃菲尔和詹尼等人都是它引以为荣的校友。

法国模式被全世界仿效。在美国，1802年首先创办了西点军事科学院，1812年在受过法国教育的官员的帮助下又进行了重组，他们引进了一种追随巴黎综合工科学校课程路线的工程技术课程。它培养了比其法国的竞争对手少得多的工程师，却共同具备了与私立院校进行竞争时的同样弱点。伦斯勒综合工科学院在1849年建立，它效法巴黎中央工艺与制造学校，成为若干个其他学院的样板。在它的第一批毕业生中有华盛顿·罗布林（Washington Roebling），他继承了父亲约翰·罗布林（John Roebling）的未竟事业，建造了纽约的布鲁克林大桥。由于教育培养速度滞后于产业需求速度，工程技术人员供不应求，因而建筑现场与工业车间仍然是大量培育工程师的主要基地。自1862年美国议会通过莫里尔赠地大学法以来，美国的技术教育获得了长足的发展，该法案规定联邦政府应将土地无偿捐赠给那些按约定开设"农业和机械工艺"类课程的高等院校。在其他类别的学院中，联邦政府资助了麻省理工学院、拉特格斯大学、耶鲁大学以及密歇根大学，而且它还创办了康奈尔大学、普渡大学、俄亥俄州立大学和艾奥瓦州立大学等。10年以后，美国已经拥有70所工科院校。

工程技术课程的注册人数远比文科课程的增长迅速。为了适应川流不息的学生，1895年密歇根大学创办了一所独立的工程技术学院，在它的第二个10年，注册入学的学生从331人增长到1165人，而当时它的文科学院学生历年全部加起来也不过刚刚超过300人。类似的注册入学模式在其他大学也如此。美国的大学在1880年总计授予了226个工程学位，而在1930年约为11 000个学位。而且这种趋势还在不断延续着。工程技术很快变成了大学生们的热门专业。（要了解更多的当代概况，请参见附录A。）

工程师的社会与社会学形象

除了引导技术革命，工科院校还对教育民主化作出了重要贡献。它们的光芒驱散了社会流行的对晦涩难解的古典的迷信，并以对生产职业有用的现代学科取而代之；它们为那些较低阶级与中产阶级的孩子提高社会地位开辟了一条通道，而这些人到那时为止都负担不起高等教育。新的学生与老的精英之间的社会差异，早就被人注意到了。麻省理工学院的校长在1894年写道："我们有不同寻常的很大一部分比例的学生出身于中等收入的家庭，他们从来不可能考虑先入古典学院，而后再进职业学校。"远溯至查尔斯河的上游，哈佛大学校长进一步注意到工科学生和文科学生有着显著不同——"这些年轻人从一开始便知道自己命中注定该选这样的专业"。[13]于是，深造理工科专业的狂潮来到了。他们才华横溢、深受鼓舞，决心投身于能获得丰厚回报、快速发展的产业，并从中受益。他们很快证明，致力于生产给社会带来福利的商品和提供服务的工作者，不仅善于动手，而且也善于用脑。鄙视他们的旧文化精英们，不久就由于一种竞争文化的出现而窘迫不安。

民众向新型的从业人员鼓掌欢呼，因为这些人用电照亮了他们的家，用电话把他们联络起来，制造出的车辆和桥梁给他们带来了活动的自由。在对流行文化的广泛研究中，历史学家蒂奇（Cecelia Tichi）发现："在19世纪90年代至20世纪20年代，工程师成为美国生机勃勃的象征。在流行的小说中，正如我们所看到的，工程师在一个不断变化着的世界中意味着稳定。他是技术的人格化，保证使齿轮与传送带的机器世界结合着理性和人性。"在这个时期，工程师在上百部无声电影中，以及在销量近500万册的畅销小说中作为英雄人物出现。"在这些流行小说中，工程师的构想既像先知预言的未来，又像来自幻想王国的史诗……这些工程师实现了他们的梦想。他们把大胆的、富有远见的方案从想象转变为真切的现实。他们都是美化日常生活的诗人。"[14]

新职业受到了迥然有别于旧行业的对待。一位历史学家引用了一位工程师的观点,后者在19世纪90年代后期预测,由于电力会导致社会的大变革,工程师将成为"新时代的传道士"。如果是这样,历史学家反问道:"为什么工程师在美国文化中如此无影无踪? 难道是因为他们终究不是与技术同义的? 要么难道是因为他们无论如何不适合出现在高雅文学中?"我将简短地讨论这些把文化高人一等地约简为高雅文学的现象。蒂奇论证了如此轻视工程师的社会倾向,他注意到工程师是"美国学术界中的隐身人"。医生、律师与其他专业人员都已经在大学课堂和学术刊物中讨论到了,但唯独没有工程师。"很奇怪,评论家与分析家对他们的存在视而不见。"[15]

当技术成就不再被忽视的时候,原来所有的轻视便变成了一种对其带有偏见的屈尊,工程师们被描述为两种刻板印象;而这种偏见一直波及那些自然科学家,一旦其研究成果业已证明具有实用价值、并不"纯粹"时就是如此。工程师的第一种刻板印象,是制造怪物的**弗兰肯斯坦博士**(Dr. Frankenstein)*;第二种刻板印象是**书呆子**或**极客**:他们头脑聪明,精通手艺,但在社会关系上却不近人情、人格有缺陷。一位历史学家在讨论术语"技术学会"一词时,描述了世人眼中的工程师老式定位如何从无教养的手艺人变成"离群索居的劳心者"。他写道:"这个抽象的词汇[技术]明显是空洞的,它既没有人工制作的具体情节,又没有实质性的、给人美感的参照物,它的被净化的冷峻思考与精益求精的氛围,有助于容易将实用工艺——特别是新的工程技术专业——引入到高等教育的学习内容中去。"[16]把这幅技术图景与在第2.1节中谈到的亚里士多德关于**技艺**的描述进行对比(后者把它看作借助于真正的**逻各斯**生产的能力),就会看到书面文化已经发生了多大的变化。

---

* 这一人物是19世纪英国女作家玛丽·雪莱(Mary Shelley, 1797—1851)在小说《弗兰肯斯坦》(1818)中塑造的科学怪人。他造出一个怪物,终被它毁灭。——译者

在第二次世界大战期间，技术专家们在社会上越来越有影响。此后，文化上对他们的怨恨也随之加强。工程师们被人看作是低于标准的"窄轨铁路"和"资本驯服的奴仆"。[17]另一位历史学家在浏览学术文献时也评论道："自从华特尔（John Alexander Law Waddell）开始劝告工科学生清洁指甲、梳理头发以来，要讽刺这种行当一直是轻而易举的……我们所拥有的并不是工程师职业的画像，而是老套形象的大杂烩，他们所描绘的似乎是政治上顽固、社会上笨拙、文化上受限、道德上迟钝的一群人。"[18]

这种粗俗的工程师老套形象站得住脚吗？让我们在这里扫视一下一般的反驳论证；许多具体例子将在第七章提供。罗杰斯（William Rogers）作为麻省理工学院的奠基者，他在为建立新学院而拟定的建议中写道："在这里制定的计划的特征中，有一点是显而易见的，我们寻求提供的教育，虽然就其目的而言具有非凡的实用价值，但与那种只按经验惯例进行的教育没有什么密切关系；而经验惯例式的教育，有时被吹嘘为对于那些将从事实业的人来说是最合适的教育。相反，我们认为，大多数真正实用的教育，即使按照实业的观点，也是一种建立在透彻的科学定律与原理的知识基础上的，并且是一种将缜密的观察与精确的推理这两种习惯结合起来的教育，是**一种全面的综合教养**。"[19]

自从麻省理工学院创办以来，它一向要求学生们在理科与工科课程外，还要修习历史、文学与其他人文课程。这种教学实践在工程技术教育中非常普遍。学校应当把经济学类与人文类科目作为必修课程的倡议，是经过多年研究后，由美国工程教育促进会在20世纪20年代公布的，具有深远的影响。美国工程教育学会1955年在一份报告中提议，大学本科生课程的1/4应设置人文与社会科学，而余下的3/4在相关的自然科学与工程专业科目之间分配。[20]这种混合在美国大学里几乎成为规范，因为1955年的报告奠定了工科课程专业资格鉴定的基础。

工科教学通常在二年级才开始。在一年级新生中,工科学生与历史系学生在历史必修课上齐头并进,不相上下;而且没有为他们设置类似于通常向非工科学生开设的"诗人物理学"(physics for poets)之类的"工程师英语"课程。一些大学,例如斯坦福大学,要求主修工科的学生比普通大学的学生学习更多的人文必修课程,同时他们必须学习有关技术与社会关系的辅修课。一般来说,主修理工科的学生学习的人文课程,比主修文科的学生修习的科学技术课程更多。据研究生院的"研究生入学考试"档案所知,工程师和自然科学家们在**卷面**分数上总是轻松自如地击败社会学家和行为科学家,更不用提分析与定量化技巧了。[21]

　　学究型的工程师喋喋不休地说着他们的技术语言,这对于外行来说是难以理解的。然而,词汇必须根据它们的意义与受众来判断;通常,困难不是存在于语言中,而是存在于所讨论的话题中。对于普通民众来说,一些论题比另一些论题更复杂、更不熟悉。人们知道这一点;正如他们有时反对晦涩的解释,他们认为这些解释不应让人如此难懂:因为这不是火箭科学。现代技术往往是完全新颖与异常复杂的,为了使它们能够运作,工程师们必须在思维与言谈上都做到精确。分析引入了差别,这就需要新的概念与词汇或符号来表示。因而工程师发展出技术术语是不足为奇的,而且也不是唯有他们才使用行话。在这一点上,书面文化不会被超越。费恩曼对两者都深有体会。作为一名参与调查"挑战者"号航天飞机失事的专门委员会委员,他同火箭工程师们进行了广泛的交谈。起先,交流进行得非常缓慢;在他不了解的、极其复杂的火箭技术领域中,他面对的大量信息充满着自己不熟悉的技术行话。而后,他了解并理解了工程师们:"我对他们充满敬意。他们都非常正直,各方面都棒极了。"他把这次调查与他一次参加的旨在把科学家与文科学者汇合在一起的会议上的经历作了比较。开始的相互沟通同样很慢;与会者所提交的社会学论文对他来说十分深奥难懂。

沮丧之余,他从中挑出了一句充满行话的长句,反反复复地阅读,直到理解它的含意:有时候人们读读闲书。"于是它变成了一种空闲才做的事:'有时候人们读读闲书,有时候人们听听收音机。'如此等等,但以这种奇特的方式写作,我一开始确实无法理解,而一旦我终于译解了它时,理解起来就一点不难了。"[22]有时候行话表达复杂的内容,另一些时候它装潢平庸的内容。具有讽刺意味的是,前者大半已成学究式的老套。

从两种文化到科学大战

阿什比(Eric Ashby)是位于英国贝尔法斯特的女王大学的校长,他在1959年就注意到了"学者–绅士"与"实干家"之间的文化冲突。他写道:"粗鲁的工程师,单纯的技术专家(这两个形容词是态度的表示)之所以能够被大学所容纳,是因为国家与产业愿意支持他们。容忍,而不是同化;因为那些固守传统的大学学院的学监们,仍不愿意承认技术专家会有任何内在素质为学术生涯作出贡献。"[23]在一年之内,"人文文化"与"科学文化"的隔阂已被科学家、小说家斯诺(C. P. Snow)带到了公共意识中去,他注意到人文文化歧视的不单是实际事物,而且还是科学本身;它的"知识分子"的定义,排斥的不仅是工程师,而且还有数学家和纯理论科学家。[24]这些评论至今尚未过时。斯诺的人文文化描述,非常倾向于哈佛大学校长萨默斯(Lawrence Summers)在2002年的批评:"在某些人看来,一种文化如果不能列举出莎士比亚(Shakespeare)的五部戏剧剧目就是不可接受的,然而一种文化不知道基因与染色体的差别居然还是出色的。"[25]

斯诺坚持认为,那些忽视热力学第二定律的文化是片面的,正像忽视莎士比亚的文化是片面的一样;人文文化对于人类精神没有垄断权;即使不算更丰富,科学家也拥有一种像人文文化一样丰富多彩的文化。他的论点激怒了那些急于保护他们领地的人文学者,后者为此发出了战斗的呐喊。一些文人学者坚持认为科学家和工程师需要"文化的同化"与"人性化",他们推进旨在挑战和解构科学与技术的意识形态:后现代主义、文化相对主义、(爱丁堡学派)强纲领、科学知识社会学、社会建构主义,等等。后现代主义意识形态嘲笑理性,嘲弄涉及真实世界,否认科学的客观性,并攻击科学家和工程师对自己工作所作陈述是"神话"与"辉格党人式的"。他们发明了其所谓的"科学家的说明",把科学发现描写为简单地接受自然界信息的机械活动,并声称绝对确定性不涉及人类的判断。他们把科学家作为出气筒,用这种讽刺漫画来强化他们自己的信条,即认为所有科学事实,包括物理定律,都是彻底的社会建构,只有在建构它们的文化中才是"真实"的。自20世纪90年代后期以来,许多科学家与工程师已经大声疾呼并批评这类做法:对概念的混淆,对事实的歪曲,以及对科学与技术的误解。他们专门组织了一次会议来抨击他们所认为的"对科学与理性的叛离"。一份后现代主义的主导刊物,组织了一期以"**科学大战**"为标题的特刊来加以反击。这场辩论已经扩大,一方面积累了大量的文献,同时也使更多的人意识到那亟待处理的不断恶化的愤恨。[26]

1959年,工程师与学者联合成立了技术史学会(SHOT)。2001年,历史学家雷诺兹(Terry Reynolds)在他就任该会会长的致辞中呼吁:"工程技术共同体在技术史学会的诞生中起到了主要作用,而当我们不再依赖那个共同体作为我们开初的赞助人与听众时,我们不应该故意烧毁连接我们与他们两个不同领域的仅存桥梁。"他描述了那些从事有关工程技术与科学内容写作的作者们,是如何被人贬为机械而死板的"铆钉计数器",以致让他们自惭形秽;他们的著作被人奚落为"明日黄花""五金货目"和"雕虫小技";"谢绝开五金店式的历史学家前来应聘",这样的话语在某些招聘通告中赫然在目。[27]与此同时,经济学也被认为只是雕虫小技而遭到像工程技术与自然科学那样的贬低。时髦的意识形态对讲实际的主题的压制是"科学大战"中的热点,而对于那些发现自己被边缘化而心情沮丧的尽责学者而言,这场"科学大战"折磨人的程度远远超出了技术史学会的学科范围。一位学者哀叹道:"科学家和工程师不受——或不再受——欢迎了。"[28]另一位学者却批评她的后现代主义的同仁:"随着社会学家们自鸣得意地以为制服了科学家,某种'吹毛求疵者'(Besserwisser)也开始盛行起来了。社会学家仿佛是自封的科学家的精神分析师,知道他们的'真实'动机,而科学家自己还蒙在鼓里。"[29]第三位学者承认:"我们极易自我陶醉于只需要彼此满意的牵强附会之中。"[30]第四位学者向同事们诉求,评论著作"应继续按照学术上是否有价值,而不是按照与历史上某种特定理论观点是否相一致作为评价的基础"。雷诺兹在引用了那些辩论之后强调说:"有必要尊重和宽容研究技术史学问的那些似乎过时了的方法,因为这些方法对于我们某些外界受众来说,可以提供比我们最先锋的学问更好的桥梁。"[31]

目前,技术遍及我们的日常生活和社会的基本结构。没有一定的技术知识,就很难在很多实际情况中作出可靠的决策,诸如决定是否支持对燃料效能的规定等。人们认识到这一点;一项调查显示,大多数美国人声称更愿意理解技术。[32]不幸的是,知识的传播继续被人讥讽,被不宽容的风气所败坏。一部适于大学文化程度读者阅读的读本,书名为《美国技术史的主要问题》(*Major Problems in the History of American Technology*),却在内容上故意排除了工程技术。[33]一本书声称拥有跨越20年的技术历史总览,10页的索引只包括一条以"eng-"开头的词目:工程理论(engineering theory)。[34]有个研讨会在关于"技术上集中的论题"的大纲中列举了5个议题:"机构与体系,国家与地区风尚,惯性力,意识形态和语言修辞,以及政治。"工程技术与自然科学显然不在其中;在这里技术被语言修辞、意识形态与文化风尚所主导。[35]由于深受这种学术风气的困扰,哥伦比亚大学教务长科尔(Jonathan Cole)收集了有关美国历史的最好著作。在梳理它们的过程中,他发现其中只有一处提到技术,而且还是多半否定的。参阅了斯诺对文化鸿沟的分析之后,他归纳道:"我们学会年轻成员中的那些律师、商人或国会议员,显然不是通过阅读美国历史学家所写的最好教材来学习关于科学技术革命的内容的。"[36]这些教材也教育了未来的教师和新闻记者,使其继续通过学校与新闻媒体来传播偏见。

麻省理工学院校长维斯特(Charles Vest)在2000年美国科学促进会(AAAS)年会上说:"我希望我们的'技术论坛'有助于在国会传播另一个重要信息,这就是技术方式不只是信息技术。"[37]与会的还有麻省理工学院"科学、技术与社会"(STS)科目主管,他一回校便声称:"'技术'一词早已镌刻在学校大圆顶礼堂上,它规定了麻省理工学院的办学使命。每天在圆屋顶下举行的会议上,'技术'这一词汇所指称的范围,正如已经表明的那样,已经大幅度地缩减为仅指计算机了。"除了这种指控,针对麻省理工学院急剧发展的生物技术研究活动,这位科目主管扬言:"当工程技术行业的范围已经引人注目地扩张时,作为一种行业,它已失去了自我意识的道德态度……因而,有关麻省理工学院技术变化的讨论十分引人注目,其中'工程技术'似乎既与'技术'也与'进步'脱钩了。"[38]当这样一种脱钩现象居然也会发生在居主导地位的理工科大学时,那么一旦这种信息传送到公众和国会那里会造成什么影响,也就可想而知了。

格林伍德(M. R. Greenwood)在1999年担任美国科学促进会会长的就职演讲中评论说,虽然大多数美国人热衷于科学,但是美国的学校教育系统"正面临着强有力的、信口开河的少数人的挑战,他们是一群怀疑、敌视科学的学生家长和社团领导人"。在一个科学家与工程师不断地承受向公众解释科学与技术的压力的世界中,教育太重要了,以致不能留给那些在文化鸿沟另一边的反对者。一些工科学院,也许正在与管理学院以及其他实用性专业学院共同合作,加快实施它们所肩负的任务。如果它们在这一方面不更加发奋地工作,那么科学家与工程师,还有他们所有的成就,也许是处在格林伍德所描写的危险中:"赢得了战斗,但输掉了战争。"[39]

4.2　研究与发展中的伙伴关系

在20世纪初期,世界人口快速增长,而天然肥料的供应却同样快速地日渐减少。农民迫切需要人工肥料为日益增长的人口种植足够的粮食。1906年,在德国卡尔斯鲁厄技术学院任教的物理化学家哈伯,发现了氢与氮合成氨的过程。这一发现有可能把大气中的氮,转化成很多对人类有用的东西,包括肥料。这个过程具有巨大的潜力,但似乎并不实用,因为它需要高达1000标准大气压的压力和500℃的温度。德国巴斯夫化工公司,曾经部分地赞助哈伯的研究,这时判定这项研究值得重大投入,于是对合成氨工艺发放许可证,并给公司内部的研发班子"松绑"。博施是一位精通化学的机械工程师,他带领一个研究小组,按比率将哈伯的实验过程扩大为生产工艺。他们解决了巨大的难题,其中包括氢对高压容器所需要的高强度铁的腐蚀。他们开发的技术使合成肥料商业化。而且,作为世界上第一个连续的工业催化工艺,它开拓了生产合成甲醇的新途径,同时又促进了炼油技术。[40]

哈伯-博施的工艺不仅是科学与技术上的重大突破,还标志着组织创新的胜利:研究型大学与研究生院,工业实验室,以及它们的协作关系。组织起来的研发机构的出现,一度被称为发明方法的创新。它的成功不仅需要积累人才,而且也培育了人才。1877年建立的巴斯夫实验室,是世界上第一个工业研发机构。这类实验室的成功,取决于有效建立一支有能力的研究团队,而只有大学才能在数量上源源不断地提供其研究人员的后备力量。相反地,研究生院能否招收到尖子学生,全靠能否让学生获得令人满意的研发工作。研究生院和工业研发机构具有共同的发源地,这并不令人惊奇。然而,设立巴斯夫实验室的那个地方倒有点令人惊奇,因为当时它还是欧洲一个十分落后的地方。

研究生教育的开始

德国在1871年统一以前,只是一个在现实中不存在的观念而已。当巴黎和伦敦高举文化与商业的火炬迈进时,德国的各个州还是落后闭塞的省份。德国人决心迎头赶上,他们热情洋溢地拥抱启蒙运动,发展了一种创立于18世纪的唯心主义与世界主义的哲学。他们坚持认为学海无涯,拒绝接受把教育看成只是传输现存知识的种种理论。相反地,他们坚持认为教育应培育年轻人独立与批判思维的能力,以便他们能够继续寻求新的知识。[41]

科学家们从事科学研究已有几个世纪了,但是这种研究既缺乏组织性,又不存在任何能引导学生投身科学研究的体制性尝试。科学研究主要是源于个人兴趣的个人追求;研究经费是通过私人途径偶尔或有计划地提供的;研究结果通过以下方式传播:不正规的出版物,在志趣相投的人们之间进行非正式的通信,以及访问现场工作实验室。正如自学一样,在研究中进行自我训练能产生个别的天才,但不能产生一大群合格的研究人员。正是认识到这一点,德国各大学开始认真组织奖学金与研究活动。在国家有关当局的支持下,他们率先建立了全世界第一个博士学位授予制度,并首先对物理学家和化学家授予博士学位。

在研究型大学的教学法中,一个最显著例子是德国吉森大学李比希(Justus Liebig)化学实验室,从建筑结构开始的一整套都是专为科学研究而设计的。除在化学领域有许多发现,它还开创了一种鼓励学生致力于科学研究的新的教育模式。学生每年花6个月上预备课程,另外6个月在实验室工作,与教职人员紧密接触,从而获得对仍未探索的领域的广阔视野,并发展独立思考与创造的能力。研究生教育是19世纪初出现的一种完全新颖的事物。来自欧洲各地的学生聚集在吉森大学。通过霍夫曼(Augustus Hoffmann)家族和珀金家族的世代努力,这所大学在染料工业播下的种子,在几十年后终于开花结果。

德国大学也不能免俗,用势利的眼光歧视工程技术与实用技艺。这些歧视还落到了技术院校领域,这些院校于1825年在巴登的卡尔斯鲁厄、1827年在柏林相继出现。先前的巴黎综合工科学校也是一副寒酸相,它们发奋努力以求改变面貌,到19世纪60年代获得了大学地位,到19世纪末获得了在工科领域授予硕士和博士学位的权限。在20世纪初,德国有11所技术学院和3个矿业学院共授予近1300个工程博士学位,以及10倍于博士学位那样多的硕士学位。时至今日,工程师在德国拥有了较高的社会地位。

美国的研究型大学起步较晚。在南北战争以后,教育家们呼吁更多地关注自然科学新领域,以及那些类似在德国创建的高等研究科目。到1920年,思鲁普学院扩建为加利福尼亚理工学院(简称Caltech),这时约有20所美国大学已在从事科学研究,其中包括:哥伦比亚大学、哈佛大学、普林斯顿大学、宾夕法尼亚大学和耶鲁大学等殖民地时代建立的大学;加利福尼亚大学、伊利诺伊大学、密歇根大学、明尼苏达大学、威斯康星大学等州立大学;以及19世纪末建立的私立大学,如芝加哥大学、康奈尔大学、霍普金斯大学、麻省理工学院和斯坦福大学等。这些大学加在一起总共有约340位研究员,180万美元的研究赞助(相当于1998年的1440万美元)。绝大部分钱款是由慈善基金会提供的,其中大部分专款指定用于医药开发。

当时这些美国大学的工程技术规划较为落后。1903年工程研究实验室开始在伊利诺伊大学和麻省理工学院出现,到1937年有38所大学拥有工程研究实验室。它们规模适中,1920年的总预算为26.4万美元,

1937年为1100万美元(两者都折合为1998年美元价)。工科院校在吸引研究生方面有较大困难,因为它们的大学学士们被迅猛发展的电力工业强有力地攫取走了。时至1919年,全美国最顶尖的四所大学,在电力工程领域总共只授予了92个硕士学位与11个博士学位。

基本原理与工业应用

因为大学的目标在于培养学生的分析与解决问题的能力,以及合理地传授领域宽泛的技术知识,所以,大学的课程内容并不总是切合特定产业的需要。自从大学本科教育开始,这种潜在的不匹配就一直是个问题,而且这种情况在研究生院变得更糟。为了处理这个问题,很多大学与企业界建立了合作关系。这种联系对于德国研究型大学的早期成功是至关重要的。大学聘任的教授具有企业经历,他们通晓最前沿的技术。与此同时,各公司录用了刚毕业的博士,让他们在实际制造过程中工作,从中学习有关现实世界的知识,然后送他们到一个技术学院去进行与工业问题相关的研究。建立这种学院—产业关系,被证明是富有成效的。在柏林技术学院任教的化学家人工合成了茜草素,一种永不褪色的特优染料。德国巴斯夫化工公司与拜耳公司很快就把这个工艺商业化,从而为强大的德国染料工业奠定了基础。

美国人沿着类似的途径发展。麻省理工学院在1916年建立自己的化学工程实践学院。它给化学工业中有广泛代表性的公司杰出人才安排职位,聘任他们做兼职教授。学生们在公司兼职教授的指导下,分别在三个独立的车间实习8周时间,他们按照现实世界的因果关系来解决各种问题。在一年中的其余时间,他们回到麻省理工学院学习专门为他们开设的课程。学院还允许他们以在企业里的实习充当硕士论文。许多研究型工程技术大学先后提出了在细节上各有千秋的类似合作规划,以保证教育的实践性。

　　但是,合作并不等同于兼并。大学和产业各有不同的任务、需要与方法,有时两者甚至存在冲突。当麻省理工学院开展第一个研究计划时,一场争论爆发了。阿瑟·诺伊斯(Arthur Noyes)强调基础科学的重要性:"在这个国家里,工厂所需要的化学家当然要有解决新问题,并对工艺作出改进的能力———一种更多的是通过良好的化学训练所获得的能力,它应该包括大量的研究与其他需要独立思考的工作。"沃克却不同意以上观点:"相对于灵巧地应用纯粹科学去解决日常生活中出现的问题来说,进行纯粹科学的教学是微不足道的事情。"这两种立场未必是不相容的,尽管他们的支持者之间本已有个人间的冲突。综合他们的不同见解,后来便构成了一种智力基础,正是从这种基础出发,加利福尼亚理工学院才像耀眼的新星般升起,而麻省理工学院使自己跻身于世界一流研究型大学之列。尽管那时加利福尼亚理工学院尚无名气,而麻省理工学院只不过是一所尚在奋斗中的地区院校而已。[42]

　　1903年,诺伊斯自掏腰包资助麻省理工学院的物理化学研究实验室,在此造就了该校的第一批博士。五年之后,沃克也创建了一个富有竞争力的应用化学研究实验室,它的运行经费预算大部分来自与工业公司签订的合同。研究实验室也充当了化学工程研究生培养规划的基石作用。鉴于这个实验室很受学生与实业家欢迎,麻省理工学院于1920年任命沃克负责该校新建的产业合作与研究部,以实施一项科研为产业服务的规划。

　　应用型实验室发展喜人,但也出现了问题。因为它设想去完成应用于大范围的工业生产流程的广泛的科学研究,所以日益迫使自己为客户公司解决狭隘的问题。一些任务,例如要找到一种方法来制造防漏油桶或防水纸张之类,几乎很难立项作为科学研究课题。这些任务的性质更接近于前麻省理工学院教授威肯登(William Wickenden)在1929年所描述的那些课题类型,即"亟待解决的工业、常规工程试验以及可称为准科学提出的问题"。[43]威肯登当时正主持着一个大型项目，以评估全国工程教育。学院的教师们十分厌恶他们认为的是客户公司摇钱树的项目，而宁可从事大学自身设定的研究项目。于是诺伊斯率领他最得意的门生们离开麻省理工学院西迁，帮助加利福尼亚理工学院转变为一个具有出类拔萃科学声望的竞争对手。沃克留下继续从事咨询业务。麻省理工学院未能吸引住研究人员，也未能从慈善基金会筹集到比其他大学更多的研究款项。

麻省理工学院的声望日衰引起了人们的恐慌，于是该校在1930年任命物理学家康普顿（Karl Compton）为新一任校长。为恢复平衡并扭转颓势，康普顿在不放弃应用研究的前提下，驾驭大学回归基础科学研究。他保存了那种沃克业已建立的大学与企业有价值的联系，但同时遵照科学基础研究型大学的任务和效益来调节这种联系，以此达到了预定目标。产业合作与研究部已发展成为今天的"产业联系规划"（Industrial Liaison Program），这是一个受到广泛仿效的模式，有效实现了从学术研究到企业创新的技术转移。[44]

麻省理工学院的插曲绝不是一个尘封多年的故事。如何在基础研究与应用研究之间保持合适的平衡，这是工程教育工作者不断讨论的一个永恒话题，为此麻省理工学院修订了课程，以在先进的科学与技术上保持领先地位。值得注意的是，在20世纪20年代末损害麻省理工学院学术声望的，不是其研究的**应用**本质，而是其研究的**退化**。退化在任何一种研究中都会发生，而不只是在那些在现实世界中没有任何应用的领域。当问题得到纠正时，麻省理工学院的应用研究在康普顿领导下继续欣欣向荣。诺伊斯竭力推行的不是科学的**纯粹性**，而是**如何在应用中掌握基本科学原理**；他是组织了科学的应用来支援美国赢得第一次世界大战的领导者。而当沃克诉求落实于行动而非言辞时，他并没有任何诋毁基本原理的意思。发展化学工程原理正是他为之奋斗的目标。

与鄙视技术内容的学者所言不同,工程师对科学的关注绝不是一种虚荣或社会时尚。这是对现有的与即将做的工作,它们所需要的人力资源,以及在大学与产业之间进行有效劳动分工等情况作出现实判断的结果。诺伊斯是看到这一点的长长一列教育家中的一个。纳维耶与其他土木工程师发展了数学结构分析,并在大学里讲授他的研究成果。英国工程学教授兰金(William Rankine)应用热力学解释蒸汽机的运行,促进了原动机的设计,并在19世纪50年代阐述了**工程科学**的概念。他的工程方法在美国被瑟斯顿(Robert Thurston)进一步发展了,后者为斯蒂文斯技术学院和康奈尔大学开设了机械工程学课程。在产业方面,斯坦梅茨作为通用电气公司的总工程师,是许多交流电设备的设计者,竭力主张大学应负责培养充分掌握工业工程所需要的基础科学的学生。威肯登作为美国电话电报公司的副总经理,在他关于工程学教育的报告中也得出了类似的结论。通用电气公司总裁斯沃普(Gerard Swope)与贝尔实验室主任朱厄特(Frank Jewett),在1930年也和那些学者建议麻省理工学院转向基础科学并把它融合到工程技术中去。[45]简而言之,学术界与产业界的领袖们都赞同技术已进展到如此复杂的程度,以至于工程师没有某种科学才能就无法取得成功。**理论思维**绝不意味着不切实际。恰恰相反,某种理论思维能力对于合适而创新的工程技术是必需的。作为教育机构的研究型大学的主要任务,与其说是对具体问题求得具体答案,不如说是培养能够与大范围的挑战进行较量的解题能手。

工科研究生教育的成熟

“工学研究博士是做什么的?”在20世纪后期,IBM公司分管科学技术的副总裁约翰·阿姆斯特朗(John Armstrong)问道。他回答到,拥有博士学位最有价值的优势在于知道“如何在非常尖端的水平上学习”,以及"如何从强有力的和根本的要点上探讨并解决问题"。[46]这个回答显示了他对现实世界不确定性的深刻领悟。现实世界会随时随地突然提出人们做梦也想不到的问题,解决这些问题不但要有老练的才能,而且要有多才多艺的能力,以及一种通过掌握基本原理所获得的适应能力。正是这种不可预测的情形,给予美国的工程教育以决定性的推动。

第二次世界大战召唤工程师与科学家开发雷达和其他具有闪电速度的高技术武器。要求苛刻的任务显示了他们要与众不同。指导哈佛大学无线电通信研究实验室的特曼,回忆起他在物色工程师参与相关工作时所遇到的难题:"随着二战的开始,人们发现,在振奋人心的电气工程新领域,非常需要具有四年以上实际经验的电气工程师,这些新领域涉及微波、脉冲技术、计算机、二极管,等等。相反地,获得博士学位的物理学家们的所学使他们难以成为电气工程师,他们对电子学常识知之甚少,更是不懂工程技术,但他们受过三四年的研究生训练,在经典物理学与数学上具有坚实的基础。"[47]

"电气工程师将不再低人一等。"特曼在二战后发誓道。他的誓言很快成了其他领域领衔工程师们的共同心声,他们在取得战争成果中曾有过相似的经历。他们一起修订工科课程,把工程科学建立在一个坚实的基础上,使之更加完善。特曼推行一套着重基本科学原理的斯坦福大学本科生课程,以及一套在教学研究中培养学生独创思维的研究生规划。他对工程实用性与大学—产业联系的认识同样坚定不移,于是他发起了一项计划,使得斯坦福研究园区成为硅谷的孵化地。他的工程教育方法产生了广泛的影响。[48]

提出激动人心的规划,投入充足的研究资金,激活就业的机会,这一切都使得研究生工程教育蒸蒸日上。1946年,全美国授予的所有硕士学位中仅5%是工科领域的;4年后,数目跃升到8%,而且继续上升。今天,每年在工程技术领域授予的硕士学位仅略低于学士学位数目的一半。工学博士的数目增长不快,但也平稳地增长。2000年,美国的大学在工程技术方面授予5430个博士学位。约3/4在职的博士工程师致力于研究与开发。

研究与开发

技术上的领军人物所关注的并不局限于**发明**(invention),而是强调**创新**(innovation)。创新是一个综合的过程,包括以下因素:激发适当的斗志并引导努力的方向;发明;通过开发与生产让发明进入市场,从中获利以及促进国家经济增长。一旦目标在创新中确立起来,研究与开发的界线就模糊了。出版物不再以自身为终极目的,而成为使知识变得容易自由使用的一种方式。仅仅将发现开发出来并且商业化的单一愿望影响了研究的方向,而产品的开发又可能引发新困难,从而要求进一步的研究。因为研究与开发两个概念的相互关系,它们在20世纪20年代早期就联系起来了,现在一并将其简称为研发(R&D)。

为了促进、协调与评估研发,美国国家科学基金会宣称,

> 基础研究的目的是获取更全面的知识,或者在心目中没有特定应用的情况下,达到对所研究课题的理解。在工业上,基础研究被界定为推进科学知识的研究,但没有特定的、直接的商业目的,虽然它可能是处于具有现实的或潜在的商业利益的领域。应用研究旨在获取能满足特定的、公认的需要的知识或理解。在工业中,应用研究包括定向于发现新的科学知识的调查研究,这些新的科学知识具有与产品、工艺或服务有关的特定商业目的。开发是对从研究中获得的知识或理解的系统应用,而这种研究指导着生产有用的材料、设施、系统或方法(包括原型机与工艺过程的设计与开发)。[49]

开发,并**不**包括例行的产品试验与质量控制,其复杂程度不亚于研究。对于某个特定的产品而言,开发消耗的资源往往是投入研究的10倍。研究与开发两者有许多差别,也有很多共性。它们都冒险进入未知的领域,并承担前途未卜的风险,靠知识与受过训练的推测指引——虽然这些推测在研究阶段比在开发阶段更具有思辨色彩。与研究相比,开发的风险更少些,受到更多的监管,具有更紧凑的时间表,而且受制于更严明的预算控制。不像那些经常自选课题的研究人员,大多数开发人员承接的是委托的问题和目标。开发的工作中心更为狭窄,结果更可预测,但它并不因此就单调乏味和失去挑战性;开发人员把才华更多地用于如何克服施加了严格约束所带来的种种困难。诚然,攀登珠穆朗玛峰比探索一个未知的大陆更有把握些,但其激动人心的程度并不亚于后者。

工业的研究与开发

德国巴斯夫化工公司首任研究部主任卡罗(Heinrich Caro)宣称,工业研究取决于"大规模的科学团队合作",而不是个别科学家的努力。一个名副其实的团队由于它的成员通力合作,整体效应远大于它的部分之和。美国通用电气公司的首任研究部主任威利斯·惠特尼(Willis Whitney)也解释道:"如果将各自分离的个人实验汇总起来,则其成果同他们的人数成正比,而他们的工作也许可以称为数学上加和性的。赋予其中每个人的单一仪器的作用也只是加和性的,而当一群人合作时,因为截然不同于单纯的操作,他们的工作效益较之人数的一次幂上升到大约以人数为指数的高次幂,例如它在两个人时接近平方或三个人时接近立方等,以此类推。"[50]英国人珀金是相当杰出的人物,其化学发现开启了染料工业。但是从长期来看,这样的单个天才不足以同德国工业那种有组织研究的指数效应相匹敌。[51]

自从通用电气公司在1900年建立实验室以来，美国的工业研究与开发已经取得了长足的进步。研究的体制与其说是一种方法，毋宁说是一种**有利于研究的环境**。工业研究实验室不应该是官僚机构臃肿的大型建制，即窒息个人创造性和把创新归结为常规思维方法的智力工厂。公司选择适合于它的产品和商务模式的研究与开发体制。许多高新技术的成功启动表明，轻装部队要比辎重部队更有成效，这取决于所涉及的技术类型。即使在大型实验室里，个别天才依然很重要。实证研究已发现，在研究与开发人员起重要作用的公司中，一小部分关键发明者承担了公司中大多数的高质量专利。为了不磨损他们的聪明才智，研发组织通过提供具有合适装备与资源的稳定环境，使得他们的才能易于发挥，把他们从困扰很多发明家兼企业家的烦琐事务中解放出来，让他们的注意力集中在有利可图的领域。这并不意味着除了关键发明者以外的研发人员是多余的。一项较大的专利包括了一个构想，在它能够成为一种市场产品以前，还需要更多的技术发展。而且，一项技术突破具有很多分支，也可能为了最大的利润而开发这些分支。例如，一旦知晓合成茜草素的基本机制，德国巴斯夫化工公司实验室便通过类似的工艺流程系统地对新染料进行合成。这类工作需要充实的人力资源，对此，研发实验室精心地作了安排。[52]

研发费用缩减了公司的短期收益。如果商业公司的高层管理者缺少长远的观察力与鉴赏技术潜力的能力，就不会投资于研发。观察力与技术能力是工程师与科学家的特点，它们的主导地位在工业研发组织建立过程中就一直起作用。在工业研究方面领先的德国化学公司，绝大部分是由化学家和懂得技术的其他人建立的。在美国的公司董事会里，大多数早期的杰出人物都是从事研发的工程师与科学家，如通用电气公司的赖斯（Edwin Rice），美国电话电报公司的卡蒂（John Carty）等。一些给予他们全力支持的顶级主管，也具有类似的背景，如通用汽车公司的斯隆,以及杜邦化学公司的杜邦家族等。他们也在合理的公司组织体制中起领导作用,这种情况不足为奇。

工业研发的领导们都赞同一种通常的科学见解,即充分意识到自然界的复杂性,大宗财富的不安全感,人类知识的不足,以及理性探究与计划的补救力量。他们认识到技术与市场是动态的,而未来是不确定的。因而,创新以及回应不可预期变化的能力,对于确保公司可以长期生存与兴旺的竞争力与应变力是至关重要的。在主导性的技术前沿,人们往往是非常无知的。一家公司经不起等待由学术型科学家得到的,或更糟的由竞争对手得到的新发现。即使一家沾沾自喜的公司的核心产品受到专利的很好保护,它仍然处于被有能力引入更为出众的选择与替代品的竞争者超越或击败的危险中。恰恰相反,一家通过研发已掌握其产品基本原理的有警觉的公司,同时具有进攻与防御的优势。通过探究原理的分支,他们能发现新的机会,引入新的生产线,并分化出各种新的领域,诸如有时候一个染料制造商将资金分投于医药品行业。即使一家公司决定不将它的核心商务进一步扩展,它依然能够通过适当的专利获得来保护它的侧翼。能斯特灯给爱迪生电灯泡所带来的威胁,成了通用电气公司研发的强有力推动因素,这正如无线电话的出现对有线电话的威胁之于美国电话电报公司那样。随着通用电气公司的惠特尼引入研发体制,研发成了其母公司的"生命保险"。[53]

研发在工业上作为一个部门单位而存在,而它正是因为对母公司竞争力有贡献才有正当理由存在的。甚至连美国电话电报公司的贝尔实验室也几乎是一个研发机构,它给人的印象是标准的研究避风港,但也一向仅将约10%的预算用于基础研究。施乐公司经常被人指责为"摸索着未来",因为它的帕洛阿尔托研究中心发明了诸如激光打印机和计算机图像界面之类的设计,但是却无法进一步开发它们,只好沮丧地看着它们被其他公司挖掘而获取暴利。当各个研究中心变得越来越臃肿时,就脱离了开发活动,在20世纪60年代与70年代的"科学黄金时代",变得与公司的盈亏结算底线越来越不相干,随后便是大部分研究的重新定向。例如,IBM的研究机构经历过一次称为"大出血"的痛苦重组。但是,唯有消除肥胖才能健康。约翰·阿姆斯特朗在20世纪90年代末指出:"这实在令人惊奇。所有迹象表明——过去的研究机构主任是难以承认的——现在的IBM研究中心在公司内部较之以往更有成效。"[54]类似的重新定向的浪潮席卷全美的公司。"对IBM生死攸关"是IBM研发的战略,正如对于通用电气公司来说是"对GE生死攸关"。与此同时,基础研究并没有被遗忘;它在总的工业研发费用中所占有的份额,从1980年的4%上升到2000年的9%。然而,这种基础研究与以往相比,必然是"世界级的",而不是"一般性的"。[55]

研发服务和技术的商品化

工业研发组织随着技术与产业结构特征的变化而变化。新技术的迅速崛起,老技术的成熟,撤销对某种产业的原有管制,以及经济活动从制造业到服务业的转移,都对范围远远超越个体公司的重新组合作出了贡献。在传统上,诸如通用电气和IBM的制造业公司一直是研发实验室的主要家园,而且现在仍然如此。然而,大公司日益意识到,为了集中力量处理核心商务,减轻它们的外围技术的负担更为有效。因此,它们正在缩小自己的实验室规模,并将研发的外部采购部分投放给咨询公司或大学研究中心去做。为了从事这些外包工作,专业性的研发公司正雨后春笋般涌现。例如,美国电话电报公司的分解整顿也肢解了贝尔实验室。老的贝尔实验室的以科学研究为主的小部门去了美国朗讯科技公司;以工程为主的大部门最后变成了泰尔科迪亚科技公司,这是一家服务于整个电信业的、具有领导地位的咨询公司。在这样一种重组过程中,工业的研发就逐渐地从制造部门转向服务部门。

工程服务部门有着悠久的历史,工程师们在此建立了专业化的合同公司,有偿提供专业知识。一些咨询公司从事研发,以此提高自己的专业技能;另一些咨询公司则在合同基础上为外人进行研发。工程服务部门的研发,是新技术扩散与技术进化背后的一股驱动力,它对绝大多数成熟产业来说必不可少。例如,许多没有机构内部设计设施的公司企望新的信息技术。为了满足他们的需要,计算机系统设计服务已经成为一种庞大的业务。

1997年,美国的工程服务业(不包括那些在建筑业中的)带来了880亿美元的业务。工程师也参与勘查业务、测试实验室、商业研发,以及环境与其他技术咨询,合在一起的订单为370亿美元。在其高峰时期,计算机系统设计与相关业务总计为1090亿美元。与工程相关的业务总共有2340亿美元,几乎是总额为1230亿美元的法律业务的两倍,但工程师在社会中的地位远不如律师那样引人注目。[56]

研究与开发同样的知识与技术,也许既可以来自制造商,也可以来自服务商。然而,不同的工业组织,对已掌握专业知识从而进行技术扩散的人有着巨大影响。当一家公司从事它自己的研发,并在技术上拥有专利,它就对其他企图进入这个领域的公司竖立了一道技术屏障。当把研发与技术专能作为有用的服务提供给所有能够支付费用的人时,障碍就降低了,而咨询费通常比维持一个研发部门的费用要低些。一家公司尽管没有任何资源来开发自己的技术基础,但是可以通过与合适的专业公司签订合同的方式来进入最新的技术领域。因此,工程服务业有助于技术的扩散。我们已经在第2.4节中看到,开发出人人可以购买、一切设备齐全、立等可投入运营的化工厂的工程公司,是如何促进了石油化学工业的快速增长的。

技术扩散的另一个例子是石油的开采与提炼。20多年前,主要的石油公司拥有该产业的绝大部分技术专利,这种状况阻碍了其他一些希望勘探新油田的公司。如今,愿意投资新油田开发但又缺少专业技术知识的新来者,完全可以租用地球物理勘探公司以及用最好的技术装备起来的钻探人员。石油业主管琼斯(Peter Jones)评论道:"技术已经越来越成了一种商品。"[57]

4.3 对经济部门的贡献

在2000年,美国《时代》(*Time*)杂志吁请它的读者推荐20世纪最重要的事件。大约收到40万张投票。在排行榜前20名中,有11项是关于自然科学与工程技术方面的成就,1969年的人类登月荣居榜首。[58]

除了《时代》杂志以外,许多组织也在世纪之交纷纷作了百年回眸。美国国家工程院要求专业学会推选对20世纪人类生活质量作出最大贡献的20项技术成就。它邀请了尼尔·阿姆斯特朗(Neil Armstrong)宣布评选结果,作为一位由工程师改行的宇航员,他登上月球的一小步象征着人类迈出的一大步。尼尔·阿姆斯特朗对太空飞行只列在工程师们的巨大成就排行榜第12位深感失望。但是,基于所定的评判标准,他不得不同意:"虽然从远处看到我们的行星所带来的那种冲击,已经对整个地球人类产生了不可抗拒的影响,并为成千上万的新产品提供了技术,但是那些其他被选中的成就则被评判为对世界范围的生活水准具有更大的影响。"[59]

尼尔·阿姆斯特朗解释了技术成就是如何渗透到我们日常生活的方方面面的。许多东西已经变得习以为常,人们往往觉得它们的存在是理所当然的,忘记了它们仅在100年前还被看作是奇迹。我们比自己的祖先更健康,这要归功于改善了的饮食、公共卫生以及医疗保健,更要归功于农业机械化、环境工程与人口控制、大量生产的药物以及先进的医疗仪器,诸如起搏器和计算机、X射线轴向分层造影扫描仪

表 4.1　在 2000 年美国国内生产总值（GDP）中，分别按产业、10 亿美元为单位和占总 GDP 百分比计算的总产值；各产业的就业人数；在主要部门工作的工程师、计算机专业人员和自然科学家的百分比

产业	总产值		员工	产业从业人员（%）[a]		
	10 亿美元	%GDP	（百万）	工程师	计算机人员	科学家
农业	136	1.4	3.3			
采矿业	127	1.3	0.6	1.2	0.3	3.3
建筑业	464	4.7	6.8	2.4	0.3	0.1
制造业	1567	15.9	18.4	45.6	14.0	19.0
耐用物品	902	9.1	11.1			
金属制品	109	1.1	1.5			
机械产品	168	1.7	2.1			
电气设备	181	1.8	1.8			
运输设备	182	1.8	1.8			
仪器	64	0.7	0.9			
不耐用物品	665	6.7	7.3			
食品	137	1.4	1.7			
化学品	191	1.9	1.0			
公用事业	825	8.4	7.1	5.3	4.4	1.1
运输业	314	3.2	4.6			
通信业	281	2.8	1.7			
电力、燃气业	230	2.3	0.9			
贸易	1568	15.9	30.5	3.2	6.6	1.2
金融业	1936	19.6	7.6	0.8	12.2	0.2
服务业	2165	21.9	40.8	26.7	46.7	38.8
商业服务	572	5.8	9.9			
医疗保健	547	5.5	10.2			
司法服务	133	1.4	1.0			
教育	789	8.0	2.6			
工程、管理	306	3.1	3.5			
政府部门	1216	12.3	20.6	11.4	8.1	31.9
总计	9873	100.0	135.7			

资料来源：Census Bureau, Survey of Current Business, November 2001; *Statistical Abstract 2001*, table 783; Bureau of Labor Statistics, *Monthly Labor Review*, February 2002

　　a. 因为其中一部分从业人员是个体业主，故数字加起来不到 100%

(CAT)等。我们按动开关,就会得到灯光,加热电炉,或开动电气电子器械。我们转动一下龙头就得到了洁净的水,按一下抽水马桶的杠杆就能冲洗掉污秽之物。我们比自己的祖先更有机动性,联系也更多。汽车、高速公路,以及石油的应用,使得旅行对于大多数人来说更加容易做到,更加令人愉快。飞机大大缩短了两地的距离。通过电话与无线电,相距上千千米路程的人们能够进行仿佛面对面的交谈。收音机、电视机以及因特网通过传播来自全球各地的新闻与信息,架起了沟通文化隔阂的桥梁。计算机帮助我们组织信息,并以史无前例的效率来解决各种困难问题。在大热天,空调让我们感到凉爽,而电冰箱避免食物腐烂。技术带来的不只是方便与奢华,它更有能力提供更多的物质生活条件,将越来越多的人从贫穷的束缚中解放出来,扩大了一系列可供选择的机会。技术的重大影响并不局限于物质领域。比空间计划的副产品更有价值的是从太空拍摄到的我们地球家园的图像。从一种截然不同的视角来观察我们自己,启迪着我们重新深思我们在宇宙中的位置,充分意识到地球这一"空间飞船"的脆弱性,珍惜我们在地球上共享的生活。

技术活动的经济竞技场

技术在很大程度上要归功于科学,但是工程确实起到了重要的作用,如果没有工程,科学发现就不会有它们已起到的实际影响。本书始终讨论有关各种工程分支的贡献,但是为获得一个完整的图像,让我们扫视一下技术的主要竞技场——社会生产活动。表4.1按各类产业对美国国内生产总值的贡献作了细分。

制造业传统上一直是经济的领头羊,但是它正受到服务业的挑战。这两大部门,赞助了美国几乎90%的工业研究与开发,是这个国家近乎3/4在职工程师的家园。相关工程师对建筑、化学、信息技术与工程服务业贡献的内容,放在本书其他章节进行讨论。这里我们着眼于讨论那些仍被不适当地掩盖着的产业和工程分支。虽然它们更少吸引公众的注意力,但却显示出工程的若干标记性特征:社会基础设施的管理职能;不断进化的技术改进;产品、工艺流程和工业工程之间的差别。

能源的基础设施

能源是现代经济的生命线。能源的生产、转换与运输也许构成了最基本的社会基础设施。能源生产包括勘探、开采以及将初始能源提炼为有用的燃料。能源转换把燃料变为电力或机械功。能源运输把能量通过管线、输电网以及其他输送工具提供给消费者。以上每个领域都需要若干工程分支和自然科学的专业知识。粗略地说,化石燃料的开采主要是采矿业的工作,要有地质学家与矿业工程师的参与。炼油业聘用了大批化学家和化学工程师。设计进行能量转换的各种发动机的任务落在了机械工程师的肩上。电力是电气工程的领域。土木工程师为水电站建立了堤坝,而核能工程师建立了核电站。[60]

化石燃料——煤炭、石油和天然气——在美国使用的初始能源中占80%以上。在20世纪70年代发生的能源危机期间,各种预测纷纷宣称石油供应将在20世纪末达到高峰,随后将落后于需求。没人会得意扬扬地认为石油储备永不枯竭,但是预言中的石油短缺之日正在不断地被技术进步,包括高效率的能量利用技术所一再推后。大型而易开采的油田大部分已被开采,但更多的石油储备,尤其是较小的油田,正借助诸如三维地震图像等先进扫描技术而被发现。采用先进的开采技术使得从这些油田抽取石油时成本更合算。一台定向钻机能不断盘旋着钻入地下,靠近钻头的传感器会报告它钻探到了什么。钻探工程师能够监控进度,操纵钻头,如有必要可把它的方向从垂直转向水平,从而通过垂直钻井对那些难以接近的石油矿槽的情况了如指掌。威力强大的计算机和地球物理模型几乎能够实时处理地震和传感器的数据,使得工程师在抽油时能够追踪储油层中的复杂流动,从而优化操作过程。诸如向地层灌注气态或液态二氧化碳等方法也被开发出来,从先前认为已枯竭的油井中抽汲出更多的石油。这些技术不仅提高了石油的开采率,而且也减少了钻井对环境的负面影响。石油工程的下一个前沿位于深海——开采深埋在水下3000多米的油田。[61]

燃烧化石燃料、生物质料和垃圾都会不可避免地产生温室气体,可能会引起全球气温变化。稳定和减少温室气体的排放需要各种各样的技术。[62]很多人热衷于干净的、可再生的能源,诸如水能、太阳能、风能、氢能以及地热能。[63]技术已经把富有成效的风力发电机和太阳能电池板的费用降低到有竞争力的水平。风力发电机的旋翼就像一架大型喷气式客机的翼展那样长,原先是专为航空技术开发的,能够产生数兆瓦的动力。它们正在投入商业服务,但只在合适的市场环境中出现。[64]目前唯有水力发电仍然是干净、可再生的主要能源,不过建筑水力发电站堤坝确实会引起许多有争议的环境影响。余下必须提及的主要能源,即核能,不会排放温室气体,但会引发放射性废物的处理问题,而且一直为高昂的投资成本和安全问题所困扰。

革命性技术与进化性技术

燃料电池是通过将燃料氢与氧反应,把水作为废物排放来产生电力的,被很多人看作是将会提供无限制的、廉价而又清洁的能源的法宝。也许人们的这种向往将会在有些遥远的未来出现,但是祈求以此来宣告汽油动力汽车的末日即将来临的空想家们,却忽视了不断改进汽油动力汽车的价值。

燃料电池是在1839年由一位威尔士法官发明的,并由美国国家航空航天局(NASA)在20世纪60年代初用于航天器。时至今日,它的基本原理基本保持不变。其困难在于如何使它具有商业竞争力。需要大量改进的不仅是燃料电池本身,而且还有其他许多汽车零部件,因为汽车可能不得不在整体上重新设计。甚至当燃料电池动力汽车准备好上路时,它的普及将要求氢气供应站在数量上要能同汽油加油站相抗衡。出于这样或那样的理由,一份详尽的报告估定,远至2020年,汽车技术是否能够普遍采用燃料电池还是相当可疑的,尤其是考虑到内燃机能够持续不断地进行精细的调整,更是如此。[65]

类似燃料电池的革命性技术对于新闻记者和历史学家来说,简直是耸人听闻的故事。它们的优点不需要进一步强调。值得一提的是经济学家的分析,他们正在研究蒸汽船和其他大量事例,已经注意到虽然技术上的微小改进很不起眼,但是它们的累积效应往往不亚于或超过那些突然亮丽登场的技术。[66]这正像以复利计算的利息,超过一定时间就能为贷款者带来财富,持久增长的技术改进也能带来意想不到的惊喜。燃料效率每年增长若干个百分点并不会让人激动,但超过一定时间它就大大地改变了整个局面。在这一点上,经济学家的观点和工程师完全一致,后者不仅擅长引入革命性的技术,而且擅长主流技术的进化升级,经常回应消费者的需要。在过去30年中,技术进化使每辆卡车的平均燃料消耗减少了50%。虽然这样的进步几乎未被新闻记者注意到,但是这种进步提高了燃料电池进入的门槛。

改进一项成熟的技术绝不是一桩鸡毛蒜皮的小事,部分原因是原有技术已经相当好了。一辆车或一条船是具有很多零部件的复杂系统,其中很多发明与创新是悄然出现的。因为车辆的各个零部件必须一起协同工作,其中一个零部件有些变化就会影响许多其他零部件的运作,所以后者也必须根据车辆整体优化运作的要求而作出相应变化。为了精细地调整产品,并减少其生产成本,工程师们在这里作些发明以榨取一些收获,在那里作些调整以消除一些冗余,有时还得在整体上重新设计以将大量的先进技术加以集成。技术在人们关注的热点之外连续不断地进化着。集成电路的摩尔定律在第3.1节中已讨论过了,它充分说明了技术进化的趋势。

技术进化部分地解释了不再处于前沿领域的产业持续投资于研发的原因。与航空与电子之类的高科技产业相比,汽车产业在研发上所花费的投资占其收入的比例要少些,但仍然花费了相当多的钱。按美元计算,1997年福特汽车公司与通用汽车公司的研发费用在所有美国公司中名列前茅(详情参见附录B)。其中一部分投资继续用于开发诸如燃料电池等革命性技术,并已吸纳了数十亿美元的资本;大部分投资继续用于精细调整主流车辆及其制造工艺。你可以比较多年来拥有过的车辆的性能与装备来评价结果。而且,随着成本效率的增长,价格也降低了,这让更广大的民众也买得起技术性强的商品。

产品、流程与工业工程

现代制造业的一个显著特点是,大规模生产相当复杂的、高质量的、多品种的、可靠的、大众买得起的商品。制造业迎合了广阔的市场需求;涉及很多员工、机器和供应源;还可能会有广泛的环境影响。制成品大致分为两大类,正如在表4.1中显示的那样。耐用商品,诸如电冰箱和汽车,人们在购买时就盘算要持续使用许多年;非耐用商品,诸如食品和汽油,会被人们逐渐地耗尽。两者都要求有出色的产品设计和有效的生产工艺,虽然前者往往更明显地表现在耐用商品上,而后者往往更明显地表现在非耐用商品上。有关非耐用商品制造业的加工工程技术问题,已在第2.4节化学工程的上下文中顾及。这里我们着重讨论耐用商品。

机械工程师和电气工程师是两个最大的团体,是耐用商品制造业中最活跃的。计算机工程师和系统分析师是重要的,但是他们也分散在许多行业中,其中包括金融业和服务业。虽然人们可以期望在机械工业中发现更多的机械工程师,在电气工业中发现更多的电气工程师,但是行业之间的分界线一点也不清晰。很多电气设备都有机械零件。相反地,在一辆2000型中型客车中,电气与电子系统的费用占了总成本的20%,而且预计它们的占有份额到2009年还将上升到30%。一架新飞机的航空电子设备由通信、导航、雷达、自动驾驶仪等系统组成,其费用占总成本的比例高达40%。这些系统绝大部分使用一些计算机芯片和内嵌式软件,以至于一些人把今天的车辆和飞机描述为带轮或有翼的计算机。总之,制造业需要具有不同专业技能的工程师们的通力合作。

产品设计——不管是因特网路由器、手表、医疗仪器、遥控机械手、喷气式发动机、通信卫星,还是油轮等产品——在制造业中都是很重要的。很多产品适合于特定的用途,而设计它们往往需要专业化的知识。为了迎接这一挑战,于是就有工程技术的各种专业分支。举两个应用生物学和其他科学知识的例子。**农业工程师**将物理学和生物学的知识结合起来,发展了农业机械、土壤保护计划,以及农产品工艺。**生物医药工程师**设计了医疗保健设备,包括:超声波诊断仪、心电图记录仪、计算机层析摄影仪(CT),以及其他成像设备;治疗仪器,诸如用于外科手术的激光器、肾透析机等;人工植入物、人工器官与假体。美国国家工程院估计,有3万多名工程师工作在医疗卫生保健技术的各个领域。可以预料,随着科学进步使得更多的生物现象容许采用安全可靠的人工操作来处理,他们的队伍也在不断增大。在通常与工程技术不大相关的农业和医疗保健两个领域中,我们可以看到技术已在现代生活的方方面面中流行。[67]

"为制造而设计",这是一个在工程师中间广为流传的口号,表明了产品与工艺技术的紧密联系。一项创意新颖的产品设计如果不能以合理的成本制作出来,那就是一种失败。相反地,如果没有产品工程师与工艺工程师的合作,制造过程就无法顺利进行。两者缺一不可,但是它们的相对权重可以根据市场条件的变化而变化。例如,让我们审视一下航空业中的两句格言。"更快,更高,更远",这是航空工程在冷战时代的主要目的,现在已经变为"更快,更廉,更好"。老格言只关心产品的性能;"更快"指的是飞行速度,到达目的地的时间。在新格言中,"更快"指的是设计与生产的速度,到达市场的时间。当然,产品的性能不容忽视,正如新格言中的"更好"所提示我们的。如果不能交付性能令人满意的产品,则又快又便宜的生产就会成为浪费。NASA曾尝试以一份价钱建造两个火星探测器,结果火星气候轨道探测器偏离了预定路线,而火星极地登陆器坠毁,由此只能招来一片指责声。[68]

制造业取决于三个主要因素:劳动、资本和原材料。汽油生产需要大量资本建立炼油厂,为了最大限度地利用价格不菲的原油,还需要很多工程技术,用于设计这些炼油厂,但是炼油过程需要相对少些的工人来粗制汽油。汽车生产也需要大量的资本和工程设计,但它还需要许多工人生产和装配零部件。仅就产品生产的规模而论,虽然运输设备工业比化学工业要略微小一些,但它雇用了80%以上的员工。这类劳动密集的制造业强调了生产过程中组织技术的重要性。这是**工业工程**的任务:它计划更有效地雇用生产工人;协调零部件和原材料的供应链;设计工厂有效安排人、机器和原材料三者之间的相互关系。工业工程学科产生于19世纪,在第二次世界大战以后成长起来,并由于注入了运筹学和其他管理技术而发生了巨大的变化。

工业工程的一个重要领域是运输设备工业,其中约有60%从事汽车和零部件生产,30%从事飞机、导弹和太空飞行器等的生产,而剩下的10%从事舰船和铁路设备的生产。汽车和飞机是有很多零部件的复杂机器。它们的制造涉及大量的产品零部件和必须适当加以组织的生产流程。美国底特律的三大汽车生产商靠的是分为若干个阵列、约1.2

万个零部件供应商组成的一支大军。排头兵是制造诸如驱动轮系等汽车系统装置的大供应商,他们继而依靠下一级生产诸如驾驶轮系和交流发电机等设备的供应商。在航空工业中也存在着一个类似的复杂供应链。为发挥最大生产力而设计的有效生产链,不仅要求在同一个公司里,而且要求在许多公司之间进行通力合作。工业工程中的组织化技术正是致力于实现这些任务。

第五章

设计创新

5.1　以负反馈方式进行的发明思维

"这绝对是我平生所知的那种极为愉悦的心态。"当特斯拉回忆起1882年的那些日子时说道，那时他发明了能产生、传输和使用交流电的多相系统。[1]

"我和威尔伯（Wilbur）简直是在艰难地坐等天亮，等着发现某种会使我们兴趣盎然的东西，**那就是**愉悦感。"奥维尔·莱特（Orville Wright）大约在1901年的最后几个星期里这样写道，当时莱特兄弟正在着手风洞试验以揭开飞机上升的秘密。他们回头评估了自己处于智力激奋高峰时的这段经历，就是后来建造第一架有人驾驶的动力飞行器时取得的成就和声誉也无法同当时的经历相比。[2]

有着无数的报告支持电气工程师威斯纳（Jerome Wiesner）的看法："技术工作和科学工作往往十分有趣。实际上，创造性的技术工作有着几乎与绘画、写作以及作曲或演奏乐曲同样令人愉悦的效果。"[3]工程师和科学家比许多人更投入于自己的工作中，因为他们热爱自己所做的事情。人们纵览一下就能发现，工科学生比主修其他领域的学生更专注于他们的课程，与其说是缘于他们的课程更艰深，不如说是他们发现这些课程更吸引人。工程师们在高科技公司里长时间地愉快工作，他们的共通之处可用一本有关因特网发展的著作的书名加以描述：《何处奇才在熬夜》（*Where Wizards Stay Up Late*）。这不是什么新东西；这是从一首描写洛斯阿拉莫斯工作风尚的旧诗歌中抄录下来的一行诗句。类似的热情之火同样燃烧在参与"阿波罗"登月计划的工程师们的心头，他们例行性地每周持续工作80个小时，这是一种被唤起的诸如"使命感"或"工程团队精神"的情绪。[4]热情也许会被群体的动力机制所放大，但是它的根源却是自发的，会在每个独立的员工中频频产生。在爱迪生实验室里，特斯拉每天从上午10点30分一直工作到第二天清晨5点。爱迪生本人也是工作狂。福特（Henry Ford）描述了他如何在业余时间设计内燃机，当时他正在底特律的爱迪生电力公司任工程师："每个晚上，包括每个星期六晚上，我都在研制新式的发动机。我可不会说这是苦差事。从事自己不感兴趣的工作那才叫作苦差事。"[5]

正如弗罗曼（Samuel Florman）在回顾他个人经历时栩栩如生地描述的那样，在得到社会赞扬和金钱回报之前，在工作本身中的乐趣是"工程学与生俱来的娱乐"。[6]科学家们深有同感。香农就把娱乐列为工程技术研究的三大动机之一，另外两个动机是智力上的好奇心和改进事物的欲望。[7]类似的是，费恩曼把智力享受列为科学研究的三大价值之一，另外两个是处理事物的能力和不确定性的经验。[8]也许较之其他任何东西，心智的兴奋更能吸引工程师和科学家。

热情并不意味着任性，而技术创造性也不是异想天开。科学和工程技术既是客观的，又涉及实在。工程师们在设计决策上有着表达他们独特风格的回旋余地，许多大桥都留有建造它们的结构工程师的个人标记。然而就主观层面而言，工程师往往严重受制于各种现实考虑因素的约束，其中包括自然物质和社会经济两方面。

现实的约束和学科的规范会窒息创造性吗？如果把创造性和反复无常的胡思乱想相区别，则并非必定如此。在工程技术和科学研究中的创造性并不因为学科规范而低人一等，因为学科规范是任何有价值的创新活动的一部分。一泼随机溅落的颜料，或者一连串胡乱搭配的词汇，也可能会产生一种新颖的图像或句子，但是却没有独创性。达·芬奇解释了为什么规则对于好的画家是必不可少的："这些规则会使你作出自由而可靠的判断；既然好的判断出自清晰的理解，而清晰的理解源于由可靠的规则所产生的推理，可靠的规则是可靠经验的产物——而可靠的经验则是一切科学与艺术的共同孕育者。"[9]诗人们同样通晓这些道理。华兹华斯（William Wordsworth）评论道："因为一切好的诗歌都是强烈情感的自然流露：尽管这句话千真万确，但是能被赋予任何价值都不为过的诗歌，不是任何题材都能产生出来的，而是由拥有比常人敏锐的能力，而且还有持久而深入思考的人产生出来的。"[10]歌德（Johann Wolfgang Goethe）把它简洁地表述为："只有受约束才是检验大师的试金石。"[11]

工程学中受约束的创造性

工程师们创造人工制品，为人们服务。他们除了善于创造发明外，还需要在两个领域作深入持久的思考。一是为了设计复杂的事物，需要关于物质世界的知识；二是为了恰当地为人们服务，还需要关于人类社会的知识。自然和人文的两个维度在工程技术活动的三个方面表现出来：科学、设计和领导（见图5.1）。他们把知识、工具和人力资源这三大技术资源库扩展成为生产力。

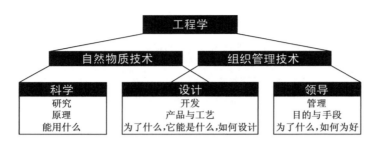

图5.1 工程技术活动及其相关内容

自然科学家探索"是什么",而工程科学家探索"能够做什么"——或者,更准确地说,在自然规律和其他因素限制的范围内,探索什么东西能够为人类带来实际的用途。在一般原理的层次上,工程技术与自然科学的根本差别,不是"**能够是什么**"(what can be)的假设蕴含,而是对"**用途**"(use)的审核,但后者经常被省略。自然科学的"**是什么**"寻求的不是现存事物的分类归纳而是探求自然定律,它既可能包括实际的现象,同时又可能包括支持反事实(contrary-to-fact)的假设。作为研究自然现象的科学的特点,在于把人类的主体性从其客观内容中排除出去,以便解释自然界的本来面目。与此相反,工程科学的目的在于创造现实的或潜在的人工系统以提供实际服务,因此它明确地把目的概念作为必不可少的要素融合到自身的客观内容中去。

工程技术中的目的概念大致可分为三大类:功能概念陈述制作人工制品是为了什么目的,程序概念陈述如何才能制成人工制品,而评价概念陈述人工制品在多大程度上符合它们的预期目的。**为了什么?如何制作?如何为好?** 这三个问题表现在工程技术的所有方面。在工程科学中抽象的阐述,在设计与领导的环节中就变得更为具体。

作为科学的典型问题,"**是什么**"和"**能够是什么**"不是指称特定的体系,更多的是指能够描绘巨大领域的一般原理所涵盖的广泛类型的体系。例如,信息理论探索了通常为实现可靠的长距离通信"能够是什么"的约束条件。工程设计则把有关"能够是什么"的问题缩小为"**它能够是什么**"的问题。**它**可以涉及单一的系统,诸如一个为特定区域服务的移动电话网络,或者涉及特定种类的人工制品,诸如连接计算机与电话线路的高速调制解调器。**它**意味着特殊性,而这正是设计的核心所在。当科学对"**它是什么**"的回答提供了事实描述时,设计对"**它能够是什么**"的回答却揭示了工程技术所特有的创造性自由。当然,所设计的系统必须满足许多要求,但是甚至严格的要求通常也会留下一系列可选择的余地,其中的选择依赖于设计工程师的判断力。在检验选择、评估可信度、设定细节,以及从"**它能够是什么**"到"**它将是什么**"的进程中,设计工程如同决策活动一样,也是一门技术。

工程师在设计技术系统时,工程技术是在许多约束下体现创造性的。约束条件往往不是表现得一清二楚,而是必须由工程师自己探明以得出有关产品的清晰概念。首先,产品是为特定的目的定制的,人们期望通过产品所表现的一定功能来为这些目的服务。为了确定产品的目的与必不可少的功能,就必须对"**为了什么**"这类问题作出实质性的回答。其次,性能的标准是明确规定的,以便能够根据它们"**如何为好**"来评估候选的设计方案——即它们怎样才能更好地符合要求。如果一件出色完成的设计不能在成本核算内,或者在其他约束条件下用于制造,那它就很难适合目的,因此生产工艺流程——即对"**如何制作**"这类问题的回答——开始得到考虑了。设计的约束条件也来自以下一些问题,诸如该在何处兴建一个设备系统,更经常地,是何时必须交付。有一些问题往往起因于谁该为它投资,谁从中受益,例如是否应当让它变得更容易制造,还是便于维修,这将决定制造商和操作者的相对成本。总之,设计工程师必须着眼于五个 p:预期产品(the intended product),产品目的(purpose),产品性能(performance),工艺流程(production process),以及产品预期服务对象或用它来工作的人们(the people),因为他们是决定产品最终命运的人。所有这些方面都引入了约束机制,而且常常是不相容的。工程师必须作出复杂的权衡和选择,经常面临不确定性。理解他们在设计技术系统时如何作出实际的决定,对于理解技术是至关重要的。

要回答"**为了什么**",以及"**如何为好**"等问题,最终要靠整个社会的自由选择。因为产品把它们的服务延伸到未来,很多因素无法预见,所设计建造的系统含有特定的风险和不确定性,而投资随着技术的复杂性和效能的提高而急剧增长。工程师能使事情变得特别可靠,而不是绝对可靠;完美的要求超过了人类的能力。而且,更高的可靠性通常也带来了更高的成本,而社会必须决定它是否愿意承担这种成本。工程师们经常要问:怎样的安全才算安全? 怎么个好法才算足够好? 他们要考虑各种因素,诸如:经济的可行性、社会的可接受性、政策法规,以及涉及很多民众群体的环境友好性等。公众的需求有时在技术上是不切实际的,而他们的主张也往往互不协调。工程师必须批判性地平衡各种相互冲突的诉求,估计风险,运筹计划,并向公众解释它们,以便公众能够作出艰难的选择。在这些任务中,他们的领导功能变得越来越突出。

科学与工程技术中的思维类型

除物理学之外,爱因斯坦(Albert Einstein)还长期认真地思考了科学认识论。他在这方面写了很多。有一次在一封信中,爱因斯坦画了一张小图(见图5.2a)。爱因斯坦用它讨论了科学理论与实在之间的关系。科学家对于在图中用E表示的观察与实验是熟悉的。他写道:"从E到A不存在逻辑途径。"A尽管被他标记为"公理",但也包括理论、模型、概念与假说在内。一种科学理论通常是某个一般陈述的体系,它用从细节各异的个别事例中抽象出来的方法,涵盖了范围广泛的事例。我们能够运用一般术语进行思考,但是作为一种物理存在,我们只是在特定的场合才同这个世界接触。因而,若要检验某种一般的假说,我们就必须从中推导出能应用于这个或那个特殊事例的命题,在图中各命题标记为S,S′,或S″。爱因斯坦解释说:"**借助逻辑的途径**,如果从A能演绎出特称论断S,就可以宣称S是正确的。让S和E建立关系(通过经验来检验)。这个程序也属于超越逻辑(直觉的)的领域。"[12]

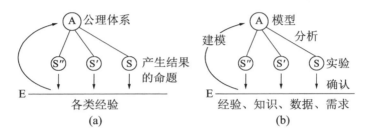

图5.2 (a)爱因斯坦在给索洛文(Solovine)的信中图解了自己的科学思维的认识论观点。(b)在工程学中类似的思维类型

如果作为一个环状回路看待,图5.2a看起来很像是科学哲学中阐明的假说-演绎模型。但是爱因斯坦似乎无意讨论这个过程的四个阶段。更确切地说,他解释了四种思维**类型**的认识论特征。为了指称的方便,我把它们称为经验(E),创造(E→A),演绎(A→S),以及实验(S→E)。在这四个环节中,只有演绎能够是——但不总是——精确的,因为从一个一般公理到一个特称命题的途径联结的只是概念;而在联结概念与现实经验的思考中,精确性与绝对确定性不过只是幻想。

爱因斯坦在信中总结说:"其实质在于观念的世界与能被体验的世界之间总是存在未定的联系。"很多科学家与工程师都承认认识论上的不确定性。电气工程师斯莱皮恩(David Slepian)在着手处理带宽定律的一个悖论时,阐述了这一点。[13]费恩曼把应对不确定性看作是科学的一个主要价值:"科学家有着很多无知的、可疑的与不确定的经验,而我认为,这些经验是非常重要的。当科学家不知道一个问题的答案时,他对此就是无知的。当他对结果会是什么具有预感时,他依然心中无数;而当他极度确信结果势必如何时,他却仍然值得怀疑。我们发现至关重要的是,为了进步,我们必须认识到自己的无知,并为怀疑留有余地。科学知识是陈述不同程度确定性的整体——有一些多半不可信,有一些近乎可信,但是没有一个是**绝对**可信的。"[14]具有风险性与不确定性的经验甚至更深地积淀在工程师身上,他们为了产品的安全而承担道义上与法律上的责任。

爱因斯坦讨论的不是自然科学的内容,而是科学思维的特征。同样的思维类型也流行于其他领域,例如工程理论与设计。参见图5.2b中的说明,在工程学的文献中,类似术语是关于建模和模拟的。

由A所表示的理论,存在于普遍性的很多层次上。在最普遍的层次上是总括的理论,诸如物理学中的量子力学,或工程学中的信息理论等,它们建立起具有支撑性但却抽象的概念框架,大部分科学与工程技术活动都是在其中进行的。普遍性稍低的理论,阐述的是某些缩小了研究范围的事物,例如原子结构的量子理论,或在噪声通道中信息的可靠传输的编码理论等。进一步聚焦,我们有氢原子理论或涡轮编码理论等。这类理论常被称为**模型**,部分原因在于它们狭窄地关注于实在的一个小片段。普遍性理论在任何领域都是稀少的,而模型则是丰富的。

工程技术中的大多数模型,并没有被总括性的理论所涵盖。它们被作为概念表述引入以研究小型系统,诸如高速公路或因特网交通。建模过程也包含了科学思维的四种类型,虽然是在更小的范围内。工程师们运用他们的知识与经验,首先要查明某种情形,它往往包含所要研制系统的预期用户所约定的需求。为了创造一个获得了相关重要特征的模型,他们引进概念来表示和量化,不仅有有形的因子,而且有无形的因子,诸如可靠性之类。如同在科学中一样,工程建模也是一种创造性行为;它可能具有启发的意义,但没有确定的逻辑。当建构模型A

时，常常采用数学术语对其进行解析，它的参数变化会产生特定的事例 S 与 S′。在建立模型时，这一步往往称为试验设计。然后从那些事例中得到的结果，与真实情形进行核对，以决定这个模型是否可以接受，这一过程被工程师称为模型确认。在准备进行有实体的系统的工程设计中，有效模型起着决定性的作用。

科学与工程学中的创造性和洞察力

在图 5.2 中，从经验 E 到模型 A 的飞跃在工程学与自然科学的很多方面出现。爱因斯坦把这个飞跃解释为直觉；演绎之类的逻辑方法也许有所帮助，但永远是不充分的。他在很多论著中强调了这一点，正如在原子理论的例子中所说的："理论性观念（在这个例子中是原子论）既不是撇开经验和独立于经验得来，也不能凭借纯逻辑的程序从经验中推导出来。它通过一个创造性行为而产生。"[15]

在建造一个系统以前，工程师必须首先把它构想出来。类似地，爱因斯坦评论道："看来，在我们能够在事物中发现模式以前，人的心智必须首先独立地把它们构建出来。"[16]在复杂得令人眼花缭乱的自然现象中，绝大多数模式和规律性是不明显的。太阳自然显而易见，而它的能量来源却不明显。在用测量方法证实太阳的核聚变以前，物理学家不得不提出假说，正如核工程师在物质上实现核裂变的设计以前，必须设想核裂变反应。甚至在数学这一演绎学科的典范中，猜想也是绝对不可缺少的。数学家波利亚（George Pólya）解释说："以完成的形态呈现的完备数学，看来似乎是纯粹证明得到的，只是由证据构成的。但是，处于构成中的数学与任何其他处于构成中的人类知识类似，你必须先猜想一个数学定理，然后证明它；你不得不先推测论证的构想，然后去完成证明的细节。"[17]给出一组公理，一个简单的计算机程序就能产生无穷无尽的定理，但是它们几乎都是无用的废物。数学家必须洞悉屈指可数的有意义的定理,而那就需要直觉与洞察力。类似地,成功的科学有赖于识别出值得研究的重要现象;成功的工程,有赖于识别出值得创新的设施。那种富有洞察力的识别,对科学和工程学来说都是至关重要的创造性因素。

在研究与开发当中,有很多东西一直被认为是数学和计算机的威力造成的。纵然数学和计算机如此重要,但在工程学和科学中不是,也不可能是独立自主的,正如结构工程师彼得罗斯基(Henry Petroski)写道:"数学和科学帮助我们分析现存的观念,以及它们在'事物'中的体现,但是这些分析工具本身并没有给予我们那些观念。"[18]伽利略把"仅作为计算者"的天文学家和"作为科学家的天文学家"作了严格区分。计算者在给定假说的指引下苦苦测算出行星轨道,而科学家不满意仅仅利用武断的假说来拯救现象*,并要求有一个解释系统,在其中"整体则以令人惊奇的简单性与它的部分相对应"。[19]他的审美评价着重强调体现在工程师和科学家身上的洞察力和其他能力,这些只能部分地但不能全部地予以清楚表达。这些被化学家波拉尼(Michael Polanyi)解释为:"我把认知看作是对已知事物的一种主动的理解活动,一种需要技能的活动。要实行技巧性的知与行,必须使得作为线索或工具的一组细节,服从于形成无论是实用的或是理论的技巧性成就这一目标。"[20]来自人类活动的缄默而又不可分割的技能与直觉,解释了人力资源是机器人所不能取代的技术基石的原因。

运用有效的探索式教学法能够提高技能。波利亚描述了许多探索式教学原理,并用数学上的例子来加以说明,其中有:抽象与简化;猜想与试验;分类与统览;分离与组合;普适化与专门化;改组与重编;正运

---

*"拯救现象":古希腊柏拉图坚信,用叠加的匀速圆周运动能够说明行星表观复杂的无规则运动,这种"拯救现象"传统,要求经验的观测现象必须符合理性的数学模型而不是相反,是唯理论的典型。——译者

算与逆运算；缩小视野与扩大视野；强化条件与弱化条件；如果你不能解决提出的问题，就要注意合适的相关问题。[21]

系统工程师梅尔(Mark Maier)和雷克廷(Eberhardt Rechtin)收集了上百种来自航空、电子和软件产业的探索法。他们发现有四大反复出现的突出论题：

1. 不要假设问题的原有论断必定是最好的或恰好是正确的。

2. 在实施设备组件化时，要选择那些外在复杂性低而内在复杂性高的元件，以便元件尽可能地独立。

3. 简化，简化，再简化。

4. 在完整系统的设计与实施中，尽可能地采用嵌入式并保留一些供选方案。你会需要它们的。[22]

这些工程探索法的绝大部分在自然科学中也同样有效，因为科学家也是与复杂现象作斗争的。例如，第二种探索法明显存在于独立粒子的近似模型和其他模型中。在这些模型中，物理学家用公式重新说明一个拥有紧密关系的耦合要素的系统时，是通过引入新的松散关系的耦合实体来实现的，而该实体把先前认为是外在关系的复杂性引入其内在结构中。[23]

要发现什么，要发明什么？

运气总是充当人们的一个好帮手，但是不像在赌场中那样，运气在科学和工程技术中并不占主导地位。科学研究绝不是碰运气的观察，技术发明也不是偶然的构思过程。当你的心智还没有作好准备时，你很可能意识不到某种规律性或设计，即便你偶尔与之相遇。梅尔和雷克廷收集的最流行的探索法是涉及如何设定问题的，这很有意义。科学家与工程师作为杰出解题能手的形象，模糊了如下事实：研究人员可不是学生，只等着教授们为他们出题。他们必须自行判别需要什么和能够解决什么,把相关的因素概念化,并在阐述问题时详加说明。清楚的问题才会导向成功,并为可接受的答案指明可靠的标准。有人认为,制作一架飞行器要比提出一个问题更能看得见;但这种提法太笼统了。要想建造一架像鸟儿一样飞翔的机器,不啻是一个陷阱,只有在遭到很多失败以后,有志于成为发明家的人们才能把自己从这个陷阱中解救出来。问题不是固定不变的,而是往往随着知识的增长而发展的。甚至在大多数研究者对重要问题在于何处有良好预感的某个领域,要想描绘一个清晰而又能直接驾驭的问题也是不容易的。

当研究人员冒险进入一个未知的领域时,他们最初总是吃力地四处摸索。爱迪生回顾了他是如何工作的:"我会构造一个理论,并沿着它的思路工作,直到我发现它站不住脚,于是它会被放弃,而另一个理论就会逐渐形成。这对我来说是解决问题的唯一可能的途径。"[24]透彻探索种种可能性,猜测问题的答案,并缩小着眼点,这些都属于理性经验主义的任务。它们不同于盲目的尝试,正如费恩曼评论的那样:"虽然很多不从事科学研究的人以为猜想是不科学的,其实提出一个猜想并非就是不科学。"[25]科学家和工程师在一个猜想被证明是错误的时候,也获得了知识。通过深入理解某件事情失败的原因,他们不仅排除了已经试验过的事例,也排除了同一类的种种可能性,对种种困难以及什么是运作的先决条件有了更好的感受,会选择更好的方法视角,也许重新设置问题的提法。对于那些在某个领域中尝试过如此多事例,并从如此多的视角检验过该领域的人来说,甚至一个十分复杂的问题也变得一目了然,而且他们明察秋毫,能够一眼看出有缺点的建议,并拒绝为它们浪费精力。爱迪生评论,"百分之九十九的天才都知道什么事情是不能做的"——这可是通过汗水获得的一份知识——引起了科学家们的共鸣。海森伯(Werner Heisenberg)因其不确定原理而闻名遐迩,他说:"十分熟悉其课题领域的研究工作者,可能会深信他能够立即拒斥任何错误的理论。如果新的建议看来似乎真的有可能避免早期研究的困难，而且不会直接陷入不可解的问题，那么它必定是正确的建议。"[26]

架构正确的问题和正确的策略

哈罗德·布莱克(Harold Black)在负反馈的发明中，发现恰当的问题和正确的方法起了决定性作用。当布莱克在1921年加盟贝尔系统时，美国电话电报公司正努力扩展长途电话技术的容量。它的第一条洲际电缆在1914年开通，以每对明线布线传输一个单声道，并且为了克服传输损耗，在每横跨4800余千米的距离便采用3—6个真空管放大器。把更多的通道置于线路上将会增加能量损耗，因此需要沿着电缆设置更多的放大器。使用放大器会使信号失真，因而采用大量串列的放大器会使信号失真到难以识别的地步。缺少性能良好的放大器，曾是包括布莱克在内的贝尔公司许多工程师有待攻克的主要障碍。然而他们的努力很少成功。[27]

1923年，布莱克出席了斯坦梅茨的一次讲演会，对"斯坦梅茨如何认真对待基本原理"的报告留下了深刻印象。基本原理显示了普遍的基础和广阔的考虑，对于那些深陷具体细节而不能自拔的人，无形中它可以提示走出困境的新的可能性。布莱克受到了激励，拓宽了看待项目的视野，批评了原来的策略，并修正了他的问题。他认识到根本问题是要得到超长距离的低失真传输。低失真放大器是达到这个目的的一**种手段**，不应误解为它本身就是基本**目的**。进退维谷，是寻求替代方案的时候了。于是他重新构设了问题。不是试图在放大器中**阻止失真**，而是接受在放大过程中必然存在失真这个不幸的事实，力求**在放大后消除失真**。有了这种新策略，他发明了"前馈"放大器，它以如下理念为基础：信号失真能够测量，而受测失真值能够从放大器输出中减除，于是得到所要的无失真数值。为了测量放大器的信号失真，布莱克使用了二级放大器,降低其失真信号输出以达到原有失真输入的水平,并且消除输入的失真值。该系统成功运转了,并证实了低失真信号可以通过消除而非预防来实现。

前馈控制技术今天用于能够通过传感器测量的失真补偿。但是,它对于信号放大并不实用;两个放大器的信号增益必须很仔细地平衡,以致每小时都需要加以调谐。布莱克回忆起他当时如何为改进自己的发明而拼搏:"然而我的努力毫无结果,因为我设计的每一条线路结果都是太复杂而不实用。我正在寻求简单性。"28

布莱克对问题以及他的简单性目标的辨识,得到了应有的回报。1927年的一个早上,当他乘着渡船去上班时,脑海中突发灵感,但这时他怎么也说不出后来这样的话:"我所知道的一切是,在围绕一个问题艰苦工作几年之后,我突然意识到如果我把放大器的输出反相馈入到输入中,而且避免装置振动,……我就能获得我真正所要的东西:一种在输出信号中消除失真的方法。"在一个负反馈放大器中,如果一个线路增益比另一个大得多,那么信号的总增益就不会明显取决于失真放大器的行为。而且,反馈式线路往往采用诸如电阻器、电容器之类坚固耐用、性能稳定的元件来建造,这恰与前馈式线路采用过分挑剔的放大器相反。

通常而言,把一种发明开发成一种有用的产品,往往需要10倍于发明所作的努力。尼奎斯特(Harry Nyquist)、波德(Hendrik Bode)以及其他贝尔实验室工程师和布莱克一起解决线路稳定性问题和其他难题。部分得益于他们的努力,一条洲际电缆在1941年开通了,它可同时传输480门电话通道,使用串联的600个中继器。从此以后,负反馈找到了广泛的用途,不仅用于通信和各种各样的人工控制系统,而且也用于阐明自然现象。

简单性迎战复杂性

在布莱克通向负反馈技术的道路上，至少有两个主要的里程碑。第一个是将问题从防止失真转变为消除失真，这示范了梅尔和雷克廷的第一个探索法：维持广阔的视角。香农在他反思创造性思维时解释了探索法："转变观点。从每一个可能的角度看待它。当你这样做了以后，你可以试着同时从几个角度看待它，也许你能顿悟出问题的真正实质，由此你能把重要的因素关联起来，并获得解决的方案。"[29]

负反馈的第二个突破来自布莱克对简单性的执着。简化，简化，再简化，梅尔和雷克廷的第三个探索法宣称得如此清楚，这可是工程设计与科学研究的共同主题。自14世纪以来，通常叫作奥卡姆剃刀（Ockham's razor）*的概念节约原理，一直被用于切除掩饰教条和迷信的繁文缛节。牛顿在自然哲学中把它作为推理的第一准则："我们应当承认，没有比真实而又充分地解释现象更能找出自然事物的原因了。就此而言，哲学家们宣称大自然不做徒劳无益之事，少已足够，多则无益；因为大自然喜爱简单性，并不喜好炫耀多余的原因。"[30]

物理学家关于简单性的谈论，有时被误读为是关于自然界的形而上学论断。更仔细地审视他们的言论，就会显示出简单性主要是指**推理**的规则，是我们借助于概念与理论去理解和表征自然现象，特别是复杂现象的一条认识论指导原则。与工程师一样，物理学家也知道原因孕育着各种各样的结果。用一种对事物原因的草率猜想去填补理论上的空洞无物，会带来意想不到的灾难性副作用。简单性要求理论尽可能地删除空洞无物与哗众取宠的东西，从而以最小数目的原因，解释最

---

　　* 奥卡姆剃刀原理：奥卡姆的威廉（约1285—约1349）是14世纪英格兰哲学家、圣方济各会修士。他告诫人们："切勿浪费较多东西去做用较少东西同样可以做好的事情。"后来更简洁表述为"如无必要，勿增实体"。这一原理又称为朴素原则，或形象地称为奥卡姆剃刀原理。——译者

大范围的现象。爱因斯坦正是怀着这样的心绪写道:"一切理论的最高目标是让这些不可通约的基本原理尽可能地简单,同时又不必放弃任何凡是有经验内容的充分表示。"[31]

工程师致力于以最少的形式谋求最大的功用。简单性是包含在工程技术的最高戒律之中的,只是名称提法不同,冠以"**节约原理**"(the principle of economy)或"**过度设计的克星**"(the bane of overdesign)等称呼。也许被人最经常引用的格言是:"事事至简,而非更简。"这句话通常认为是爱因斯坦说的,但是从来查无实据。来自实际经验的例子比比皆是。"我的努力方向是简单性,……随着一个合适的项目启动,于是力图找到消除一切无用部分的某种方法。"福特在叙述他是如何设计T型汽车时如此说道。正因如此,尽管竞争十分激烈,T型车还是被广大汽车爱好者推选为世纪之车。[32]"力求简单"是谢伊(Joseph Shea)为休斯敦的"阿波罗"航天计划设立的方向:"想办法尽简行事,尽少犯错。"因此,为了让指挥舱能够同时承受外太空的极冷状态和重返大气层的极热状态,工程师们不去发明某种特异的复杂材料,而是研制了每小时环绕自转轴转动一次的太空船,并在登月往返的全程中始终保持这种运动。这种简单的"烤肉野餐"模式,通过利用太阳光热有规则地烘烤太空船,避免了护热罩陷入极冷状态。[33]

工程师和科学家所面对的复杂现象,如果不作某种简化,往往很难处理。主要症结在于:要简化些什么,如何为这种简化辩解。与忽略重要因素的简单化教条相反,在门类繁多的复杂现象中,科学的简化方法捕获到的即使不是全部也会是大部分的本质因素。香农一再解释道:"达到这个目标的一种极其有效方法,便是尽力消除问题中除了本质以外的一切东西;也就是说,避繁就简。你碰到的几乎每一个问题,都被这种那种外加的形形色色资料搞糊涂了;而如果你把这个问题带到主要的论题中,就能更清楚地看到你试图做的是什么,而且也许能找到一个解决办法。"[34]

那些用华而不实的东西来掩饰自己过分简陋的思想的人，才自诩复杂性；而那些处理现实世界复杂事物的人，却正在为简单性而奋斗。简单性抛弃了多余的虚饰，要求清楚、自洽、精确与质朴。这是科学理论的特点。它以看来如此连贯一致的数学形式表现复杂现象，对于那些乐意致力于理解的人来说显而易见。这也是工程设计的特点。它如此通行无阻地适用于复杂的功能，甚至最繁重的任务，显得举重若轻。没有一个理论或设计是无足轻重或不费力气的。理解广义相对论需要研究生水平的教育，但是这个理论因其简单性而受人赞颂，因为人们一旦掌握了它，用很少的一般原理就能说明引力场的性质，而其原本却艰深难懂。正是在把握最复杂现象和处理最困难问题的时候，科学概念的简单性和工程方案的优美性才变得最为明显。简单性寓于对复杂性的把握之中。

简单性往往与美相伴而行。简单性让物理实在的光辉壮丽地普照以服务于人类福祉，它是对整体的追求，并成就了很多工程设计。简易的空气动力学线路和其他种种工程功能集成于汽车的型号中，已赋予一些样式以经久不衰的辉煌。与此相反，当美国汽车偏离工程的传统而仅仅依靠20世纪50年代那种附庸风雅的设计师时，结果就是制造出了蹩脚的尾翼。在土木与结构工程中，审美学最为明显。耸立的拱门、复杂的构架，以及桥梁的优雅吊缆，虽然出于实用功效而设计，但却流溢出美的光彩。建筑师可以髹漆一座桥梁或雕塑它的高塔，但是这些修饰是次要的。金门大桥无论是漆成红色还是灰色，都将是雄伟壮丽的。在它们未经修饰的结构中，各种大桥与大地、水面相协调，飞越宽阔的跨距，承载沉重的运输，经受狂风与地震，全都具有安然无恙的外观。土木工程师比林顿（David Billington）理直气壮地坚信摩天大楼、大桥、大屋顶穹隆构成了结构艺术，一种从工程学中衍生出来的新型艺术形式,以有效、经济和高雅作为其基本原则。[35]

自然性是简单性的另一个特征。一个出色的科学理论显得如此自洽一致和避免做作,以至于它带有一种必然性的气息。牛顿的运动定律现在看来似乎是不证自明的,即便如此,它们在17世纪时却本不是如此震撼人心的。简单性测试着科学家和工程师的创造性天才。大法官汤森(Townsend)在他裁定认可特斯拉的多相交流电系统的专利申请时,对这一思想作了最佳诠释:"一种新设施的表观简单性,往往会误导缺乏经验的人,以为它已被熟悉这个课题的任何人所想到,但是,确定无疑的答案却是:在同一领域劳作的数十、也许上百的其他人中,以前从没有过这种想法。"[36]

5.2　系统工程中的设计程序

当有人请教苏格拉底如何以正义的名义公正地行事,而不是只为一己私利而作为时,他回答说,如果不是在小范围内深究个人的行为,而是在大范围上详析公共的政治,则会更容易得到说明。[37]个人动机往往是隐晦而杂乱的,但人们在试图说服同胞公民时,必须列举坦率而清晰的理由。类似地,作为个体的工程师和科学家的思维过程,大多也是隐秘而直觉的,而且很少在旨在传播成果的研究论文中披露。在教学中,教授们尽最大努力明确表达专业性思维。当专家们在大项目中必须协调他们的行为时也是开诚布公的,其情形与在开明政治中的公共演讲没有什么不同。需要许多群体的协商与合作的具有广泛社会影响的大项目,在工程技术中日益普遍。为了处理它们,一门冠以**系统工程**之名的学科已经出现,旨在研究和改进工程设计与开发的过程。它提供了巨大的平台,更清晰地展示了工程行为的理性。

"系统工程是设计中的设计",这是在格鲁曼(Grumman)公司[现为诺思罗普·格鲁曼(Northrop Grumman)公司]供职的工程师们提出的理念,他们在设计阿波罗登月舱时令人赞叹地实践了这一点。[38]为了约束会偏离正轨的一时冲动和仓促行事,系统工程师们退一步思考:如何以最佳方式推进复杂系统的研制。正像一种研究方法一样,设计中的设计力求为技术思维带来富有成果的明晰意识,以及合适的指导方针。

"系统工程在其每一个概念,每一个步骤中都只是浅显易懂的常识而已,是在合理地行事。系统方法的价值在于,它允许你把所有这些常识思想协调一致地结合起来,以集中地解决在复杂环境中所面临的复杂问题。"系统工程师迈尔斯(Ralph Miles)在介绍他这一论题的一系列报告中如此指出。[39]这里所指的常识并不是指民间的信仰,例如太阳绕着地球转之类的说法,其中许多已经被科学的探究所驳倒。更确切地说,常识涉及人类的理性,它既包括陪审员在陪审团中决定判决的行使能力,也指每个人在日常决策中试图权衡证据的分量与作出判断的实施能力。工程师和科学家考虑的问题更复杂,常常更远离日常的经验。他们更系统地推进工作,运用更强大的技术来梳理证据、推演结果。尽管他们拥有数学和仪器,可是仍然得依靠人类的理性,渴望变得更有批判力和洞察力,但还是难免出错。正如爱因斯坦写道:"形成概念的科学方法不同于我们在日常生活中使用的那种方法,但它只是对概念和结论更精确的,而不是基本的定义,是对经验材料的更精心、更系统的选择,并且必然具有更大的逻辑节约性。"[40]系统工程有助于工程师管理复杂的技术项目。作为批判性的清晰表达的、提炼过的常识,它的基本原理也可以对个体生活的个人思维与管理有所启发。

系统的概念

系统是工程学中最普遍的概念。这个来自古希腊语的词汇,原来指有机整体、行政管理,或人或动物的躯体。**系统**一般指有关联的部分互相结合起来的统一体——不论它是具体的还是抽象的,静态的还是动态的,自然的还是人工的,是事物还是人群。系统既不是单调琐碎的,也不是混沌无序的。它的第一个限制条件,排除了仅仅作为各部分加和的集合体,集合体是单调琐碎的,因为它缺少复杂性的主要来源,即各部分之间的关联性。它的第二个限制条件,排除了霍布斯(Thomas Hobbes)所谓的个体本能自私自保的"自然状态",即"一切人同一切人作战"的状态。系统一词最早的英语用法之一,正如霍布斯在1651年所写的:"借助于各种系统界别;我理解了参加某个利益集团或从事某项职业者的具体数目。"[41]只有当一个集合体的构成要素之间的关系至少显示出某种并非单调的有序性,以及对合理的关联方式十分敏感的内聚力的时候,它才有资格成为一个系统。

经济学家亚当·斯密(Adam Smith)是瓦特的朋友,认识到"一部机器是一个小系统"。铁路、电力与电话网络给系统一词带来了新的意义;一个网络是一个系统,其中的相互关系比相关实体的属性更为重要。网络分析成了19世纪末期与20世纪初期的主要工程技术任务。

在第二次世界大战期间,系统的科学分析与发展通过两种活动而加速,即作战计划与武器开发。军事行动需要按速度与效率要求去协调大量人员和物资的转移和活动。英国人意识到它们可以用数学来表示与分析,首创了一种"运筹学"(Operation Research)*的方法,它动员了"处于作战状态的科学家"。战后,它被扩展为系统分析,并被一些行业所采用,其中包括工业工程与管理。[42]

武器系统的开发更多地归属于工程领域。一个防空系统需要集成

---

* 运筹学的一种定义是:"系统管理者为获得关于系统运行最优解而必须使用的一种科学方法。"因为它起源于战争,故原意是"作战研究"(Operation Research)。中国数学界译作运筹学,是借用《史记》"夫运筹策帷帐之中,决胜于千里之外"一语中"运筹"二字,既显示其军事起源,也表明它在中国早有萌芽。——译者

火炮、雷达、望远镜、探照灯、通信链、信息处理机以及人力操作者等的各种功能。这个项目与其他系统,需要来自许多领域的工程师和科学家的通力合作。控制工程师兼历史学家贝内特(Stuart Bennett)写到,在战争后果对工程学的各种影响作用中,"将系统方法用于解决问题,第一要义是要明白你需要的是什么,以及你选定的方法是什么。其中一方面要认识到,在表观上各异的配件装置之间有着内在的共性,另一方面要认识到,为了实现一个总目标,不仅要考虑为达到目标而设计的某个装置中的单个元件的性能,同时也要考虑各个元件之间是如何相互作用的。"[43]

战争的后果衍生出工程学中关于系统的三个重要含义:系统理论、系统方法,以及系统工程。所用的这些名称之间并没有什么连贯性,但是它们背后的含义却是十分清楚的。它们分别强调了科学、设计以及工程学的先导方向。

认识到在形形色色不同类型设备下存在着共同性,必然会导致**系统理论思维**的产生,它提取了**质料**的特性,集中于**功能**的特性。例如,在信号与系统理论中,一个系统只不过是通过一定方式变换信号来实行信号处理功能的某种事物。它并不关注这个信号是声音的还是电气的,也不管变换信号的方式是机械的还是电子的。理论结果可以用任何方式实施,从而凸显了不同设备的功能共性。抽象、概念形成,以及数学表示都是重要的科学方法。在这里,它们作为一般类型的有用功能而应用于战略工程研究。诸如最佳控制的系统论广泛用于工程技术的很多领域,以便设计各种各样的系统。工程学也分享了运筹学和管理科学的成果,拥有威力强大的数学工具库,其中包括:线性的、非线性的,以及动态规划的数学;排队论、网络论,以及博弈论;模拟方法以及其他强有力的计算方法。虽然这些方法在工程设计中不可缺少,但是它们还得能够像科学理论那样进行自我检验,关于这方面内容,我们将在第6.2节加以阐述。

当系统理论思维在普遍性与抽象化的高水平上得到运用时,**系统方法**却专注于一个特定系统的所有细节——用意不是为细节而细节,而是各部分的细节必须作为一个整体系统的整体功能而一起运作。在强调整体的同时,也强调构成整体的不同部分是十分重要的,尽管这点在人们对系统方法的误解中往往被疏忽了,误以为它只是避开局部分析的整体论而已。为了设计一个复杂的系统,工程师把系统模块化为具有特定界面的子系统,然后进一步把每一个子系统分解为更小的成分,直到他们得到足够简单的、可作为设计最后细节的元件。接着,他们把设计好的元件和子系统加以综合,形成一个具有单一功能的系统。因而,他们在许多不同的尺度上,以及它们的相互联系上把握系统。例如,在设计一个化学加工厂时,化学工程师会根据微观分子动力学考虑到方方面面,将介观*层次的现象转化为宏观层次的单元操作。按照这种多层次的观点,系统方法使工程师能够清楚地既见森林,又见树木,正如我们在第5.4节中所讨论的那样。

系统方法深入透彻地着重设计一个系统的内在结构,以使它的功能适合某种特定的目标。**系统工程**以宽广而长远的眼光包含了系统方法,其中还要考虑其他两个因素:目标的分析与选择,以及对系统生命周期由生到死全过程的分析。为了处理它们,系统工程整合了组织管理技术和自然物质技术这两大领域。

系统工程的兴起

贝尔电话实验室在1945年对防空导弹系统的研制,被其技术团队成员们看作是"系统工程中的一个里程碑,正是因为它面面俱到,足以

---

*介观:介于宏观与微观之间的过渡性中间层次,是两者相互联系、渗透和转化的中介环节。——译者

处理一个**整体**系统——推进力、空气动力学控制、驾驭策略、弹头设计、传感器与计算机——以便找到一种经济而有效的设计"。然而这种系统方法还不是系统方法的全部。贝尔实验室人士还宣称:"贝尔实验室在开发的所有军事项目中,都尽可能详尽地与客户一起商讨确定他们的需求,以便就目标达成协议。……逐渐地,确定目标,以及为实现目标而分析、评价和筛选方案的过程,已经变成了一种被称为系统工程的独立活动。"[44]系统工程绝不是仅仅作为一套工具,以期找到实现既定目标的手段而已(正如它经常受到的歪曲讽刺),系统工程诞生于**目标确定**与**结果分析**,这是作为整体的不可或缺的两个构成部分。这一点必须着重坚持。1949年,机械工程师戈登·布朗(Gordon Brown)和坎贝尔(Duncan Campbell)阐明了它的民用版本:"我们打算更多地从哲理上评价系统论,这可以指导产品质量的改进,更好地协调工厂的运营,澄清与新的工厂设计有关的经济学,以及在我们混合的社会–产业共同体的工厂中安全操作。"[45]

　　吉尔曼(G. W. Gilman)是贝尔实验室的系统工程主任,1950年他在麻省理工学院以这个论题开设课程。1961年,亚利桑那大学建立了第一个具有研究生培养计划的系统工程系。比学术界更为活跃的是,系统工程在产业界茁壮成长。培育它的第一个温床是航空工业。为了开发洲际弹道导弹(ICBM),美国空军在1954年重建了采购程序。[46]它不是依靠一个飞机机身生产厂家作为自己的主要承包商,而是雇用了后起之秀拉莫–伍德布里奇公司(即后来的TRW公司)为"系统集成与技术定向"把关,有效地监管并协调了洲际弹道导弹的开发过程。电气工程师拉莫(Simon Ramo)成了系统工程的热忱支持者,他把系统工程定义为"一种将科学方法应用于复杂问题的技术。它致力于**整体**的分析与设计,因而截然不同于构成要素(即部分)。它坚持**整体性**地看待问题,考虑到所有方面与所有变量,把社会的与技术的因素联系起来"。[47]

　　战时对武器系统的急需强调了时间，以及系统工程的另一个中心思想即并行（concurrency）的重要性。并行的目的是缩短一个产品从制图板到投入使用所需要的时间，为此必须通过预测在制造与操作中可能发生的问题，从而平行地开发产品及其生产工艺。虽然这种实践早已存在，但是**并行工程**这一术语却是在 20 世纪 50 年代由施里弗（Bernard Schriever）构造出来的，他是主持美国洲际弹道导弹紧急计划的机械工程师。[48]

　　防空系统的全面设计与开发，需要很多领域的专业技术。贝尔实验室的数学家和通信工程师连同其他公司的空气动力学家和机械工程师通力合作。不久，更长久的组织也出现了，正如拉莫所回忆的："我们已经开始发展优秀的'系统团队'，它的成员有着各种各样的专业特长，涉及数学、物理学、化学、工程学许多分支、社会学、经济学、政治学、生理学、企业财务管理、教育和行政管理等广泛领域。系统团队知道如何开发他们的知识，从许多方向上对同一个问题进行合力攻关。"[49]多学科的联合作业已经成为系统工程的特征标记。

　　由于系统工程强调整体性和目标分析，以及包含着多样性的联合作业，系统工程便得以广泛开展。随着冷战接近尾声，商业竞争升温了。在当今全球化的旋风中，产品开发呈现了一种闪电式的速度。由于技术系统复杂性的飙升，以及技术系统的社会经济影响力的逐步增强，决策的失误幅度便随之缩小。为了全力对付决策失误，系统工程借助于信息处理技术，它的作用日益扩大，它的能力也同样出色。

　　系统工程需要预测很多因素，严厉要求对失误处以重罚。最初阶段，它只是对那些情愿为节省时间而昂贵地买单的人有吸引力，它的早期历史凌乱地充塞着大量粗劣处置的项目。然而随着技术的发展，它的成本同其收益相比明显下降了。日本由于类似的实践而有了一种竞争优势，受到日本的激励，也因为吸取了日本人的见识，系统工程在美国汽车工业和电子工业中也获得成功,并更上一层楼。美国国防部高级研究规划署在1988年发起了一个五年计划,让工业与大学横向联合,共同发展并行工程方法。现在,并行化已经变成商品快速开发的卓越标记。[50]

数十年来,美国国防部一直在发布系统工程的技术标准。在20世纪80年代后期,主要的行业性工程学会也参加进来了。在20世纪末,麻省理工学院加强了对系统工程、运筹学、技术与政策,以及相关规划的支持力度,并建立了它的"工程系统部"。斯坦福大学也对系统工程的教育和研究进行了类似的强化,创立了管理科学与工程系。这两个机构有着类似的任务,即在复杂的设计问题中应用系统工程,以服务于信息密集型社会的可持续发展。

软件工程:系统工程的近亲

系统工程和软件工程有着相当程度的交叠。软件是以计算机为基础的系统。它能够发挥独一无二的作用,例如在航班预订中;或者作为一个子系统嵌入到一个更大的系统中,比如在航空器的自动导航中,就是如此。软件工程涉及很多技术,特别是编写程序,例如面向对象技术。然而,它与系统工程在处理复杂性方面有着许多共通的一般原理,其中包括需求的规范化、抽象化、模块化和生命周期计划。[51]

"编码与修复"(code and fix)是程序编写中最流行的方法。程序员从软件所要功能的某个可能规范也可能不规范的一般观念出发。然后他们使用自己熟悉的任何技术,编写一点儿代码,运行它,如果不能胜任工作,就修改它。这种方法能够取得很多成效,特别是在高手和老练的黑客那里。可是对于庞大而复杂的系统,它往往会导致代价惨重的混乱、延期,甚至崩溃。IBM 360的操作系统是在1964年引入的,花了两倍的预定时间才完成。它的项目负责人布鲁克斯在《人月神话》(*The*

Mythical Man-Month）一书中，总结了他的悲痛经历。这部关于软件开发的经典著作的封面，绘有猛犸象在沥青坑中垂死挣扎的特写画面，象征着工程师在与软件复杂性作斗争时所遭遇的困境。

摩尔定律——计算机芯片的集成度每18个月加倍——是众所周知的。经济学家一直在搔着头皮，不明白为什么计算机实力的激增在工业生产力上只产生缓慢增长。有很多因素造就了生产力之谜。微软公司的首席技术主管米斯沃尔德（Nathan Mythrvold）提及其中一个因素。他评述说，在1983年引入的微软 Word 1.0版本，有27 000行代码，而95版本大约有200万行代码。同样的趋势也可在 Basic 和其他微软产品中看到。他在引用了这些例子以后，总结说："因此，我们甚至以远比摩尔定律更快的速度增加了软件的规模与复杂程度。实际上，这正是为什么会存在更快处理器市场的原因——软件开发者挥霍软件容量的速度，总是如同芯片开发者能够制作有用芯片那样快，甚至更快。"[52] 无论如何，软件不断增长的容量，远远超过了软件增长的性能。由于在个人计算机市场出现了"视窗—英特尔"（Wintel）两强霸权的对称性，也许可以把这种情况称为盖茨定律。软件开发者承受得起浪费，硬件工程在提升计算机性能方面如此成功，几乎使它成为免费的商品。软件跳过了一般工程的经济原理，正如计算机科学家霍宁（Jim Horning）惋惜地指出的："虽然经过了半个世纪的实践，今天的软件仍然大部分超出预算、延期完成、过于臃肿，且臭虫成灾*，实在令人苦恼。"[53]

人们早就知道软件的这些问题了。在1968年，为了着手处理这些问题，北大西洋公约组织的科学委员会邀请一流专家出席题为"软件工程"的会议。美国电气电子工程师学会把**软件工程**定义为"系统化、学科化、定量化的方法在软件开发、操作与维护方面的应用"。根据软件工程师贝姆（B. M. Boehm）所见，它分为两个领域：第一个领域由细节设

* 原文"buggy"，系计算机界行话，意指软件漏洞和错误百出。——译者

计与编码构成,几乎不考虑经济上的因素;第二个领域,涉及在经济利益驱动的背景下,应用软件的需求分析、设计、测试与维护。第一个领域的科学基础远比第二个领域强大。

软件虽然在开发过程中取得了重大进展,但是危机仍在继续。由于对美国联邦航空交通控制系统、美国国内税务署的计算机,以及其他软件密集系统进行现代化的尝试遭到了失败,白白浪费了大量钱财,公众对此感到不高兴。惨败不只限于公共部门。1995年,美国总共约有2500亿美元花费在软件上,其中大部分被浪费掉了。单私人部门就投入约810亿美元用于软件项目,最终也因失败而放弃。[54]

软件工程困难重重,部分原因是它缺少符合物理定律的行为准则。正如布鲁克斯所指出的,它是"纯粹思想的材料,具有无限的可塑性",是"无形的与非可视化的"。而且,它陷入了"红皇后效应"。在卡罗尔(Lewis Carroll)的《艾丽丝镜中奇遇记》(*Through the Looking Glass*)中,红皇后告诉艾丽斯:"在这个地方,你要尽可能快地奔跑,才能待在原地。"在一个能够使地面以摩尔定律的速度移动的地方,还要求地面以全球化的信息处理速度移动,人们很难苛责气喘吁吁的软件工程师。软件工程依然有很长的路要走,但是没有人能够否认,相对于固定不变的地面,它已经在阔步前进。

以全面而长远的眼光看待一个工程系统

一个系统,甚至是像电话网络那样蔓延的系统,都是一个有界限的单位。系统可以是封闭的,也可以是开放的,这要取决于它们边界的渗透性。许多科学理论处理的是封闭系统,着眼于它们的内部结构,并忽视它们与外界的关系。工程师对一个与更大环境相互作用的开放系统更感兴趣,他们定义了一个技术系统的具有输入和输出的内部结构。甚至当输入和输出不是明确表述时,它们也隐含在**功能**的概念之中:一

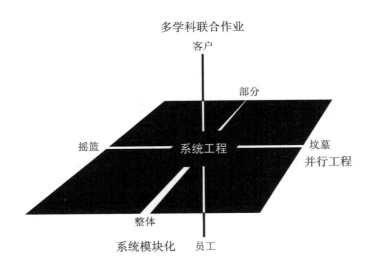

图5.3 系统工程的时间、结构和组织的维度

个系统表现出特定的功能以适应外部世界。沿着系统功能为人服务的思路去拓展系统观,一个人就能达到以全面而长远的眼光去理解系统工程的境界。

系统工程的组织管理技术和自然物质技术的互相渗透,如图5.3所示。在组织管理方面,系统工程师集合了两大群人以进行多学科的联合作业:系统的客户和员工。**客户**宽泛地包括:筹措资金的赞助人、谋求获利的业主、期待服务的用户、发放许可证的官员、社会管理机构、环境保护倡导者,以及那些受到好的或坏的副作用影响的人们。**员工**包括:工程师、科学家、制造商、供应商、操作人员、维修人员,以及其他对发展与运行系统作出贡献的人们。每个群体都在提议的系统中表明自己的主张。一些人对他们所要的东西可能并不清楚,另一些人则为相互冲突的利益而战。为了找出系统期望做什么、为什么而设计,系统工程师必须倾听各种各样客户的意见,帮助他们澄清自己的需要。在分析了他们的需求,论证了它们的可行性,并解决了争论后,工程师们才把提炼过的需求综合为提议的系统所要求的一个自洽集合。

在自然物质方面,工程师考虑了系统的结构成分和时间延续。对于结构而言,他们采用系统方法来设计有效的模块和界面。作为系统的设计者,他们将只在该系统漫长生命开始的短时间内工作。然而,他们的思维必须覆盖系统生命周期的所有阶段,从开发历经生产和运行到解除委托。他们必须通盘考虑该系统如何生产、运行、维护,直至最后被淘汰的全过程,以及设计各种必需的东西,让系统从将会**如何**变成将会**是什么**。由此他们才确信自己的系统设计制造成本合算,容易维修,对用户友好,对环境无害。最先考虑一个系统从摇篮到坟墓的整个生命周期,是系统工程中实施**并行化**的要点。系统工程需要来自无数专家的输入信息,以便指导组织具有交叉功能的研发团队。

5.3 航空器研发中的"联合攻关"

系统工程通过整合自然物质技术和组织管理技术来创造复杂系统,它在20世纪后期的数十年中,迅速成长,广泛传播。"波音商用飞机制造集团正在用它开发巨型波音777运输机,预期比波音767早一年半发布设计图纸。约翰·迪尔公司用它削减了新建筑设备30%的开发成本,节省了60%的开发时间。美国电话电报公司在研制一种5ESS电子开关系统时,利用它将必需的开发时间缩减了一半。"《IEEE综览》作了以上报道,它还提供了惠普公司和思科系统公司的详细历史案例。[55]

开发F-117A隐形战斗机与波音777运输机

这里以两个飞机开发项目为例,来说明出色的系统工程。让我们来看看由洛克希德公司(现为洛克希德·马丁公司)研制生产的F-117A隐形战斗机,以及波音商用飞机制造集团研制生产的波音777运输机。一个重点介绍产品,另一个重点介绍过程。[56]

　　"洛克希德高级开发项目"是洛克希德公司一个专设的项目单位，由著名飞机设计师约翰逊（Kelly Johnson）创设于1943年。它的"工程师都是年轻人，士气十分高昂，一旦他们忙于设计和制造飞机，如果有必要，甚至不在乎在电话亭里工作"，该团队的一位成员回忆到。[57]因为工作设施太糟糕，他们戏称它是"臭鼬工厂"（Skunk Works）*，并使这一部门成为人们纷纷仿效的样板；在仿照他们的公司中，有麦道公司的"梦幻工厂"（麦道公司后被波音公司兼并，后者在竞标开发21世纪水平的F-35攻击战斗机时，输给了洛克希德·马丁公司）。"臭鼬工厂"的主要任务是技术创新：以相对较高的速度和较低的成本进行开发、制作原型机，限量生产新的模型机。它的偏低的管理费用，使它能在技术上承担比通常更高的风险。风险承担着失败的威胁，而"臭鼬工厂"也有失败的份儿，但是瑕不掩瑜。系统工程师福斯伯格（Kevin Forsberg）和穆兹（Harold Mooz）写道："饱学之士已极力赞扬洛克希德'臭鼬工厂'的成功，因为它在1945年制造了美国第一架实战型喷气式战斗机（P-80型），在1962年制造了世界上最快的飞机［SR-71（"黑鸟"），保持世界纪录30年之久］，而它的项目周期低于其他同类项目所需时间的一半。"他们接着说，它的成功的一个重要原因，是因为"约翰逊是一位直觉敏锐的系统工程师"。[58]它的两个仍在军中服役的产品——U2间谍机和F-117A"夜鹰"，1979年在里奇（Ben Rich）的主持下开发成功，他在此前4年接任了约翰逊的主管位置。

　　1991年1月，F-117A在"沙漠风暴行动"中参与飞行，目标是彻底摧毁壁垒森严的伊拉克指挥中心，并使天空变得对美国空军的常规飞行更为安全。与此同时，波音777花了三个月时间进入它的原尺寸开发

---

　　* 臭鼬工厂：源出美国卡通画家阿尔·卡普（Al Capp，1909—1979）所作连环漫画《莱尔·阿布纳》（Li'l Abner）中的基地之名，经由洛克希德公司研发中心借用，现已成为"科研重地"别名。——译者

阶段。"波音公司正在全面变革的氛围下开发777运输机,体现于波音公司研制航空器的方式,以及对客户、供应商和它自己的雇员采取齐心协力的合作姿态。"《航空周刊》(*Aviation Week*)报道说。[59] "它表现为一个巨大规模的系统工程。"参与这项工作的系统工程师加尔茨(Paul Gartz)评论道。[60]

除了工程技术都很出色以外,"臭鼬工厂"和波音商务没有多少共同之处。"臭鼬工厂"有一个小的核心,由约50位经验丰富的工程师,还有两倍多的专业机械师组成一个紧密合作的团队。它研制的产品是绝密的,甚至当它们执行飞行任务时也不为外人所知。在开发F-117A时,它在隐形技术方面取得突破,让飞行器对雷达来说变得就像一个微小的球轴承那样不显眼。然而,这种产品设计中的高度创新,并没有涉及多少设计方法上的创新,它在传统的"臭鼬工厂"系统工程中早已成为简约高效的一体化。

波音在商业上力量巨大,单单波音777开发项目,就有大约4000名工程师参与。当产品还在图纸阶段,就已经广为告知。在常见的波音喷气式客机系列中,最新的波音777结合了很多新技术,其中包括复合结构材料和电传操控飞行技术,后者以复杂的电子飞行控制系统增强了飞行员操控飞机的能力。然而,波音777开发项目的首席工程师康迪特(Philip Condit),早在升任波音的总裁之前就已经指出,虽然这些技术非常先进,但并非突破性的。大多数成果已经在空中客车之类的产品中体现,更不用说军用飞机了。波音777的突破不在产品设计上,而在开发工艺上。康迪特解释了商用飞机的性能改进,例如航程和速度,已经到了回报率日益缩小的转折点。因此企业的重点已经转变到如何实现低成本和低价格的方向上,这就要求更高级的工程技术和制造工艺。他写道:"我坚信组织的基本导向将会发生改变,变为工艺定向而非产品定向。"[61]

工艺创新如同产品创新一样,也需要很多技术。人们称赞波音777是"无纸化"飞机,因为它的设计是完全由数字化制定的,减少或省去了昂贵的制图和实物模型。卡迪亚(Catia)计算机辅助设计和计算机辅助制造系统,将成百的设计团队捆绑在一起,确保一致的规格,有助于减少50%以上的改动。康迪特称赞卡迪亚系统是加工工程中的一种技术突破,不过他还加了一句话:"计算机不能设计和制造飞机——而人类却能。"[62]

概念的界定:一开始就要正确

一个工程设计过程可以分为两个主要阶段:**构思概念和原尺寸开发**。在构思概念阶段,工程师和有意向的客户一起着手确定系统的概念,其中包括其系统必须符合的一整套功能需求,以及用以实施功能的系统架构的界定。如果所提议的概念获得客户的赞同,则该系统就进入原尺寸开发阶段,从而确定详细的结构。[63]

速度(不是飞行器的飞行速度,而是它的开发速度)是系统工程中最受人称颂的成就之一。初看起来,速度在F-117A和波音777的时间表上体现并不明显(如图5.4所示)。从整体上来看,它们似乎是一直被延期的项目。但是,关键在于开发阶段,在开始生产F-117A以前,它的研发工作只持续了一年。波音777的开发阶段大约是24个月,相比之下,波音的前一个型号波音767的开发时间是40个月。然而,从构思新

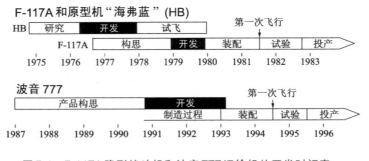

图5.4　F-117A隐形战斗机和波音777运输机的开发时间表

飞机的初始概念算起,波音777的开发迟迟难以启动。它的概念构思花了四年时间才得以通过,相比之下,波音747还不到一年。不过波音747的早期阶段过于匆促,以致被迫付出了沉重的代价。那时对飞机两翼下方的喷气发动机作更新换代时遇到了具体障碍,延迟了巨大机身从装配线下线的时间。坐等装配合适发动机的波音747机群,几乎掏尽了波音公司的血本,把波音公司拖向破产的边缘,使西雅图陷入了不景气之中。与此相反,波音777不仅符合时间表进度安排,而且在交付当天就做好了售后服务的准备。两者的差别体现在系统工程的智慧中:举步之前要花时间深思熟虑,以便一开步就迅速而有力。

美国空军不以忍耐性著称,但在F-117A的案例中却并不轻率。让它一直震惊不已的是,在1973年"赎罪日"战争*中,以色列方面备有最佳电子对抗装置的美国战机,竟然轻而易举地被阿拉伯人的苏式雷达制导火炮和导弹击落。为了避免这类灾难再度发生,人们不得不寻找使雷达防御失效的种种方法。在比较搜索到的各种选择方式时,发现最佳候选者应是能够逃遁雷达屏幕探测的歼击机。不管这是何等紧急的需要,美国空军并没有盲目地急于开发。它预先请求美国国防部高级研究规划署进行了长达一年的研究,最后得出结论说:隐形技术将是可行的,但难度会很大。物理学定律表明,为了将雷达的有效探测范围减少到1/10,飞机在雷达屏幕上的反射横截面必须缩小到原来的1/10 000。为了把开发隐形战斗机的风险降低到最小限度,美国空军决定授权采用两架为原尺寸2/3大的示范性原型机来试验新技术,它们的代号为"海弗蓝"(Have Blue)。相对不那么昂贵的原型机有助于工程师

---

*"赎罪日"战争:又称"斋月战争"。1973年10月6日,埃及、叙利亚为收复失地,向以色列发动了第四次中东战争,历时18天,双方投入兵力110万人。阿拉伯人死亡2万余,被毁坦克2000余辆、飞机400架;以色列人死亡5000余,损失坦克1000余辆、飞机200架。——译者

解决很多问题,如果一开始就草率地按原尺寸开发,这些问题还得花费过高的成本,而且延误工期。

人们从早期预研和概念定义中得到什么?哪些因素对于波音777和F-117A都是有实质性的?研究成本低于开发成本,比起生产成本那就要低得多了。鉴于支付银行贷款利息往往占据了一个项目费用的相当大部分,即使不考虑先入者在营销上先得利效应,加快开发与生产的速度也是值得企望的。除此之外,在设计任何一个复杂系统时,各种改变是不可避免的。开发过程越深入,作出改变的难度就越大。一旦更多的技术细节固定下来,而部件之间的关联更为紧密时,一个改变就会衍生出更多的后果。

粗心地更改设计是灾难性的,正如"阿波罗13号"太空飞船的事故*所显示的那样。"阿波罗13号"的液氧箱温度控制器原来设计为在28伏电压下运行。后来太空船的设计改变了,需要控制器在65伏电压下运行。这个简单更改要求涉及控制器的一连串更改,因为控制器包含许多元器件。在着手修改设计的同时,工程师们却忽略了恒温器开关也须随之改变。这个错误逃避了一级级的复查,一路大开绿灯,直至装上了"阿波罗13号"太空船。一系列细微的偶然事件组合在一起,在一个常规的电流激发期间,恒温器的故障引起了一个贮氧箱的爆炸,从而使这次登月任务夭折了。[64]

---

* 1970年4月11日,"阿波罗13号"飞船升空进行第3次登月飞行。在近56个小时的飞行后,服务舱2号贮氧箱爆炸,一些系统失去电源,飞船极度危急,登月已不可能。15日,在休斯敦飞行控制中心指导下,3名航天员大智大勇,让飞船继续飞向月球并绕过它进入返回地球的轨道,于17日乘坐指令舱平安降落太平洋。事后,美国政府事故调查组查明:服务舱液氧贮箱加热系统的两个恒温器开关,因过载产生电弧放电而短路,加热管路至500摄氏度以上,烤焦附近导线而引起氧气爆炸。——译者

"阿波罗13号"的例子可能极端了些,但是改变设计一般来说既费钱又冒险,后期的更改尤其如此。穆拉利(Alan Mulally)接替康迪克成为波音777开发项目主管,他把更改设计中的细节比作是在飞机舱内挥舞链锯,以撕裂结构来替换部件。"别再用链锯了"是他的口号。[65]为了避免后来的重起炉灶,事情必须一开始就做对,最好是第一次就做对。这意味着必须强调预研工作,用较长的时间形成概念和酝酿构想。这样做通常是有回报的。美国空军的一项研究发现,在概念设计上花费更多时间,修改的时间和项目的总时间就会降低40%之多。类似地,NASA的一项研究发现,在构思阶段多花费开发成本的5%以上,则整个项目的成本便陡然下降。[66]

我们正为什么而设计? 查明需求

产品概念一般由两个时期构成,即**需求定义**和**系统定义**。这两个定义在政府采购业务中划分得最为清楚。空军要求开发隐形飞行器。在完成可行性研究以后,它就定义了一组需求,其中包括削弱对方的雷达观察能力,以及为适合军事目的而实施的其他一些特别需要。然后,它向受理要求的演示部门提出建议。洛克希德、诺斯洛普以及其他对此感兴趣的承建商各自研究了雷达吸收材料、飞行器外形,以及专门的航空电子技术,然后通过择优权衡来定义系统——一种飞行器设计——并作为一个提案送审。空军主管部门在审查了各方建议以后,最后选择了洛克希德公司来开发"海弗蓝"原型机。因此,在政府公共采购业务中,需求定义和系统定义分为两组来完成。它们往往由私营部门的某个实体(公司)来实施,但是工作进度屡屡因为向董事会请示而中断,因为工程师们为系统定义提出的建议与对策要得到后者的批准。[67]

"你真正需要的是什么?"这个问题在工程学中就像在日常生活中一样普遍。顾客为了特定的目的而订购某种技术系统。一旦他们对所要的东西难以确定,或者要求是不切实际的,工程师就要和他们一起着手分析他们的处境,澄清他们的期望。实现一个目标,通常可以采取许多途径。工程师利用有关产业的背景知识,参阅相关的法规,纵览可行的技术,实行相应的研究,测算成本与进度,评估风险与收益,权衡各种方案,提出选项建议,确定选项作为切实的预期目标。有时还不得不修正原有的目标,以适应有效的资源或其他约束条件。在目标与所需操作之间会有多次反复,产生了日益改进的、令人满意的需求。这一过程称为需求工程(requirements engineering),常常是工程师和客户共同努力的结果。

一组技术需求规定了某个所要达到的工程目标。我们已经看到哈罗德·布莱克是如何发现必须转变他的原有目标,即从原先想避免放大器的失真变为力求消除放大器的失真,这一念之差决定了他在发明负反馈技术时的胜败之别。在大型工程项目中,目标对于解决问题具有同样强劲的影响。如果低劣地或错误地陈述技术需求,设计就不可能是好的,不论工程师多么努力也是白费。约翰逊在总结他长达30年的设计航空器的经验时评论说:"导致失败的最普遍原因是缺少急需的合适发动机。其次的最普遍原因是为错误的(或经常变化的)需求而工作。"[68]其他工程师则可能把不合适的需求置于不合适的可行技术之上。布鲁克斯写道:"建立一个软件系统最艰难的独特部分,正是要确切地决定建造什么。构思概念性的工作中,没有比确立详细的技术需求更困难的事了……一旦出错,工作中没有比技术需求出错更损害形成中的系统了。再也没有比在以后修改技术需求难度更大的了。"[69]

有关不合适技术需求的恐怖故事比比皆是,尤其是在软件与信息处理系统中,用户更有可能把握不住他们到底需要什么。国际电化学委员会(IEC)的一项最新研究确定,在与安全有关的控制系统中,有44%失败项目的根本原因在于技术要求的说明内容过于简陋。[70]另一方面,不合适的技术需求也会扼杀工程项目。关于这一点,一个引人瞩目的高度典型的例子,就是"高级自动化操作系统"(AAS),它是美国联邦航空署(FAA)一项雄心勃勃计划的核心所在,用以实现全国空中交通控制系统的现代化。FAA的主要目标,是要装备具有新颖展示功能的空中交通控制器,以及处理雷达和飞行数据的计算机。经过一轮历时4年的设计竞赛之后,FAA和IBM签订了开发合同,还交给对方一大本厚厚的技术需求说明书。然而,正当IBM的工作取得进展时,FAA却节外生枝,提出了一连串没完没了的更改要求。写满技术需求的文档堆从原来的4英尺(约10厘米)高上升到20英尺(约50厘米)那么高,大量的软件代码不得不随之重新编写,于是FAA和IBM的关系就从合作者变成了死对头,而这对于任何工程项目来说都是要命的。进度下降了,费用上升了,国会也发怒了。在10年之后的1994年,FAA终于放弃了AAS,白白浪费了估计达15亿美元的开发经费。[71]

需求工程在F-117A和波音777的开发中都运行得不错。隐形战斗机原来的军事目的,是以最少的飞机损失,对重重防御的敌方战略目标实施外科手术式的打击。美国空军抵制住了某些人总想添加次级目的的诱惑,诸如适于空对空作战,以及增添足够多的复杂结构却危及实现原先目标的"花架子"。为了把军事目标转变为飞机需求,美国国防部高级研究规划署和空军一起分析了战斗数据,并采用交战仿真技术来发现雷达信号,以便在实战条件下提供令人满意的严密防御。这些研究为"海弗蓝"原型机设置了技术需求。反之,"海弗蓝"的试验飞行也增进了原有知识,形成了对F-117A新的技术需求。除了要在航程、速度、武器与其他操作性能之间权衡之外,需求研究也要在性能和其他因素之间权衡,这些因素包括推进技术极限数据的风险和达到首次试飞所需要的时间。不像在其他一些武器系统开发中所做的那样,在这里美国空军决定不马上增加过多的技术需求。在分析F-117A开发计划时,航空工程师阿伦斯坦(David Aronstein)和皮西利罗(Albert Picciril-lo)将它的成功主要归结于"简单而现实"的需求:"集中注意力——快速而秘密地完成可观察度极低的系统——是计划成功的关键。一旦必须维持原有的计划目的,其他所有与此无关的操作目标都要放弃。"[72]

作为F-117A的客户与用户,美国空军知道它要的是什么。波音公司是波音777的开发商与销售商,而不是它的用户。尽管它一直要同步考虑运输需求、市场条件、燃油价格、法律法规、机场设备,以及其他产业条件等,但是这个笼统的信息(对其竞争者也是有用的)并没有显示单个顾客的特殊兴趣,而这是必须争取的。波音绝不是以超然物外的姿态打败可畏的对手而成为商用飞机领域的世界领袖的。"成功的唯一最重要因素是能仔细倾听客户认为他所需求的是什么,并具有回应的意愿与能力。"斯坦纳(Jack Steiner)在提到自己的项目时这样指出,他是1960年开发波音727的总工程师。[73]在这个产品的开发中,没有比这更明显的经验了。在设想研制波音727时,它有两个预期的买主。美国东方航空公司想要一架带有两个发动机的飞机;而美国联合航空公司想要一架带有四个发动机的飞机。通过一场妥协,最后折中把发动机定为三个。只用三言两语讲一个故事,必然会省略掉达成协议的过程中曲折而复杂的谈判细节,这些细节被斯坦纳归为难度最大的工作之一。这倒不是说技术设计就是轻而易举的。这种三个喷气发动机的飞机有着古怪而不入流的外观。正是为了安装三个发动机,斯坦纳委任的具有竞争力的团队十分头痛。但是,他对客户的尊重得到了回报。波音727共生产1831架,成为波音公司销售最好的客机之一,仅次于波音737。

康迪特进一步着手创办了一个组织机构,在其中波音777开发人员不仅能够更密切,还能够更积极地聆听客户的声音,从而更深入而周详地考虑设计的细节。他从经验中得知,工程师通常都想努力理解他们所认为的客户所需。然而,因为许多大公司的组织结构很少给予工程师接近客户的机会,他们只能凭着有限的知识进行猜想。结果,他们的努力可能远非有效。在这里,正是组织管理技术能够使改进开发过程有了巨大的差别。项目领导人可以通过约见客户来重组工作环境,以使设计工程师能够停止猜想,而直接从客户那里获得信息。因此,从构思概念的阶段开始,波音公司就作出了邀请航空公司和飞机出租公司参与设计过程的决策,而且这种邀请活动还扩展到开发的全过程。这是波音777开发过程中的一项创新。[74]

产品的性能有多好? 技术规格的检验

一个产品的规格要求,不管在研制者看来是如何称心如意,假如不能遵从客户要求而进行测试,都往往会引起诉讼而养肥了律师。一套标准的规格要求必须包括合适的检验方法。为了达到这一目的,工程师们引入了各种不同的性能测试指标与计量。这件事并非轻而易举,特别是当产品规格涉及人的因素的时候。不过,他们尽力而为。在评价飞行操纵性能方面,可以看到一个十分出色的例子。[75]

当美国空军飞行员首次看到F-117A时,他们暗暗交换了一下焦虑的眼光,说道:"好家伙,它肯定是个很难对付的混蛋。"为了降低雷达的侦察能力,飞机整个外形都由平坦的角板构成,它看起来是如此违背标准的空气动力学要求,以致很多人担心它飞不起来,更谈不上能像战斗机那样机动灵活。里奇却向飞行员们宣称,外观异样的鸟儿很可能"反应最快"和"容易驾驭"。[76]虽然反应灵敏和操控良好这些话听起来太含混不清而难以验证,但是工程师绝不是向飞行员开空头支票,因为他的产品对飞行员来说,可是性命交关。一架飞机的操纵性能决定了飞行员能否轻松而精确地执行任务以完成赋予的使命。提供良好的操作性能是飞行控制系统的一个目标,特别对于要求有高度机动性的军用飞机来说,更是如此。很难确定哪些操纵性能的技术要求是能够检验的,因为它们涉及飞行员在各种各样条件下的主观经验,包括不断变化的工作负担。为了解决这个问题而进行的研究,开始于第一次世界大战以后,在第二次世界大战的压力下加强了,随后是连同有关飞行稳定性和控制问题一起研究。这些研究试验了很多型号的飞机,开发了飞行模拟器,引入了理论模型,其中包括在分析驾驶员–飞机控制回路时,表现驾驶员的模型。飞行员和工程师一起工作,共同开发出标准化规格,评估等级时听取试飞员的汇报,把他们的意见量化,并将此与诸如每重力单位的黏滞力以及飞行演示中其他可测量的数据关联起来。时至1942年,美国空军已经能够发布有关飞机操纵性能的详细技术说明书。从此以后,为了开发新品种的飞机,就一直不断地修改和精化原有的技术规格。

人机界面

技术系统是通过人设计,与人一起工作并服务于人的。因此,人机界面是它最重要的方面之一。这个界面的不适当已经报废了许多产品。以"高级自动操作系统"(AAS)项目为例,当时美国联邦航空署(FAA)已经决定,联邦空中交通控制系统不能全部采用自动操作,而必须包括人力控制者在内,AAS项目的目的是帮助而不是取代人力控制者。然而,FAA一旦设定了自己的技术规格,它就几乎不再去咨询空中交通控制人员本身的意见。此时,IBM建立起一个模拟中心,用以研究它的设计如何才能为控制人员效劳,它很快就被这些人纷纷要求改变原有技术规格的意见所淹没,并且惊讶地发现它的大部分设计对控制人员来说是无用的。为了免遭这样的惨败,该系统工程中心才大声声明:包括所有的利害攸关方,还有预期系统的操作者在内,尽早一起商讨如何形成概念和确定规格。

合适的人机界面很难设计,特别是在新技术领域,因为用户不知道他所期待的究竟是什么。循循诱导他们的反应，对工程师来说是一件十分复杂的事情。设计一种方法来详述飞行操纵性能，花费了20多年时间。因为这件事和其他许多人为因素的要求，促使很多技术得以发展，而这往往需要心理学家和其他社会科学家的帮助。为了波音777的飞行准备，波音公司从航空公司、飞行员协会、美国联邦航空局试飞分局，以及研究人为因素的专家学者那里，虚心征求早期的设计建议。它也妥善处理了工程师和飞行员的共同看法。

为了满足需求而激发产生的成功技术，应该为空中交通控制人员设置一种类似IBM模拟中心那样的演示器或实物模型。在一个系统的实际运行机制开发出来以前，演示器模拟了它和使用者的界面。用户与它互动有助于澄清他们的需求。工程师研究了人机相互作用和演示结果，就会明白究竟哪些是需要的，哪些是要改进的。如今飞行模拟器十分普遍；飞机制造商按常规建立了飞机的实物模型，以此同时帮助工程师和客户。波音777研制团队省略了鼻锥体以外的实物模型，因为它采用的卡迪亚计算机系统数字化地模拟了其他每一个部分，而飞机鼻锥体实物模型证明了计算机辅助设计已经运作得令人满意。在交给它的许多工作中，必须检测出计算机在设计工效学上的实施情况。卡迪亚软件系统产生了人类的数字化模型，以便设计工程师能确保检查人员和维修人员轻轻松松地进入飞机的各个部分。[77]

旨在携手运作的并行工程学

并行工程师以一种长远的眼光，认真评估一个系统在其整个技术寿命中所需要的条件及其运作性能。有鉴于此，他们在考虑系统的**现存**属性之外还要考虑它们的**倾向**属性。现存属性，诸如重量和速度，是系统在特定时间场合中表现出来的特性。倾向属性，诸如可溶性和易燃性，是系统在一定条件下将会（或很可能会）如何表现的潜在特性。

虽然这些属性涉及自然科学领域,但在并行工程学中得到了更多的关注,后者致力于研究系统的可检验性、可制造性、可用性、可靠性、可维护性、互动性、适应性、便携性、可发展性、可再用性、可处置性,以及一大堆其他种种性能。倾向属性比现存属性更不可触知,有时仅仅根据可能性来定义。预先考虑相应的局面,并为倾向属性构建清晰的概念(很可能还要把它们定量化),是并行工程学的任务。

并行工程师预见到未来可能出现的意外情况,招募位于系统生命周期的不同阶段的员工,以形成多学科的设计团队。在以后的阶段中,制造和运作是最重要的两个环节。运作往往是归客户的组织机构管辖:正如航空公司向波音公司,美国空军向"臭鼬工厂"所提出的那种需求。波音公司在传统上听从航空公司的业务需要,在其波音777的开发中进一步考虑了操作的技术细节。在维修设计中,波音公司的工程师邀请航空公司的维护人员参与这一过程,学习如何服务和修理,并让波音777的每个部分都设计得便于维护。因为航空公司的较低维修费用,对于波音公司来说也许意味着更高的制造成本,所以不得不权衡和盘算两者。致力于在细节设计的层次上说明操作的需要,是被波音公司称为"携手运作协议"(Working Together Initiative)工程的一部分。加尔茨解释道:"'携手运作'是波音公司和航空公司为并行工程所取的一个专用名称。该程序把各个团队汇集在一起,包括工程研发中心、主要的航空公司、供应商、制造商,以及客户售后服务组织等,所有这些方方面面都处于程序的最前端,以便共同确定需求和设计。"[78]

用不着刻意炒作、高唱赞歌,"臭鼬工厂"的组织机构从一开始就建立了**携手运作程序**,各方协作的实践为它的成功作出了重大贡献。"没有人在独唱,或者说没有人在追星。"阿伦斯坦和皮西利罗如此报道说。恰正相反,"相关人员逐渐呈现出一种强有力的团队感和高度的激励精神,参与者执行了一种多学科的、系统工程的方法"。工程师负责设计,也就是说专攻空气动力学和其他经常遇到的专业性课题,他们每采取一个步骤都得共同商讨和反复推敲。一旦工作中遇到问题,他们也与试飞员、机械车间工人,以及管理人员紧密合作。约翰逊为"臭鼬工厂"设立了基本规则,其中有两条是:工程师应当守候在距机械车间"投石之距"的范围内;"坏消息传到高层至少要像好消息一样快"。这些规则是如此深入人心,以致设计工程师每天上班至少要花1/3时间在生产车间待命。同时,通常有两三位车间工人被请到设计室商讨特定的问题。上下紧密合作的文化氛围,将行政管理上的官僚作风减少到了最低的限度,让所有员工都参与和结合到一个项目中去。它使得员工在移交工作以前,不是推卸应有的责任,而是在工作中激发最大的潜能。里奇强调说:"自我检查是'臭鼬工厂'的一个理念,如今在日本产业界已广为流行,被他们称为'全面质量管理'(Total Quality Management)。"[79]

"交流,交流,再交流,这一理念是逐步被灌输和运作的",在"臭鼬工厂"内部及它的员工和客户间,都是如此。在开发和试验F-117A的整个过程中,"臭鼬工厂"的工程师和空军飞行员以及服务人员始终相互配合工作,分享个人经验,诸如使用现货供应零部件的体验、配置维修大篷车的方式等,确保飞机能够有效地服役。艾伦(James Allen)曾担任F-117A项目主管,当F-117A达到操作性能的初步要求时,他估计"因为有了联合验收审定团,足足省去了开发过程一半的时间"。[80]

在设计和制造之间进行深入细致的交流,便于实施更具风险和更有争议的第二种意义上的并行性。一般的并行工程允许产品的开发和生产过程这两个阶段暂时交叠,正如同时设计飞机和建立生产线那样。在一些极端危急的关头,并行化更进了一步,产品开发和实际生产交叠在一起,如当飞机的局部结构还在绘图板上时,飞机的生产线就开始建造了。当美国空军实行这类孤注一掷的并行化时,一直被人指责为"盲目飞行"。为了取得更快的部署,尤其是当一个武器系统需要雄心勃勃的技术时,它会冒着浪费资金和成本超支的风险。是否值得冒险,那要取决于国家安全方面的考虑,而这是超越了我们的视野的。但是,一旦某种政治决策作出了,使得冒着浪费金钱的风险要比冒着在战争中牺牲生命的风险更可取,要想控制财政风险以免盲目飞行,就必须采用健全的并行工程方法。工程师们会努力控制不可避免的风险,降低它的影响,正如他们在处理F-117A时所做的那样。

美国空军急切需要组建一个隐形战斗机的实战中队,以至于它暂时搁置了自己"购机之前必先试飞"的规则。在"海弗蓝"完成试飞以前,空军当局绕过了征求竞争性建议的通常程序,与"臭鼬工厂"签订了一个合同,继续进行F-117A的原尺寸开发。而且,合同规定必须在一年之内启动战斗机的生产,赶在它的原型机准备试飞以前。双方都知道压缩进度意味着一旦试飞暴露出问题,就要面对昂贵地修改成品飞机的风险——但如果考虑到飞机采用了崭新技术,存在问题就是不可避免的。

"臭鼬工厂"冒着风险,但并非轻率之举。它仔细地安排"海弗蓝"的飞行试验,以便首先得到至关重要的数据。工程师们知道他们可能无法回避对产品模型进行改型和修正,从一开始就为此而设计。里奇解释道:"我们从一开始就已经在规划并行化,保存所有产品模型部件的详细记录,并为一切机载电子设备和飞行控制系统设计简易的通道。"这些程序使他们能够利用一系列成品飞机作为"实验鼠",以试验飞机的空气动力学和推进力的性能,因为变化与改进能够顺利地使早期的产品得到改型。里奇断言:"并行化如果做对的话,它的底线是节约成本。"[81]

扩大并行性的规模

使得一个群体富有成效的东西,常常被人们称为"化学力"(chemistry)* 。正如化学反应无法从试管规模直接扩大到工业反应槽的规模，一旦员工的人数增加十倍乃至上百倍后，工作场所的"化学力"也会变得面目全非而难以辨识。"臭鼬工厂"的 F-117A 开发团队由几百个员工组成。当波音公司在其早期岁月中具有类似的规模时，它的员工们也是紧密地结合在一起的。整个设计小组就在工厂的楼层上作业，彼此距离只有 50 英尺（约 15 米）左右，工程设计和产品制造来回往复地进行。回顾公司的历史，康迪特评论道："随着规模上升，那就越来越费力、费力、更费力。"[82]

由于公司的规模随着大规模生产而扩展，工作组织更趋于离散化。工程部门和制造部门可以设立在不同的城市，甚至不同的国家。密集的劳动分工，意味着产品生命周期各个阶段是指派给高度专业化的、各阶段人员之间彼此很少交流的不同群体。企业员工变得越来越短视。工程师创作了一种设计，并把这份蓝图抛给制造部门，后者有时只是不耐烦地说它在细节构造上无法制作就给掷回了。这种"把它扔过墙"的心态，导致了耗费昂贵的重新制作和重新设计，从 20 世纪初以来，就一直困扰着许多产业的工程师和管理人员，而且已经作过很多尝试来矫正它。斯坦纳则把它看作波音 707 实际制造成本高额超支的问题根源。他在开发波音 727 时，下决心不再重犯错误，于是试图让制造部门在工程制图上签名正式认可。当制造部门拒绝承担这个责任时，他就专门聘用了一组企业工程师和制造人员，把他们置于开发团队的中心，在全部制图最后完成之前，仔细评审每一张设计图纸。这项措施运作得很好。然而，康迪特并不满意："我们可以把波音公司过去的成功追溯为这个事实——我们仔细地听取客户对一架飞机所提出的要求，但是我们的未来也建立在作为制造商来倾听客户要求的基础上。"[83]

---

* "化学力"：英文 chemistry 一词具有"化学"与"人际关系"等多重含义，此处是双关语。——译者

如何把负有不同职责的上千员工聚集在一起,鼓励他们交流、交流、再交流呢?信息技术在大大缩小"此处与别处"的空间距离障碍方面取得了巨大成功,但是它在对付由社会组织结构所引起的"我们与他们"的人际障碍方面不太有效。康迪特降低人际心理障碍的解决方法是,把波音777开发人员都编到各个设计制造团队中去:"你们拆开飞机,同时将制造、安装、设计、操作、财会和物资供应等各路人马统统放到那个小组中去。他们将原有设计组织在飞机上做过的那一部分事情干得很出色。"[84]具有交叉功能的设计–施工团队使得波音公司的"携手运作协议"变得富有成效。在其高峰时期,有多达238个小组在积极活动,每组都负责波音777的一个部分(即一个子系统)。

设计–施工团队的概念已经赢得了广泛的赞赏。它的有效性是以系统工程中的两个核心理念作为前提的。首先,诸如飞机这样的复杂系统,可以进行模块化即拆分为子系统,这样更容易处理它的设计详图。其次,一个处理中的子系统具有与作为整体的系统相似的**一般**结构,不过是在更小规模上运作而已。需求定义和系统定义的过程,这时是在较低的层次上发生的。子系统的设计师们确定一架飞机的机翼详图,也必须取得客户的密切配合,细心倾听他们的实际要求,尽管客户不是航空公司,但工程师是设计飞机的整体结构的。他们还必须设法让制造部门认可自己的设计,而制造者有着更专业化的知识。于是,在"臭鼬工厂"设计F-117A时表现得如此出色的具有活力的小型团队的运作方式,在分工负责波音777各个小部分的每个设计–施工团队中再次体现出来。在较小规模中进行模块化和类似组织化,是"从上到下"(top-down)分级的系统设计方法*的核心。

---

* "从上到下"分级的系统设计方法:例如,目前国际微电子机械系统(MEMS)主流设计软件,越来越倾向于采用"从上到下"的集成设计方法,将设计分为系统级设计、器件级设计和工艺级设计三个层次。——译者

5.4　从机载计算机到门铰链

通过需求诱导和系统概念,工程师在范围广泛的梳理中勾画出一个系统的总体特征。系统定义在开发规程中充当顶层框架,但它还只是概念性的。为了用具体的设计详图把它转变为物化的产品,工程师一般采用布鲁克斯在开发复杂软件时提出的所谓"从上到下设计"的方法来完成这一工作,它认定"设计是一系列**不断精细化的步骤**"。[85]这与画家在一块巨大帆布上勾勒出整个画面布局,然后一层一层地填充细节没有什么不同。这一工作规程是合乎情理的,但是似乎同科学和工程学之间最常见的差别之一发生了冲突,即科学家重分析而工程师重综合。在人们的直觉中,综合是从下到上组合要素的方法。那么,它怎么会同从上到下的设计方法兼容呢?

分析—综合—评价的循环往复

凭借分析与分解的方法,科学把有机体逐级解析,从器官到细胞,到基因分子,到核苷酸,到原子,到原子核,再到基本粒子。工程师却把物件组装起来,综合了制作中的许多部件,比如说制造飞机就是如此。它们看起来似乎不同,其实科学和工程这两种活动不是互相排斥的,而是互相结合的。分析法和模块化在工程技术中是不可缺少的,而科学家在解释复杂的自然现象时也综合考虑到许多方面的原因。分析与综合的共生,具有深刻的根源,是系统方法的一个最显著的特征。[86]

苏格拉底赞同"分类(division)与汇集(collection)的方法"。[87]类似的方法在欧洲文艺复兴时期十分盛行。在达·芬奇的笔记里,不仅有闻名遐迩的机器设计,还有受力分析,以及对齿轮传动装置和其他机械部件的系统研究。也许最著名的还是他在解剖学上对人体的分析研究。

米开朗琪罗（Michelangelo）也致力于人体解剖，甚至不惜付出在处理尸体时染病的代价。达·芬奇解释说："这对画家来说是必不可少的事情，以便他们能够在位置和动作上正确地塑造人的肢体，在裸体状态下描绘它们；要了解解剖学上的肌腱、骨骼、肌肉和肌筋，以便弄懂在人的各种不同活动与冲动中，哪块肌腱或肌肉是产生每种运动的原因，而运动只会使它们健壮结实。"[88]类似地，为了在大理石上刻画生命体的活力，雕塑家分析了个体的关节与肌肉，仔细观察了它们如何在整个躯体中一起运作。这些艺术家走近解剖学，表明了分析未必就一定是不考虑整体，而仅仅个别地审视部分。达·芬奇和米开朗琪罗从活的人体的视角，细心检查了骨骼与肌肉，以及它们在人体中的机能。他们的方法既是分析的又是综合的。工程师们把它称为系统观（systems view）。

伽利略的方法往往被描述为由分解与组合构成。[89]它们在牛顿和笛卡儿（René Descartes）的论著中变成了分析和综合。牛顿描述了数学和自然哲学*中的方法："借助这种分析方法，我们可以从复合物找出它的成分，从运动找出产生它们的力，一般来说是从结果追溯到原因，并从特殊的原因追溯到更普遍的原因，直至深究到最普遍的原因为止。这就是分析的方法。综合方法基于假设原因已发现并设置为原理，而后用原理来说明从它们推演出来的现象，并进而证明这种解释。"[90]笛卡儿写道："我们首先把复杂难解的命题一步步地还原为更简单的命题，然后从其中直觉到的最简单的命题开始，尝试通过同样的步骤，进而掌握某种知识剩余的所有命题。"[91]

当其他方法论者只是把分析与综合这两种方法并列对待时，笛卡儿却明确地把它们结合为单一的思想法则，他写道："这一'法则'涉及

---

* 自然哲学：这里指的是自然科学。在 18 世纪后期自然科学（science）一词产生之前，自然科学长期和自然哲学不分，并且作为前者在幼年时期的乳名，如牛顿名著《自然哲学的数学原理》。——译者

全部人类事业中最基本的一些观点。"引入分析的方法并非出于其本身的考虑,而是为了解决某个复杂问题或解释某种现象,为此分析的结果被明智地综合起来了。正是在这个意义上,**综合**兼有两大作用。首先,它提供了一种综合看待问题的视角,即把现象看作为一个整体,正是在综合的概念框架下必然引入分析。其次,它涉及对分析结果的集成。因此,分析与综合形成了一个从整体到部分又回到整体,从顶部到底部又回到顶部的往返环圈。例如,原子物理学家把原子分析为原子核和电子"壳层",并且详细地深究它们的行为,但是他们最终把亚原子成分综合为作为整体的各类原子的结构。

分析—综合循环圈常常是反复往返、周而复始。科学分析往往是近似的。在柏拉图的隐喻中,科学家们试图从自然界最薄弱的环节切入,小心翼翼地不让自己像一个技能拙劣的屠夫那样挥斧乱砍。不过,为了取得进展,他们有时也会切断一些不太薄弱的关节。粗略的分析结果被综合为近似的解,它通过实验来检验,并用更精致的分析来改进。因此,研究人员往返于整体与部分之间,接连不断地澄清它们。反复的分析—综合—评价循环,也正是系统工程的难点所在。设计工程师在要求系统作为整体和详细设计它的构成部分之间来回运作。

从系统定义到系统架构

认知科学家司马贺(Herbert Simon)在他的《人工科学》(*Science of the Artificial*)一书中讲过一个小故事。有个钟表匠设计了一种手表,每只都必须同时把100个零件组装在一起。因为工艺极其烦琐而复杂,而且工序上任何一点中断或事故都会毁坏整个东西,所以它成本很高,结果价格十分昂贵。他的竞争对手也用类似的规程来设计制作手表,所不同的是:每只手表由10个组件构成,每个组件装有10个零件。因为某个有缺陷的零件只影响一个组件而不是整只手表,装配一个组件或把各个组件组装为整只手表的工艺,是相对简单而便宜的。他能以较低的价格出售手表,在生意上轻易地击败了前一个钟表匠。

司马贺关于两种手表设计的比喻,说明了系统作为具有互相关联部分的整体,有着两种诠释模式:一种是像**无缝网**(seamless web)那样流行起来的脱离实际的意识,一种是在实际工程中发展起来的应用**系统**的思想。就像制作第一种手表,无缝网是一个必须作为整体来修改的整体。虽然它听起来很奥妙,但是无缝性实际上不适合于处理复杂性,因为它阻碍了分析,造成了概念混淆和教条思维。更糟糕的是,它还容易引向灾难,因为只要有个小小的局域裂痕就很容易扩散开去,诱发其他部位的损坏,最后引起整个网络的崩溃。应用系统的明智设计者,力求避免陷入这种困境,引入接缝技术以阻止令人失望的网络散架事件发生,但不是绝对不可渗透的。正像第二个钟表匠那样,他们把整体拆分为组件,以便进行科学分析和逐片改进。系统的模块性能够使你很快置换掉车中毁坏的部件,而无缝性却会要求你重造整辆车子。系统工程之所以知名,不在于它的天衣无缝,而在于它的良好缝隙。例如,因特网就是如此设计的,以便它的接缝(即路由器)既连接着各个不同的网络,同时又保持那些网络的内部运行的自主性。

模块化是系统工程方法的关键所在,一个复杂系统的模块化就是能被拆分为组件,即具有合适界面的子系统。温琴蒂用航空学上的详细例子解释了这一点。他描述了项目定义后的四个层次:整体设计、主要部件设计、根据工程学科要求的部件设计再剖分、详细设计的深入区分。"这样一系列的剖分把飞机问题分解为较小的可处理的子问题,其中每一个都可以在准孤立状态下加以攻克。于是,完全的设计过程多次反复进行,上上下下,前后左右,纵横贯通。"[92]从整体定义到具体细节的设计,正是"从上到下"设计方法的标志。

当一个被开发的系统只是作为某种概念而存在时,设计工程师往往倾向于根据组件将会表现出来的各种**功能**来进行分析。许多功能性部件证明具有清晰的物理边界,诸如在典型的飞机造型中用来升空的机翼和用来载重的机身。但是,这种一致性并非必然如此,因为上升与载重的功能是分布在整体的飞机造型中的,而缺少物理边界正是软件的规则。总之,初始设计所涉及的是功能。因为功能是一个系统的高层次特征,它们着重强调的是工程分析的综合特色。

功能模块化把系统定义转变为**系统架构**。正如科学家试图分割自然界的薄弱环节一样,工程师力求以**强化内聚一致性**和**弱化外在相互作用**的方式来制作组件模块。弱耦合不是没有耦合。组件模块必须彼此相互配合运作,它们的功能必须组合起来以产生令人满意的系统运行。因此,组件模块之间的界面必须仔细地设计,以便对于组件来说具有最大的独立性,只是作为整体功能的充要条件来连接它们。系统与外界太少的相互作用,也许会剥夺它完成任务所必需的某个输入信息的组件;而太多的相互作用,又可能会对系统功能产生干扰作用。良好的界面在工程系统中是普遍存在的。

在波音777的研制中,喷气推进器的费用约占总成本的7%,而飞机的结构和空气动力系统占总成本的33%。成本的大部分,约54%是花费在飞机系统的以下方面:电力的、液压的和气动的设备;环境控制系统;飞行控制与自动驾驶仪;导航、通信和其他航空电子设备。波音777集成了66个系统,而这只是系统层次即飞行器层次上的模块化。飞机骨架可以划分为机翼、机舱和机尾。机翼执行了如此多的空气动力学方面的任务,以致机翼的前沿与后沿在功能上还要有所区分,而机翼后沿又模块化为阻流板、副翼、各种类型的襟翼和支架。单单机翼后沿的详图设计就需要有10个设计建造小组,各自拥有10—20位工程师。[93]

功能分解与物理集成

系统方法适合用福斯伯格与穆兹的V模型表示(图5.5)。[94] V的下

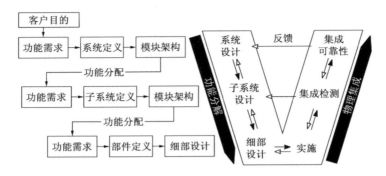

图5.5 福斯伯格与穆兹的系统工程V模型强调了系统的模块化与集成化。分解的每一层次都有自身的设计要求,所完成的子系统必须遵照要求进行测试

行箭头表示"从上到下"的设计,其中系统的特征在更小规模、更多细节的子系统中越来越充实。上行箭头表示设计的实施和子系统的集成。在获得顶部层次模块化的系统架构中,每个子系统都赋有特定的功能,它必须对系统有所贡献。所分派的功能可以看作是子系统的**目的**。对于子系统的设计者来说,情况与系统的设计者相类似,所不同的是,具有目的的某个"客户"现在并不是某个外在团体,而是系统架构。为了把目的转变为一种确定的设计,需求说明的过程再次全部开始。

作为例子,让我们看看"航空器信息管理系统"(AIMS),它是波音777中的66个航空器系统之一,由霍尼韦尔公司和波音公司联手开发。AIMS是目前最大的机载计算机,它的软件编码运行量高达620 000行,总容量占波音777机上非娱乐软件的1/3强。它的目的是充当一个平台,为若干航空功能集成、提供共享的计算机资源,其中有:各种显示器,飞行与推力管理,飞行数据获取,数据转换与交换,飞行舱面通信,飞机状态检测等。为了做好这项工作,AIMS必须与其他主要的航空电子系统对接,并"讨论"波音777的其余部分。界面是它所需要的部分,对其技术要求详细说明的职责主要落到了波音工程师身上,他们慎重考虑的是整架飞机。但是,正如波音公司必须同航空公司紧密合作以确定波音777的需求一样,按照AIMS的技术要求,霍尼韦尔公司也与波音公司紧密合作,并可任意质疑后者的要求。波音公司要求波音777的软件必须采用Ada语言编写,这是一种为内嵌式软件而设计的程序语言,但是被一些承建商视为"不成熟"。霍尼韦尔公司只是在研究了Ada语言与C语言对该项目来说,究竟哪个优点相对更多些以后,才接受了波音公司的要求。对于开始提出的要求,霍尼韦尔公司的65名工程师前往西雅图波音公司总部待了三个星期。为了便于系统集成与检测,两家公司的工程师建立了专门的电子化联系,并且每日召开一次电话会议。当没完没了的需求膨胀的危险逼近时,两家公司的工程师们便达成了一项协议,规定只有遇到某些大规模影响波音777严格标准的情况出现时,才允许作出更改。[95]

在AIMS的开发过程中,霍尼韦尔公司应用了像波音公司一样多的系统工程技术。它把AIMS的功能模块化为7个大组群,每个组群分配给多至100人一队的软件工程师。制定相互分隔的耐用软件,以确保这些软件组群在功能上的独立性,从而不会对彼此的运行产生不利影响。模块架构允许软件包共享处理器、操作系统、信息存储、数据传输总线以及其他资源。它节省了动力,减轻了硬件重量,提高了可靠性与保养性。AIMS设计流程就像设计整架飞机一样,涉及需求获取、系统定义、模块化,以及功能分配等的相同周期。

波音777客机拥有约2万个零件,在12个国家的241个公司制造。尽管每一个零件都是依照精确的技术标准制造的,但是还得一个个加以测试,并集成到能够为飞机服务的子系统中去。出于这个目的,波音公司建立了集成航空器系统实验室(IASL),在其高峰期聘用了1500个员工,大多数是工程师。在交货时,零部件受到了逐项严格检查,并装配到合适的子系统中去。这些都由8个子系统集成设备中的一个加以检验,其中之一专门用于检测AIMS。在通过单独测试以后,子系统被移到三个主要的集成设备中,在那里它们在模拟的飞行条件下,通过与其他子系统的相互作用来试验。在装配有真实的波音777航空电子技术、航空器层次上的电路连接,以及用于实时模拟航空器飞行的高性能计算机的设备中,AIMS软件由试飞员在各种条件下进行"飞行",并由他们提出技术评价和信息反馈。[96]

正是在波音777开发的概念构思过程中,在并行工程的基本原理指导下,波音公司才筹划创建集成航空器系统实验室的。由于在飞机首航以前大规模地检测飞机系统,实际的试飞次数就减少了。加速试验使得波音777在交付使用时就已经获得了180分钟双发延程飞行认定,即航线上各点距离机场的航程至多可达180分钟的飞行距离。这是史无前例的壮举,部分原因就是采用了集成地面试验技术。

在个体层次上的系统思维

系统工程在大规模项目开发中最为著称。然而,随着设计思路的显著拓广,它在小规模开发系统中变得很有用,正如关于公共政策正义性的争论,有助于我们理解个人行为的正义性一样。需求—定义—架构的类似流程,也用于设计波音777和AIMS软件——而且可以普遍用于系统与子系统——虽然两者是在不同的尺度上。这并不意味着设计组织是在线性地看待尺度,以致大项目不过是更多的相同小项目的加合而已。设计流程的尺度不是线性的,而是类似于数学家称为分形的东西。

分形是在不同尺度上展示自相似性的某种东西。人们熟悉的一个例子是多皱折的海岸线。海岸线的照片,无论从卫星上获取还是从飞机上获取,都显示出相似的皱折性,虽然它们是在完全不同的尺度上获得的。试图计算来自卫星照片的海岸线长度,即使采用合适的放大倍率,也必然会产生低估的结论,因为在靠近观察时,会显露出更多的海岬和海湾,从而使长度增加。这不是简单的尺度问题,而是一种特殊的

尺度与分辨率的结合,以致一个相似的一般模式,以其相应的分辨率,在所有尺度上显示出来。

可以借用分形的观念来说明,系统工程师如何不仅处理尺度大小,而且处理**尺度大小与合适抽象的结合**。隐去了不相关信息的抽象方法,在系统工程与科学研究中是很重要的。在系统的全尺度上,必须采取顶级层次的观点,但它是相当抽象的。一旦系统尺度下降到越来越小的子系统,就会增添越来越多的具体细节。如果在尺度大小与具体性之间进行适当的权衡,就会在不同层次上获得设计思维的一般模式。

例如,在考虑研制波音777乘客门,特别是进行门上铰链的细部设计时,就是如此。虽然铰链片很小,但是工程师们并不贸然去设计它。负责乘客门的设计制造小组从分析波音767的原始记录着手,发现在门道的设计过程中,修改变化了13 341次,总共花去大约6400万美元。他们下决心要把费用至少砍掉一半,断定一种更好设计的关键是让所有门铰链统统采用通用零件。以前一直没有人这样做过,因为机舱的曲率要求8个门中的每一个各有各的铰链设计。要为形状各异的门道设计带有通用零件的铰链,需要有创新的思维。研制小组中最优秀的工程师接受了挑战,在历经三个月的艰苦工作并近乎绝望以后,他终于成功了。而且,他在处理铰链的过程中发现的诀窍,还推广到为所有门道机械构件中的98%设计通用零件。如果只是考虑铰链本身,那么为8种不同铰链设计8套不同零件,肯定要比设计所有8种铰链都通用的一套单一零件来得容易。但是,对通用零件的要求源自更广阔的、系统的考虑:它将节省设计变化和制作过程的成本。工程师必须超越小小的门铰链看到更远大的目标。[97]

通过强调目的,系统思维鼓励工程师自由地打破常规思维,看到更多的出路。很多工程师都是优化专门设备功能的专家。他们用更广阔的系统论视野,超越了局域的优化,更多地考虑到总体性的最优化,因而发现了更多的设计可能性。

作为创造力驱动者的理性化组织

系统工程组织常常被讥讽为等级森严、不讲民主且敌视创造性。一个系统由部分构成，而部分又由更小的部分构成，这就是一种等级层次。为了论证的目的，让我们也把系统设计者的组织称为某种等级层次，不过工程师们更喜欢把它看成是在团队大大小小部门中工作的合伙人关系。问题在于，作为社会控制与权力支配的组织之一的等级层次有多少，在控制上是否比其他工作关系更令人窒息？

一个以排斥天才和扼杀创造性而闻名的工作组织是微观管理；几乎没人喜欢让老板老是紧盯着自己的工作，尤其不喜欢不了解真实情况的自以为是的老板。微观管理的思想体系是后现代的主张，即坚持对一切科学实况实行**彻底的**社会建构，以至于文化意识形态不仅决定研究项目的议程，而且还决定研究结果的内容。实际研究活动的后现代主义误解一直饱受诟病。[98]

实行系统模块化，有助于通过明确的职责划分，防止"从上到下"的设计方式陷入微观管理中去。里奇成为"臭鼬工厂"的领导后，继承了它的传统："我会明确果断地告诉你们我想要什么，然后我一定不会挡着你们的道，放手让你们去做。"这种态度是远胜于个人独断专行的领导风格的。在需求定义的过程中，"臭鼬工厂"一向开诚布公地正式规定：在设立明确的职责界限的同时，允许员工在那些界限以内自由发挥创造力。在制定 AIMS 软件的详细说明书时，波音公司的工程师报告说："霍尼韦尔公司的参与者作出的关键贡献之一，是确保波音公司坚持集中关注只定义必要的系统需求，而不是附加新的东西。"双方都认识到"系统需求不靠外加补充"的好处。它既限制了波音公司在"从上到下"设计所及范围中的节外生枝，也防止干预霍尼韦尔公司在寻求满足需求的最佳方式时的创新活动。[99]如果有人坚持要把系统组织称为一种等级制度的话，那么霍尼韦尔公司的等级是低于波音公司的，但是它并没有受到波音公司的什么社会控制，超越了通常的工作关系（即任何也为他人工作的人所能接受的关系）。组织化可能是令人窒息的，正如无政府状态或强求一致的文化规范令人窒息一样。然而，它们未必一定如此。正如某种社会契约能使公民同意政府的特定法律并遵守它们，来享有比无政府状态更大的自由一样，一个系统的组织化可以成为创造力的实现者。

"要开发航空器，不存在单一的最好方法。"这是约翰逊提出的首要告诫。[100]同样地，正当软件工程师为寻找高效的方法而奋斗时，布鲁克斯的口号"没有银弹"（No silver bullet）*显然会被广泛接受。[101]系统工程方法固然不是百发百中的银弹，但在组织协调创造型人才去设计复杂系统时，看来它的作用远胜过那些连篇累牍的理想主义说教。

---

*"没有银弹"：其意是"没有灵丹妙药"或"没有尚方宝剑"。"IBM 大型计算机之父"布鲁克斯在出版《人月神话》（1975）10 年后，于 1986 年发表著名论文《没有银弹——软件工程的本质与事故》（No Silver Bullet: Essence and Accident in Software Engineering），断言"在 10 年内无法找到解决软件危机的银弹"，引起了激烈争论，而"没有银弹"也成了尽人皆知的俗语。1995 年他又发表《重燃"没有银弹"战火》（"No Silver Bullet" Refired）一文，坚持这一看法。——译者

◆ 第六章

实用系统的科学

6.1　工程技术和自然科学中的数学

工程学除了主要包含于人类专长的技能之中并且物化为机械之外,还拥有大量明显地相互关联的知识。这些知识包括物理参数和结构参数方面相当庞大的数据库,它们在工程师进行设计选择时堪称无价之宝;实际上,工程学早已远远超越了仅仅罗列事实的阶段。美国工程教育学会(ASEE)1955年发表的一份报告,把工程科学确定为是除数学、物理学和化学这些基础科学以外的科学。诸如化学之类的一些工程学科,也被专门化为工程学的某一分支。其他一些工程学科也普遍存在于多个分支之中。其中,美国工程教育学会的报告提到了六大分支学科:固体力学、流体力学、热力学、传输现象、电磁学、材料结构与性质。报告还强调指出:"**其他一些工程学科也有望发展起来**;举例说,信息理论就大有希望对所有工程学领域中的测量与控制作出贡献。"[1]

工程科学是一种现存的或可能的人工系统的内在原理与机制的概括性描述,这种人工系统具有对审慎设计和控制十分敏感的物质基础,例如一些利用热能的系统。工程学和物理学同样要遵循热力学定律,但又在大量的具体细节上与之相异,例如在各种不同种类的热机、化学反应器以及其他一些实用系统中,热过程是如何进行的等问题上,就是如此。正如自然科学一样,为了能有效地进行交流和教学,也必须对工程科学作出缜密的解释和组织。在工科院校里,它们在本科生课程中也占了相当大的比重,并且在研究生的学术研究中占了更大的比重。当今的技术体系是如此复杂,要是有人对此熟视无睹,那将会是一个不合格的工程师。

工程科学大致可以分为两大门类:**实体的**(physical)和**系统的**(systems)。前者是根据其内部机理去审视各种论题;而后者侧重于研究其功能。"实体的"泛指一切以物质为基础的现象,其中包括化学的和生物学的现象。随着生物工程的迅速发展,细胞生物学或分子生物学极有可能会形成一门新的工程科学。系统科学更是由工程学产生的。三大系统理论主要集中在控制、通信和计算技术领域。

实际问题的数学表述

达·芬奇写道:"不懂数学的人休想看懂我的著作的基本内容。"[2]伽利略说过,宇宙这本大书是"用数学的语言写成的"。[3]"数学在自然科学中的不可思议的有效性",正如物理学家威格纳(Eugene Wigner)这样指出的,也一直让许多人迷惑不解。[4]同样使人迷惑的,还有数学在工程学中的有效性。为什么比欧几里得几何学抽象得多的微分几何,更适合于表征时空结构? 为什么比数理物理学更接近于纯数学的系统理论,对解决现实生活的工程问题如此重要? 爱因斯坦认为:人的头脑在发现事物中的存在形式之前已预先设想了它们,因此在构思复杂形式时,数学能帮助科学家发现自然界中的精细结构,并帮助工程师设计它们。他的这种说法,也许是对的吧?

形象化是构思诸如建筑物之类的空间形态的一种好方法,受到了工程师和科学家们的一致高度评价,这点从他们都致力于开发图形数据描述上可以清楚地看出来。然而,由于我们感官特性的局限,这种形象化只限制于一小部分形态。许多物理的性质与过程,从量子力学到电子信号,都不易于形象化。对于一些复杂的、非空间的形态,数学这门有能力将相关结构统一起来的学科,也许是人们获得概念的最好媒介工具。

亚里士多德把数学看作是一种技艺(téchnē),一门艺术。古代数学主要涉及一些有形事物和用于商业交易的算账方法。由于数学在长长一系列推理思考中表现出来的清晰性和精确性,它从同时代的各类文科和理科中脱颖而出。随着人类严密思维的发展和扩大远远超出了直接经验和实际应用的范围,数学也日益变得抽象,并坚持维护自身的独立发展。在 17 世纪,抽象思维在其漫长的攀登征途中出现了一个转折点。近代数学伴随着科学革命应运而生,并对科学革命的成功起到了关键作用,它是在笛卡儿和费马(Pierre de Fermat)提出了解析几何学,莱布尼茨(Gottfried Wilhelm Leibniz)和牛顿创立了微积分之后才得以形成的。随之而来的,便是西方哲学的研究重点从形而上学转向认识论,从上帝转向人类思维本性上去。

在科学研究中,数学常常被人所津津乐道的一种优越性,在于它具有定量描述的能力。数字系统有别于往往是粗略而又含混的定性形容,能给出无数精练、精确、概括而又通用的论断。量化方法促进了测量活动的开展,它比感性体验所得到的经验确认更为精确,更具公用性,也更不易受到测量者个体差异的各种影响。这种活动也激发了符合客观世界的各种概念的形成。所有这一切都有益于科学的发展,但是数学发挥的力量远非这些。当我们说 A 有 10 米长,而 B 有 5 米长时,我们不仅分别描述了 A 与 B 的性质,也暗示了 A 比 B 要长。我们甚至可以把这两个数字相加,以求得它们连接起来的长度。数字构成了一个能支持各种关系算法运算、具有复杂结构的系统,能够很好表现的不仅是事物的性质,还有它们的相互关系和程序。

笛卡儿回忆说,当他第一次学习算术和欧几里得几何学时,并没有留下什么深刻的印象;以为这类学习只是让大脑完全陷于数字和图形之中,似乎根本不值得动脑筋去认真思考。接着他很快便意识到,数学涉及的独有对象是**关系**和**关系模式**。"关系"是个一般概念,涵盖了从运算、变换到整个过程前后连续阶段之间的暂时关系。它和所涉及的无论是数字还是形状,是星星还是其他任何东西都不相干。正如伽利略将"抽象化的机械"从"实体化的机械"中区分出来,笛卡儿从图形和数字中抽象出数学的概念。他从代数学中找到了实现这种抽象的一种十分有效的方法,将代数学和几何学结合起来创建了解析几何学。他对自己独特的思维过程进行解释,得出了数学的几个根本特征:符号体系、抽象方法、概括性、严密性以及相关结构。

自然语言中的词汇是有丰富多样细微差别的符号,但是也很容易引起误解,因为它们富有含蓄的意义,而且往往含混不清。为了避免多余的歧义,数学家们专门设计了一套数学符号,来简明地表示许多准确定义和清晰关联的概念。合适的符号系统有助于完成复杂而精确的推理过程,阿拉伯数字在表达上优于罗马数字,就是足以说明问题的一个例子。符号系统也有利于进行分析与综合。正如工程师常常引进模块来隐蔽并非直接有用的细节,以对付课题的复杂性一样,数学家则引入一种符号以代表一连串概念,从而遮掩了这些概念内部的细微之处,只着重强调它们与其他概念的外部关系。因此,笛卡儿写道:"当我们的大脑不得不一下子考虑许多事情,那就不该让任何无用的东西来白白占用我们的智力。"[5]

笛卡儿比较了直角三角形的三种表达形式。一是算术表达式,这是用一组数字代表三角形的每条边长,如(3,4,5),由于斜边是混杂其中表述的,因此很难从中直接看出是否直角三角形。二是欧几里得几何学表示法,几何学家用图形表示毕达哥拉斯定理:即作一个三角形,使其各边长之间的关系由以它们为边的三个正方形面积的关系来决定。但是这种表示方法,总显得有点笨手笨脚,难以进行概括与操作。三是代数表达式,采用$(x,y,\sqrt{x^2+y^2})$符号形式表示,三角形三边之间的关系便一目了然,从而揭示了直角三角形的本质,适用于所有的直角三角形,而且这种表达式很容易概括成一般原理并进行推广应用,其优越性显而易见。

在欧几里得几何学里,数学家运用长度、面积与体积来进行计算,但由于这三个概念具有不同的量纲,因此很难概括成一般原理。与此相反,代数表达式x、x^2与x^3提示了它们之间成倍增长的关系,很容易将其概括为x^n,即x自乘n次。这为概念的灵活运用开拓了巨大的空间,例如,可以用所有x的幂的组合代表一条曲线上的一个个点。符号表示法给几何学带来了一种具有无限生长潜力的新生命。

笛卡儿引入x^n这一符号,当时认为其价值仅在于它的清晰性和简约性。几十年之后,拉普拉斯(Pierre-Simon Laplace)进一步认识到,通过类推法很容易从这个符号引申出许多新成果。一旦掌握整数指数幂x^n这一符号,其他人很快就会加以推广,用分数指数幂$x^{n/m}$表示方根,对它们进行类似的灵活运算。拉普拉斯引用这个例子后评论说:"这就是一种具有合适建构的语言的长处,即使这些最简单的符号也往往能成为最深刻理论的源泉。"[6]

可以把数学看作一门语言,设计它的目的在于创造、把握和分析精深的概念、概念之间的相互关系以及概念的内在结构。它确保一种概念在其概念结构内部有着精确的含义,而且不管如何艰难,也总能明白无误地查找到这种概念与其他概念的关系。数学的严谨性能够理清头脑的思路,集中和增强概念的创造力。如此精确的语言,对工程学和自然科学的发展堪称是无价之宝,因为两者均需要由清晰的推理所制约的想象力来探究现实世界的复杂结构。如果一种实际情况可以用数学语言充分地表达出来,那么工程师和科学家就会从各种不同的心理角度看待问题,并把一种观察角度得出的结论和另一种相联系,以最明了的形式得出它们的各种要素,或者把眼光移向一些特定问题的精微细节加以深入透视,或者拉远距离考虑大的画面及其一般规律,在清楚理解问题意义的基础上,推导出各级近似值——所有这一切的高度可靠性都是以推理的充分严密性为前提的。虽然这些**假设**未必都成立,但是科学界和工程技术界业已取得的众多成就足以表明,数学语言确实在许多重要问题的解决上大有作为。

抽象方法与关系结构

许多涉及两个未知数,且可用代数式表示的问题,如 $2x + y = 3$,早在古代就有了,但是因为缺少确定的答案而被人忽略。后来,直至笛卡儿和费马明确地引入"**可变的量值**"(varying magnitudes)或"**变量**"(variables)的概念,这个不定方程立即起死回生,变成了表示两个变量 x 和 y 之间**关系**的形式。因此,$y = 3 - 2x$ 表示的是当变量 x 取不同值时所描的一条直线。这类方程很容易采用图形来表示,更准确地说,这种方法也成了解析几何的一部分。此外,方程 $y = a - 2x$ 表示的是一组互相平行的直线;方程 $y = a + bx$ 表示的是所有的直线。这个简单的例子说明了两点:即抽象方法和不同层次的通适性。

数学抽象方法与其说是丢弃了研究对象中所有非本质的特征,不如说是强有力地突出了其本质特征而使得其余都不再明显。从特定问题的所有数值中抽象出来的某个变量,可以用一个符号来涵盖它们,并得出表达公式。一旦我们把握了某种通式,就可以用任一数值代入符号 x 和 y,得到特定情况下的各种结果。通适性有利于表述科学理论,它的主要作用就是反事实条件推断,这种方法能告诉我们在假设情况下某种事物将会发生什么后果。

有些数值只适用于某些而非所有的变量,这就得出了关于**不同层次通适性**的概念,例如:所有的直线;满足某种通用标准的一组直线;或者某一特定直线。我们通常会把 x 与 y 代表的**变量**跟 a 与 b 代表的**参数**严格区分开来。为了进行深入的详细研究,我们可以选定某个参数,例如 $b=2$,就能缩小讨论范围而集中关注某个特定层次。通过一一变换各种参数,我们实际上是在用细节换取概观,以致进入到包含更多情况的更高层次通适性。透镜可以通过变焦而由看近到望远,从显微镜变换为望远镜。数学就像一种智力透镜,也能让科学家转换观察问题的视界,从各种不同细节层次上审视他们所从事的学科。

在笛卡儿和费马之前,数学界关于变量的概念含混不清。他们在使之概念明晰和设定逻辑推论的同时,也引发了人们以此为依据对变量概念结构的无数解释。莱布尼茨把变量之间的关系称为**函数**,这个概念早已扩展到了数学的每个角落,并由此引出了**映射**的准确定义。函数 f 被规定为:通过系统地映射 x 的一个值(即函数 f 的定义域),能得到与之对应的唯一值 $y=f(x)$(即函数 f 的值域),如图6.1a所示。在定义域与值域之间建立映射关系,这种一般概念为其他各种抽象建构方法提供了基础。

从多角度看待一个复杂系统

由定义域得出值域的映射概念,并没有限制定义域和值域的原有性质。在映射的一般定义下,如果定义域和值域是由实数或复数组成的话,那么此时的函数将会变成一种特殊的情况。但是因为这里的数学关键在于**映射**,也就无法阻止被映射对象是某种更为复杂的事物。由于被映射对象本身也可以是函数,在这种场合我们就得采用**算子**来进行运算,例如 $F = \mathscr{O}f$ 之类,算子 $\mathscr{O}$ 通过把函数 f_0 映射到唯一对应的函数 F_0,而将两种不同函数 f 与 F 联系在一起,其中定义域为 f,值域为 F_0 (见图6.1b)。算子能在不同的函数之间建立联系,堪称是高层次抽象建构法的范例。它们在科学和工程学中应用广泛。其中两个典型的例子,就是傅里叶(Fourier)变换和拉普拉斯变换。

许多动态的物理系统都用函数 $f(t)$ 表示,后者通常由一个微分方程来决定,其中自变量 t 表示时间。傅里叶变换式 $F(\nu) = \mathscr{F}f(t)$ 就是将函数 $f(t)$ 映射到函数 $F(\nu)$ 的一种算子 $\mathscr{F}$,其中变量 ν 在物理学上称为频率。根据物理学的诠释,$f(t)$ 表示该系统的**时间域**,而 $F(\nu)$ 表示**频率域**。当"频率"变量是复数时,$s = \sigma + i\nu$,$F(s) = \mathscr{L}f(t)$ 便成了拉普拉斯

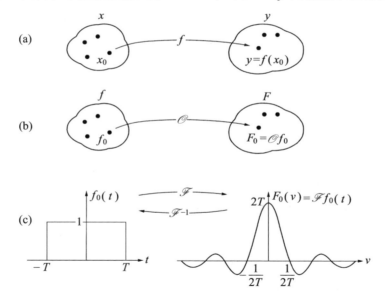

图6.1　(a)函数 f 即是一种映射关系,定义域 x 内任一元素 x_0,在值域 y 内必有唯一给定元素 y_0 与之对应。(b) 映射概念的推广,算子 $\mathscr{O}$ 代表了定义域 f 与值域 F 之间的映射关系,而这两个元素本身又都是函数。(c) 有关算子的一个例子是傅里叶变换式 $\mathscr{F}$,它能系统地标记函数 f 对于函数 F 的映射关系。其中,函数 f 以时间 t 为变量,而函数 F 以频率 ν 为变量。在图示的特定情况下,由傅里叶变换式可知:在 $2T$ 时间段内的方形脉冲频带宽度与周期 T 成反比

变换式。s中的实数项σ可增可减,因而,拉普拉斯变换式在分析系统的稳定性问题上很有用处。

对于一个物理系统而言,时间和频率都是很重要的变量。傅里叶变换式把两者结合起来考虑,从而揭示了一个系统的基本性质。图6.1c列举了一种简单情况:时间域内的方形脉冲只有在2T的时间段内才具有限定的能量。它在频率域内的傅里叶变换式表明,脉冲波的大部分能量都落在频带宽度之内,后者与周期T成反比。这种关系充分说明了宽频带在长途通信中的优越性。考虑以1与0的顺序发送数据流的情况,其中1代表有方形电脉冲,0代表无方形电脉冲。较高的数据率意味着单位时间内存在许多个脉冲,同时也说明每个脉冲需要的时段很短。由傅里叶变换式可知,短脉冲对应于较大的频带宽度。

由傅里叶变换式建立的时间域与频率域关系,是**一个系统**的**两种表述**。许多工程师和科学家都强调,从多视角审视一个复杂问题或物理系统至关重要。实际上,改变科学的视角并未改变问题的实质,某种惯于玩弄手腕的政治家常用这种方法来逃避难题。研究人员在钻研一个复杂问题时,会从每个可能的角度来探究它。有时候,从某个角度去看很复杂、很困难的问题,一旦换一个角度去看就变得容易而清楚了。数学家们在变换一个问题的同时,也大大简化了它。举例说,乘法是一种复杂的运算,但是可以通过取对数来简化,将乘法还原为加法。同样地,傅里叶变换和拉普拉斯变换能够简化许多微分方程和积分方程的解法,把它们还原成代数方程来运算。在它们能应用的地方,都使工程师们能以简便的形式描述和分析许多系统,这些简便形式突出强调了它们在物理上和功能上的重要意义。

计算技术的数学算法

电子计算机已经改变了工程学和科学的所有领域,它大大方便了方程的解法,模拟了现实的情况,使实验过程自动化,能处理各种信号,储存海量的数据,将数据显示为辅助可视化,并为得到有用的模式而挖掘数据。虽然计算方法的流行形象正被计算机软件与硬件的蛮力所支配,但是数学论证对于成功的计算方法而言仍然是必不可少的。

大多数需要计算的科学和工程技术,都涉及物理定律和其他微分方程的数字解法,其中许多方程至今都无法用解析方法求解,除非是最简单的构造形式。许多令人感兴趣的情况都很复杂,甚至连性能最强大的计算机都不能有效处理它们的所有细节。因而,概念的抽象方法和数学建模都是绝对必要的。当一个模型被构想出来以后,数学推理仍然在继续,例如在计算过程中分析离散化和进行四舍五入。而且,数学洞察力已经产生许多可以有效完成计算任务的算法。《科学与工程技术中的计算》(*Computing in Science and Engineering*)杂志评出了对科学与工程技术的发展和实践影响最大的十大算法,而由数学洞察力造就的算法占了其中的绝大多数。[7]例如蒙特卡罗方法*,就是根据概率微积分学的中心极限定理来计算高次方问题的。快速傅里叶变换算法,则是另一个例子。

应用于长途通信和其他领域的物理信号,通常是在时间域中测量的,这时它们的振幅处于不断改变之中。然而,在频率域中处理它们更为有效,例如可以设计某种滤波器来消除高频或低频噪声。把这种被测信号转换到频率域处理就需要傅里叶变换,把处理过的信号反向传送回去,就是反转傅里叶变换。假设在一定时段内有某一个数字信号,在数学上可用一个n元向量来表示,每一个元素都代表某一特定时刻的信号。如果把该信号转换到频率域去处理,则离散傅里叶变换

---

*蒙特卡罗方法:或称计算机随机模拟方法,有时也称随机抽样技术或统计试验方法。著名数学家冯·诺伊曼戏用摩纳哥赌城蒙特卡罗命名之,为它蒙上了一层神秘色彩。——译者

(DFT)必须用一个$n \times n$矩阵同它相乘。在简单的矩阵积分中,计算大体上涉及n^2个的数值乘法运算。在一个10秒钟时段的数字电话交谈中,$n \approx 80\,000$,它的离散傅里叶变换涉及大约60亿次的乘法运算。在音乐、图像和其他复杂信号中运算次数要大得多。而且,人们必须实时处理这种变换,这就需要依靠电子计算机的强大功能。

库里(James Cooley)在1965年注意到,DFT矩阵可以通过分解因数的方法使相乘数目最小化。这样,傅里叶变换所需要的相乘数目就变为阶数只是对数$n \log n$了。这一数学算法即是快速傅里叶变换(FFT),图基(John Tukey)创立的一种计算机程序为这种数学算法提供了有效工具。FFT方法的速度如此之快,比起用普通DFT处理一个10秒语音信号,它所用的时间还不到后者的万分之一。它在处理长途电信和所有数字信号方面极有价值,广泛应用于从雷达和声呐到生物医学专用设备的各个领域。[8]

运用FFT方法的关键,在于用数学方法分析矩阵和将结果还原。这同电子计算机并没有关系,虽然后者大大提高了计算效率。高斯(Carl Friedrich Gauss)也曾提出过类似的观点。识别复杂系统的精微模式一直是数学的专长,它还能为需要计算的科学与工程技术作出其他方面的贡献。

数学的严谨和物理学的推论

物理现象遵循自然的法则。数学结构符合严谨的推理。以数学来表现物理的实在,跨越了具体和抽象,在它们的模型和概念公式中,科学家和工程师必须小心地平衡两者的关系。偏见常常会导致抱怨,认为数学受到的关注太多了或者太少了,也就是说,理论与实践之间存在着差距。对于这样一个重要论题,一段史实为此提供了很好的说明。

数学家哈罗德·戴维斯(Harold Davis)在关于算子微积分学的书中,

勾勒出了它的历史发展过程中的五大"乐章"。第一乐章包括莱布尼茨和拉格朗日（J. L. C. de Lagrange）的工作，第二乐章是拉普拉斯的，第四乐章是弗雷德霍姆（E. I. Fredholm）和沃尔泰拉（V. Volterra）的，第五乐章是希尔伯特（Hilbert）和施密特（Schmidt）的，所有这些人都是大数学家。他在该书中间部分写道："十分奇怪的是，算子理论的第三个乐章源于电信领域的重要研究。这个戏剧性故事的主角是亥维赛（Oliver Heaviside, 1850—1925），一个自学成才的科学家，受到他那个年代的数学家们的嘲笑，他们看到的只是他的神奇公式背后存在着不严密的裂开大口的窟窿。"[9]

　　亥维赛出生于英国一个贫困家庭，靠自学成为电气技师。当别的自学成才的工程师们纷纷成为企业家时，他却使自己成为一名研究工程师，这在当时几乎是闻所未闻的。当大多数物理学家都怀疑地认为麦克斯韦电磁场理论靠不住时，他是少数几个坚定的拥护者之一。为了拆除电磁场理论创建时那种晦涩难懂的"机械脚手架"，他提供了很多详细的解释，引进了合理化的电磁单位，写下了我们今天所知的四个现代形式的麦克斯韦方程。[10]为了把电磁场理论用于工程技术问题，他全面发展了传输线路的理论，提出了获得理想的无失真传播的若干方法。其中的一个方法是插入感应线圈，后来普平进而开发了这种方法，把专利卖给了美国电话电报公司，使远程电话得以顺利开展。它给普平带来了50万美元的收入，而亥维赛却一无所得，他发表了研究成果而不是申请专利，最终饥饿而死。[11]不过，亥维赛生前对自己发展了的电磁理论成果还是很满意的，并在工程师中竭力推广它们。他的数学方法，虽然推理不是很严谨，但是在计算中的确像魔力一样发挥了作用。它的价值在20世纪初期得到了数学家们的认同。他们致力于进一步论证与扩展这一方法，结果发现它类似于拉普拉斯的"母线微积分"（generatrix calculus），于是把它称为拉普拉斯变换，它已越来越成为科学和工程技术中不知疲倦的重负"驮马"。[12]

亥维赛和他同时代的数学家们激烈论战,而后代数学家却为他竭力辩护,这一事实揭示了数学与物理学之间的微妙关系。亥维赛以18世纪的欧拉、拉格朗日、拉普拉斯以及其他大数学家的精神来从事研究,他们在发展微积分学中作出了长足的跨越。他们精心计算,稳步前进,依照20世纪的标准,他们甚为含糊地定义了许多术语,处理收敛时马马虎虎,概括也很不细心。然而至今对其进行的仔细审查发现,他们几乎没有犯过什么十分严重的错误,其中的部分原因,是因为他们受到了物理直觉的引导,而后者则是在他们把数学应用于求解力学问题时获得的。

既然19世纪转向更高的抽象思维,数学便开始从物理学中解放出来了。正如1883年康托尔(Georg Cantor)所宣称的那样:"数学在其发展中是完全自由的。"[13]为了自由,数学付出了放弃经验直觉与经验支持的代价。于是,纯粹抽象的思维只能依靠它自身的严谨性来进行辩解。随着抽象建构使数学结构越来越复杂,严谨性也变得越来越重要,同时思维的一时疏忽很容易产生种种错误。

亥维赛生活在数学为它自身基础而担忧的时代,他的研究工作因为缺乏严谨性而遭受纯数学家们的鄙视。一直与应用数学打交道的亥维赛进行了激烈的反驳,争辩说严谨不应该是僵化的严谨。他的这些观点,在数学家中还算不上完全是离经叛道的。克莱因(Felix Klein)是一位颇有声望的纯数学家,与亥维赛生活于同一时代,也以一种类似的心绪写道:"对发展我们的科学来说,理想的'严谨性'并不总是有着同样的重要意义……在有着巨大而强劲生产力的时代,为了迎接生产力最丰富、最迅速的可能增长,严谨性往往被迫退居到背景上去,只是在随后的关键时期被再次进一步强调而已,而此时关切的事是如何保卫已经赢得的财富。"[14]

至于在自明的公理化数学中的各种概念正确与否,仅由其形式上是否自洽一致来判定,只是意指它们是不被任何物化的或功利的应用所束缚,并不意味着它们必然地不适合于应用,断绝与应用的联系,或者不受应用所促进。数学和科学延续不断地处于相互挑战和促进之中;数学家曾声称亥维赛脉冲函数和狄拉克(Dirac)δ函数并不存在,而工程师和物理学家却得以成功地运用它们,最终这两种函数都推动数学家发展了广义函数中的分布理论。反之,抽象建构中的智力自由,有助于创造发明,并科学地发现前所未闻的事物。把思维从日常的先前经验中解放出来,能够在探索奥秘现象或构思新颖设计时广开思路。废除欧几里得平行公设,为通向非欧几何学和爱因斯坦广义相对论打开了大门。素数理论,表面看来似乎只引起学术界的兴趣,却成了极其有用的密码学的奠基石。对于经验性质的科学和工程技术来说,高层次的数学抽象就像一个用长焦透镜装备的高轨道人造卫星,它的高远视野能看到在地面上看不到的广大而又细微的地球构造。

火箭发射得太高就会飞离地球,再也回不来了。数学思维产生了如此之多的概念结构,使人禁不住迷恋它的博大精深而流连忘返。对工程师和自然科学家来说,被抽象的数学美所陶醉而忽略了具体问题是危险的。亥维赛很清楚地看到:"通过将具体问题归结为纯数学的练习来排除物理学,这种做法应当尽量地避免。应该始终优先考虑物理学,赋予问题以生命和实在,使物理学对数学有巨大的帮助。"[15]费恩曼的个人经历给亥维赛的主张提供了有力证据,那就是所有优秀的数理科学家"在求解的实际工作中都受到物理学引导的重要帮助"。费恩曼精通数学,但是他说自己倒是倾向于根据物理学案例而非数学通则去进行思考。他告诉我们,他曾找出别人讲演中自己并不熟悉的复杂数学理论中的错误,这使演讲者大为震惊:"他以为我是循着一步步的数学推理发现的,其实我并没有这样做。我有恰是他正想要分析的物理学例子,而且我是根据直觉与经验推知事物的属性的。所以当某个方程表示某个事物的行为应该如何如何时,我就明白这种方式大致是错误的,这时我就会跳出来说:'等等,这里有一个错误!'"[16]

数学建模与表述实在

数理科学和工程技术涉及现实世界中的事物与过程。世界如此广袤与复杂,以至于任何自然科学理论不论它何等全面,也只能表现世界的某些方面,就算是采用了理想化和近似性的方式,也只能如此。在本书第5.1节阐述建模时所论及的爱因斯坦书信中,曾着重讨论了这一点。人们运用建模方法来深究现实世界错综复杂的各种因素,分辨出其中本质的东西,求出合理的近似值,在概念上阐明它们,这是必不可少的步骤,如果缺少这一步,即使有最强大的数学机器也是徒劳。"不作概念界定的数学模型是没有意义的,因此在建模之前,必须首先弄清楚:它有什么用途? 想用它来帮助解决什么问题?"[17]生物化学工程师贝利(James Bailey)的这一主张,受到了无数其他工程师和科学家的响应。也许,这里还可借用计算机领域一条极有名、也是极简洁的规则GIGO来说明,这一缩略语的原意是:"无用输入,无用输出。"

同样的议论也见之于工程学系统理论,例如香农的信息论。系统论理论家卡尔曼(Rudolf Kalman)解释到,所谓控制问题,即工程师如何才能使一个物理系统按照要求运行的问题,分为两个部分。第一部分是模型构建,工程师在此为一个需要控制的物理系统的动态性质构造某种数学表述。第二部分是控制理论的核心,处理"现实世界某个方面的数学模型,因而控制论的工具与结果都是数学化的"。[18]就像其他的系统理论一样,控制论是从大多数但并非全部的物理因素中抽象出来的理论。它保持着基本的一般条件。所以说,作为控制论中一个闻名遐迩的成果,卡尔曼滤波器是对维纳滤波器的一次重大改进,部分原因在于它放宽了后者所设定的稳定性要求,这种要求无法满足大多数实际物理情况。行之有效的系统理论连同它们所有的公理、定理和证明,已经深深地介入到工程技术的现实中去,它们的最根本意义正是在这里。数学家柯尔莫哥洛夫(Andrei Kolmogorov)对此大加赞赏。说到信息理论的成功,他写到,香农"把高度抽象的数学思维和宽阔的、同时又是非常具体的理解结合起来考虑重大的技术问题"。[19]

亥维赛写道:"永远不会有一个数学纯粹主义者能够做麦克斯韦的论文包含的工作。"希尔伯特打趣说,在格丁根大街上,每一个中小学生都比爱因斯坦懂得更多的四维几何学,但正是爱因斯坦而不是数学家发现了相对论。数理科学或工程学就像一支独奏曲。数学计算花费了它们的大部分时间,正如管弦乐队演奏出了大部分的音响。计算过程是被物理学的、设计的原理所引导的,正如管弦乐队的音响强弱是被独唱者的精湛表演所指挥一样。诚然数学是十分重要的,但是在自然科学和工程技术中,物理学的、设计的原理具有至高无上的支配地位。一旦它们变得干涸或被扭曲,只供观赏的形式主义就会退化为物理学家乔治(Howard Georgi)戏称的"娱乐性的数学神学"。麻省理工学院林肯实验室的工程师们用最简洁的语言将此概括为:数学应该放在关节点上,而非制高点上。

6.2 信息论与控制论

"要看清一个数学家的精神风貌,没有比具体例子更好的了。其中一些例子见于数理物理学和与之紧密相关的数理工程学。"数学家维纳(Norbert Wiener)曾经这样说;他为控制理论作出了实质性的贡献。50年之后,电气工程师凯拉斯(Thomas Kailath)在引用了维纳的这段话后写道:"不得不说,'数理工程学'这个术语并不像'数理物理学'那样流行。作为一个相对年轻的领域,它的倡导者们仍然着重关注较为专业性的表述,诸如信息理论、通信、计算、控制、信号处理、图像处理等。冠以'系统论'甚至'数理系统论'名字的学科尽管不断取得进展,但是仍然没有被普遍接受。"[20]

所有的工程师和物理学家,都运用各种数学方法着手解决现实世界的问题。尽管数理物理学和数理工程学都使用了更为深奥复杂的数学,但是它们两者都不是一种统一的理论。工程学有许多系统理论,其中有:线性的、非线性的、决定论的、随机的、连续的、离散时间的理论,以及更具论题导向的信息、控制、计算、信号处理等理论。它们比由物理导向的工程科学更为抽象,在风格上更加数学化,正如控制工程师伯恩斯坦(Dennis Bernstein)所说的:"虽然工程学的其他分支,诸如流体力学和结构力学,是数学的主要使用者,但是在类型上和精神上,控制论和数学并不相同。试问你最近何时看到过一本流体或结构杂志上有定理证明公式?"[21]

伯恩斯坦也指出了其中存在着一个悖论,从本质上说,控制理论是工程学的和实践性的。尽管它本身很抽象,却迫切需要以硬件为工具,并依托硬件才能获得巨大的成功。控制装置调节灯光照明、电梯升降和室内气温;监护国家安保和消防安全;稳定高层建筑使其不在大风中摇晃;调整汽车的燃油注入量,调整发动机点火定时、节流阀门、转矩变换和其他功能;精细地调准化工厂的反应温度、流量和其他各种变量。许多高灵敏度的航空器、闻名天下的喷气式战斗机,如果没有飞行控制,性能就会极不稳定,说不定立刻坠毁。这些仅是控制理论应用的一小部分。它们在技术系统中的作用如此可靠,以至人们往往不假思量就把我们的安全托付给它们了。

控制理论具有定理证明的形式,产生的结果却在现实世界中发挥了一丝不苟的作用,它是如何做到这一步的呢?为什么数学严密性在各种系统中比在物理学理论中更为醒目呢？在考察了一些专业例子之后，我们将回到关于系统理论的这些认识论问题上来。

系统理论思维的兴起

在第二次世界大战之前，工程学理论研究的范围还是很狭窄的。为了解决伺服机构问题，机械工程师主要是在时间域中发展了理论，把受控工厂当作动态系统来处理。为了解决放大器问题，通信工程师主要是在频率域中发展了理论，解决了信号增益与稳定性问题。接下来，大战的爆发竟使双方不期而遇，特别是在开发防空火炮的瞄准控制器时，他们必须联手攻关。当不同的想法一接触，他们发现时间域和频率域的两种表达方式不仅不相悖，反而是互补的。一个电子放大器的输出信号必须高保真地跟踪任意输入的电话信号，它在某些方式上类似一支机械枪，必须准确地跟踪处于飘忽不定地移动中的目标。清晰地阐明它们之间的相似性，必然导致系统理论思维的产生。

"系统论的显著特征在于它的普遍性和抽象性，它涉及系统的数学属性而非物化形式。"电气工程师扎德（Lotfi Zadeh）解释说。[22]通过从大多数物理因素中抽象出来，仅仅保持一般结构和表面看来毫无关联的设备的功能特征，运用数学概念去表述它们，系统理论揭示了蕴藏于工程学不同分支中极其深刻的共性。在系统理论中，低通滤波器只是指一种通过低频振荡、排斥高频振荡的东西。虽然它仍然保留着诸如截断频率、插入损耗之类的一般物理特性，但是却忽略了大部分的特殊性，诸如并不计及滤波器在物理形态上到底是一条电子线路还是一个汽车悬架。**系统抽象**的理念，可由图2.3中的下行和上行的比较来说明。同那些下行相类似的方框图，抽取出了一个系统中各个要素之间的相互关系，这种表示法在工程学教科书中十分常见。

一个工程技术系统一般都是一组相互作用的要素，受制于各种输入和产生各种输出。从严格意义上讲,特定的没有输入与输出的系统通常是一个动态系统,其状态随着时间而变化。从对太阳系的研究算起,动态系统的研究至少可以追溯到牛顿。现代动态理论是在19世纪末发展起来的,它引进了许多成熟的概念,在工程技术和自然科学上都取得了丰硕的成果。

在一个系统的一般概念基础之上,还可引入各种复杂因素和对其进行强制性的约束。一个线性系统服从于叠加原理。一个反馈系统的输入是其系统本身的状态函数。有些系统则受制于偶然发生的扰动,就像遇到各种不同风浪的船只。另外一些系统的输出还会受到外来种种因素的损害,例如测量值受到了噪声或误差的不良影响。在什么条件下才适用某种系统理论,这取决于现实的情况和建立的模型。系统理论往往考虑最一般的条件,例如白噪声或二次型性能指标。它们的抽象性质使其研究成果能够有效应用于形形色色的物理系统。一般而言,PID控制器就是由它的控制规则的比例-积分-微分形式所定义的。它最初来源于对驾驶船只技术的研究,如今已经推广应用到各个领域,例如在工业工艺中用以对温度和压力的控制。

在第二次世界大战期间,在引入工程学的一般概念中,**最优化**和**概率**这两个概念成了系统理论的奠基石。最优化标志着设计从零碎的解决方法向系统的合理化设计的转变。机械工程师格廷(Ivan Getting)回忆说:"在战前设计伺服机构的实践中,仅仅机械装置已经**足够**解决问题了。但是在战争中就遇到难题了,尤其是在炮火自动控制领域,十分有必要强调设计**性能尽可能好的**伺服系统,与现有的某种机械装置相配套。"[23]他继续说,如果要确定什么是最好的,那是困难的。工程师们太讲究实际,以致难以想象什么是绝对的、一般概念上的"最好",这是任何一个明白事理的人都知道无法达到的。最优化理论针对的所谓"最好",涉及某个特定的客观标准、一系列的选择和约束条件。一旦这些东西被一个足以把握本质的实际因素的模型格式化以后,数学就在决定是否存在最优化,以及要是有那么它们应该是什么等方面,提供了许多工具。数学研究最优化的历史,至少可以追溯到17世纪的变分法,而变分法在20世纪50年代取得了突飞猛进的进展。[24]各种各样的数学编程(具有规划意义)技术,为获得特定问题的最优化提供了强有力的方法。它们广泛应用于工程学、运筹学以及其他领域之中。

概率论运算问世于17世纪早期,1933年柯尔莫哥洛夫为它提出了一个严密的公理化体系,并将概率论应用于工程学问题。维纳不受柯尔莫哥洛夫的约束,携手电气工程师朱利安·比奇洛(Julian Bigelow),致力于解决过滤信号、防空火炮精确瞄准目标等问题,并且,他在1941年对通信的概率本质提供了理由。他的专著《外推法、内插法与平稳时间序列滤波法》(*Extrapolation, Interpolation, and Smoothing of Stationary Time Series*)被工程师们戏称为"黄祸",因为这本书的书皮是黄色的,又采用了艰深难懂的数学表述。该书对许多工程师的思想产生了极其深远的影响,其中就有香农。

信息理论

香农的"通信数学理论"揭开了信息理论的序幕,它所提供的概念、洞察力以及数学关系式奠定了现代通信系统的基础。当其论文在1948年发表时,他已经为此断断续续研究了8年。其中涉及通信工程师们已经提出的许多理论,包括信息的对数概念等。然而,他们只是逐个地处理某个通信系统的各种要素。如果没有前后一贯的概念架构,就不能使工程师集成各种要素,把被传送的消息和输送消息的信号联系起来,评价与比较相互竞争的技术的性能,以及探究它们的潜能和极限。香农的理论所阐明的,正是这样一种架构。通信工程师加勒杰(Robert Gallager)解释说:"它为个体元件和整个现代通信系统奠定了概念基础。从它解释了部件如何适应整个空间的意义上看,它还是一种建筑学观点。它还构思了描述这个空间的信息测量方法。"[25]

"通信的根本问题,就是如何在一点精确地或近似地再现从另一点挑选传来的消息。"香农在他的论文中开门见山地说道,"我们希望考虑涉及通信系统的某些一般问题。要做到这一点,首要问题是把牵涉的各种不同要素表述为数学形态,并把它们的物理对应物进行合理的理想化。"[26]他的叙述表达了一种系统理论的特征:数学的表示式,物质的理想化,根据功能来定义一个系统,以及同时定义系统的信息输入和输出、信源和用户。

信源产生声音、图像、文本、数据以及其他物理信号。通信的信道存在于大量的各种物质媒介之中,受到扰乱信号的噪声影响和引发错误。香农在各种各样的物理条件下进行钻研,寻找它们与**可靠**通信相关的普遍特征——这意味着消息传到用户过程中,可能发生误差的概率微乎其微,即使信道存在噪声的情况下,也不必让用户自己提出消除的请求。他发现:传送信息的工程学意义不在于它的内容,而在于它们能够从一系列可能性中被挑选出来;不是语义学上的而是统计学上的。所以他把信源描述为一个随机过程,该随机过程的统计特征可由一个量来概括,这个量被定义为它的**平均信息量(熵)**H。在信道方面,他发现其本质特征是它的**容量**C,这是由一般物理特性如带宽、噪声谱密度,以及信噪比来定义的。平均信息量和信道容量的概念不是孤立地,而是与信号一起被引入的,信号携带消息从信源发出,通过信道传送到信宿,并把系统中的所有东西结合为一个统一整体。设计信号的形式是通信工程的一项主要工作。香农提出了具有普遍性的问题:要使受噪声干扰的通道利用率最大化,以便得到可靠的信号传输,信号处理所能做到的"最好"状态是什么?换句话说,不是通过增加传输器的功率,而是通过聪明的信号设计来战胜噪声,工程师们离此要求还有多远呢?

他推论说,不论是以字母或象形文字表达的信息,都能编译成一系列标准化的符号系统,其中最简单的是二进制数字,即**比特**(bit),数据传输速率以 R 比特每秒来表示。信息发射器进行信号处理、连接信源和信道,它可分为由二进制数字相连的两个部分。第一部分是信源编码器,它与信源的特性相一致;第二部分是信道编码器,它与信道的特性相一致。同样的分解还存在于信宿端(见图6.2)。将发射器和接收器进行分解的**分离原理**,是系统模块化的另一个例子。在实践上,它能使设备更为简约,更加灵活多样。在理论上,它保证了香农对他提出的基本问题作出解答的可靠性。

信源编码器除了能把消息转化为二进制数字以外,还能通过去除冗余来压缩消息。香农在他的**信源编码定理**中业已证明,对于一个数字化的信源,当平均信息量为 H,信息速率为 r 比特每秒,平均速率为 R 比特每秒时,只要 $R > Hr$,则其消息就可以被压缩为一个二进制数字序列,而不会遗失任何信息。既然 H 的数值落在0—1之间,那么对大量的、不会遗失的数据进行压缩是有可能的。

信道编码器能把二进制数字序列转换成更适合于传输的形式。香农的**噪声信道编码定理**表明:只要数据速率 R 小于信道容量 C,就有可能对信道输入信号进行编码,以及对输出信号进行解码,在这种场合

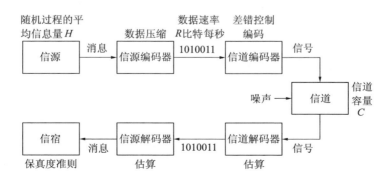

图6.2　用信息理论表示的通信系统

下,即使有噪声干扰,信息也会以小到可以忽略的差错率传送。总之,只要符合 $Hr < R < C$ 的条件,实现可靠的通信是有可能的。这一研究成果使那个时期的工程师们感到震惊,因为它所预示的可靠通信中的数据传输速率远远高出他们的原来设想。

随着高保真的高速率传输而来的是高成本,其中需要有构造复杂、价格昂贵的信号处理设备。尽管如此,但信道编码毕竟是一种新颖的、有独创性的信号设计方式,足以抵御不可避免的物理性事件如噪声、有限功率或有限带宽等。在为特定的信道噪声类型和实际参数设计差错控制代码时,工程师们可以借助数学的力量。这种技术策略的新特色,极大地增进了为获得可靠通信的工程技术资源。

编码理论

牛顿第二运动定律表明,力等于质量乘以加速度,从而引进了力、质量与加速度这些内在相互联系的概念,形成了一个有关非相对论性运动的普遍架构。同样地,香农的理论引进了信源熵、数据速率与信道容量这些内在相互联系的概念,形成了一个有关通信系统的普遍架构。信源熵的定义,在一定程度上由它在信源–信道–编码定理中所起的作用所证明,这些定理断定 $Hr < R < C$ 作为可靠通信的限定条件。牛顿第二运动定律并没有对力的形式进行限定,它被指定适用于任何类型的现象,例如牛顿在另一次引入的关于万有引力的平方反比定律。香农的理论也不限定信号编码的形式,因此由其他工程师发展出了编码理论。[27]

信道编码理论断言,在单向通信方式上有可能获得任意高精确度的信号传输,但是香农的论证并没有提供如何获得这种性能的任何线索。编码理论,其目的是找到实践上可操作的差错控制码,很快便成为信息理论的一个实质性的部分。它的首次应用是在深太空通信领域,参与了1969年启动的"海盗"号火星探测任务*,以及1972年"先驱者"号探测器飞越木星附近空间的通信联络**。深空航天项目面对十分严酷的通信条件,并且承担得起十分昂贵的信号处理硬件,特别是地面的解码设备。它还存在于一些其他的高端应用,例如卫星通信之类。然而,只要设备是昂贵的,以及传输速率足够从容地应对拥挤的高通量信息,就不存在商业压力来打破理论局限。信息理论发展得相当缓慢。在它问世25周年之际,通信工程师皮尔斯(John Pierce)写道:"我们中的一些人所获得的,也许是智慧而不是知识。"[28]

然而,恰恰在皮尔斯那样写的时候,历史的天平正在发生倾斜。信号处理硬件的价格因微电子学而降低了如此之多,以至于实行差错控制编码变得越来越经济实用。计算机通信技术预示了有可能实现空前的高流量和企盼的高速度。在此仅举一个家喻户晓的例子:电话线最初是为通话者设计的,在这里,人不仅是信源而且也是编码器和解码器。一旦线路上有噪声干扰,他们自然会说得大声点、慢一点,多次反复地说,以便使对方减少误解。除非有差错控制作用的调制解调器把计算机连接到电话线上,否则计算机也做不到这些。网上冲浪者不能容忍万维网(WWW)变成"世界范围等待"(world wide wait),他们强烈要求高传输速率。正是诸如此类的强劲需求,结合使用价格便宜的硬件,从20世纪70年代开始信息理论便处于高速发展状态。威力强大的

---

* 1975年8月和9月,美国先后发射"海盗1号""海盗2号"火星探测器。1976年7月和9月相继在火星成功着陆。它们分别在火星工作6年和3年,共发回5万多幅清晰度很高的火星照片。——译者

** 1958年10月到1978年8月,美国先后发射13个"先驱者"号探测器。其中"先驱者10号"探测器是第一个成功穿越小行星带的探测器。1973年发回首批近距拍摄的木星照片。1979年"先驱者11号"探测器首次近距研究土星。两者同于1989年飞离太阳系。——译者

差错控制算法开发出来了,格码(trellis codes)技术在1982年问世了,10年之后涡轮码(turbo codes)算法开始把深奥的数学用于简化处理过程的复杂性以提高其性能。为了在个人计算机的调制解调器上实现这一目标,他们正在促使数据传输技术运用到有限容量的电话线路中去,这一切正如香农所预言的那样发生了。[29]

信号处理在信息技术中无处不在,信息理论的应用从通信迅速扩展到其他领域,例如,把它用于计算机的数据记录与存储十分可靠。"通信联系将信息从这里传输到那里。计算机存储则把信息从今天传输到以后。"通信工程师伯利坎普(E. R. Berlekamp)如是说。信息理论提供了数据压缩的基本原理,节省了存储空间;而差错控制编码技术,有力阻击了那些干扰读、写的噪声和恶化贮存的媒介。在纪念信息理论诞生50周年之际,韦尔杜(Sergio Verdú)评论说:"随着技术不可阻挡的进步,香农提出的基本限定变得越来越与系统设计发生关联,而在系统中的诸如带宽、能量、时间与空间之类的资源日益稀缺。"通过坚韧不拔的研究与开发,曾一度被人视为晦涩难懂的数学理论,如今也在通信与计算技术上得以高度地实用化了。加勒杰提醒工程师们说,今天的技术进步之所以有可能突飞猛进,仅仅因为得益于经由长期而坚毅的研究所积累起来的知识和技术:"例如,一个现代化的蜂窝电话系统,是在发展了几十年的各种概念与算法的基础上建立起来的,而概念与算法所依靠的研究可以追溯到1948年。"[30]

随机控制中的估算

当从通信渠道传来的信号受到噪声干扰时,接收器对它进行处理并力求给出这个信号在不受干扰情况下的最佳**估算**——这里的"最佳"意指拥有最小概率的误差。估算是通信系统中不可或缺的重要部分。然而,这对于设法让系统中各个部分相互协调的信息理论来说,还不是中心问题;致力于传输终端接收信号的设计,减轻了信息接收端的工作量。不过还有与信源发出的信号不合作、甚至产生电子对抗等许多其他情况存在,例如雷达跟踪难以捉摸的航空器,或声呐侦听隐秘行动的潜水艇等。在这些场合中,估算变得头等重要。[31]

估算的一个普遍问题,涉及如何测量一个始终处于变化之中的系统。该系统可能是决定论性质的,也可能是随机性质的。由于测量设备总会受到任意噪声的影响,不论在哪种场合下测量,其结果都是不准确的。估算器的任务就是以从前或当前的测量数据为基础,对处于不同时刻的系统状态作出准确的估计。有时候可以由其他有用的信息来补充这些数据,诸如对测量的不精确性构建的统计模型。估算器的性能,通常是由在一定的时间间隔内估算值与系统真实状态之间的均方差来衡量。能够把这种均方差最小化的估算器,称为最优化的估算器。

估算是一切测量方法的内在固有属性,它的问题早在近代自然科学发端之时就已经被人意识到。伽利略就承认,在测量过程中发生误差和不准确是不可避免的。在 19 世纪初期,高斯提出了一个数学模型,其中包括最小二乘法,从而在不甚精确的天文观测中确定了行星运行的轨道。随着概率论运算方法的引入,估算理论获得了另一种新的提高。第二次世界大战期间,在致力于防空火力系统的研究与开发过程中,维纳介绍了被人戏称为"黄祸"的维纳滤波器,它利用了全部的历史数据以估算平稳随机过程的当前值。许多估算器都被称为**滤波器**,这种称谓令人回想起它们的通信来源,因为通信工程师力求把干扰噪声从信号中过滤出去。

估算器和滤波器作为信号处理的方法与算法,普遍适用于自然科学和工程学学科领域,其中最受理论关注的领域是控制。工程师们认识到想要控制的系统功能往往缺少完整的知识,于是发展了随机控制理论,它运用概率运算方法认真对付不确定性。他们需要监控反馈控制的系统运行,但是他们的传感器往往易受干扰,只能做到局部性的观测。在这种境况下,估算方法尤为重要。在这里,我们可以设想一下自动驾驶仪控制空对空导弹的情况。有雷达装置为导弹测量目标的位置与速度,并且还具备一个航空器加速度模型,但是仅有这些工具是不够的。估算器安装在机载计算机上,它把测量到的数据、模型运算结果以及以前的与目前的其他可利用信息结合起来,以估算目标的状态。它还结合评估导弹本身的状态,并将结果馈入操控导弹的自动驾驶仪。[32]

涉及有缺陷测量的随机控制理论,随着卡尔曼滤波器的引入在1960年达到了一个新的高度。对工程师们来说,尽管卡尔曼滤波器也采用复杂的数学方法,但是并不像维纳滤波器那样使人感到"可怕",因为它是在后者出现之后历经十余年工程科学与教育改革的产物。卡尔曼滤波器一出现,就马上被航空航天工程师所采用,实践中首次登场是在1961年"阿波罗"空间计划的可行性研究上。作为机载计算机的一部分,它用来导航"阿波罗11号"登月舱降落月球,辅助集成机载传感器获取的数据和地球基地雷达探测的信息。经过许多工程师的进一步开发与拓展,卡尔曼滤波器现用于任何有现代控制系统的地方,范围之广涉及从地震研究到化学加工厂生产。这种技术最为突出的应用是在航行和交通工具的导航方面,例如用于波音777客机的陀螺仪系统中。如果你使用GPS全球定位系统,那么在你的信号接收器中就正好用到了一个卡尔曼滤波器。[33]

"可以是什么"的理论

信息理论为通信系统提供了一个宽广的架构,而卡尔曼滤波方法为某种类型的估算问题找到了答案。香农撰写的论文论述"通信的基本问题",而卡尔曼论述的是"通信与控制中一类重要的理论与实际问题"。然而他们都说,在某些场合他们对特定的应用不感兴趣。[34]他俩都是工程科学家、深刻的思想家,对于什么理论才普遍适用于各种各样的实际情况这一问题有着深远的思考。

物理学理论支持与现存事实相悖的假说,但是仍然属于研究"**是什么**"(what is)的理论,它们着重于揭示和阐明自然规律的详细情况。工程系统理论重视物理学定律对工程学的约束,但它是属于研究"**可用来做什么**"(what can be of use)的理论,它们从绝大多数自然物质细节中概括出来,使人类智力能够以最大的自由来创造有用的人造物品。"**是什么**"是一个实在性的问题,可由物理实验来解答;而"**可以是什么**"(what can be)却是一个倾向性的问题,预示着种种的可能性,其中许多设想是不可能用实验来证实的。至今从未有人做成的事,并不意味着这件事一定不能做成;历史一直在嘲弄许多草率地宣布"不可能"的断言。更明确地说,那些所谓的最优化往往也难以用实验来辨别;因为列出所有的选项并逐一比较它们的性能,这在操作上往往是行不通的。同样地,工程师们不能因为缺乏实验训练而变成梦想家,同时使工程学成了天花乱坠的广告宣传。系统理论学家所窥视的未来笼罩着不确定性的迷雾,他们的一些论断也是无法检验的,至少不能马上得到检验。系统理论学家们了解他们在认识论上存在的困境,但是希望他们的论断仍然解释得通,于是他们作出双重的努力,设法使假设更明确,使论证更严谨。要切实达到这些要求,数学是理想的语言。系统理论的定理论证风格并非只是一种学术的时尚,它足以加强"可以是什么"的论断和论证的充分严密性。

物理学理论的计算倾向于得出特定的解答。然而系统理论的定理倾向于设定相当一般的条件,特别是边界与极限。系统理论不是专门描述这个或那个案例的,而是倾向于给出可能的上限与下限是什么。一个解的边界范围是从一组假定条件出发通过数学论证得来的,而这些假定条件可能包括某些一般物理条件的建模。一个更严密解的边界范围,很可能来自一组不同的假设条件。这些解的边界范围有效界定了什么是可以实现的,什么是不可以实现的,它们就像"首要战略",为工程技术研究与设计指明了富有成效的方向。香农的信道编码定理就是一个例子,这个理论证明了信道容量就是能覆盖噪声频道的可靠通信的最高数据率(即上限值)。皮尔斯是这样评价这个理论的价值的:"信息理论就像热力学定律,把一个世界分为两部分—— 一部分是可能的,而另一部分是不可能的。这两部分之间往往由一条具有上限和下限的间隙来划分,尽管如此,但大体的分布状态还是清楚的。这样一来,善于创造发明的人就不会再去发明类似永动机那样的编码或调制方案了。然而,它们为设计覆盖噪声频道的、有效实施无差错的传输方法提供了崭新的可能性。"[35]

在控制论中,人们也能发现"首要战略"的概念。这方面除了最优化概念之外,还有可控制性和可观测性之类的概念,后两者都是由卡尔曼引进的。所谓一个系统是可控制的,是指该系统能够接受输入指令的驱使,在有限时间内能从一种状态变为另一种状态;可观测性则是指,任一时刻的系统状态都可由系统在有限历史中输出的信息来测定。即使是在现存的系统中,这些倾向性属性也很难通过实验来检验,因为这些性质都涉及**任何**无限多的可能状态。所幸的是,这些性质通过它们数学模型的一定特性明确无误地得以体现。控制论通过数学模型详细阐明这些性质,给出有效的控制条件,设计工程师就可以对照这些条件检查自己手头的工作,以避免无谓的和错误的操劳。对于复杂系统来说,这些"首要战略"的概念特别有价值。20世纪60年代中期,在美国洛斯阿拉莫斯国家实验室,一个价值1000万美元的等离子体聚变约束实验宣告失败,原因就是控制器的设计者们没有检验系统可控制性和可观测性这样的双重条件。[36]

系统理论研究的最终目标是工程学。所以一旦有必要,系统理论家们就会割爱一般性而去追求实用性,满足于研究受限制的、但是足以说明实用问题的一般条件。这样一种重大战术性的条件选择,往往使他们能够一路顺畅地从抽象的数学走向实际的情况,直至具体工程的实施。卡尔曼滤波器就是这样一个例子。它把自己的适用范围限定于线性系统。尽管线性方法并非处处令人满意,但是对于许多重要的应用领域来说,它已经是足够好的近似了。工程师们只要在理论的有效区域内从事工作,就能够精确地解决一些关键性的估算问题,充分运用高深数学开发出用于设计和制造实用设备的通用技术。

6.3　风洞实验与因特网模拟

理论与实验往往被称为科学的两条腿。这两条腿是相互关联的。理论家密切地注视着实验的数据,为实验准备计算数值,比如粒子散射横截面积等,他们在辩论中会运用思想实验的方法。实验家的工作远不只是检验理论,他们的新主意同样很有创意,而他们的发现常常让理论家感到吃惊。尽管实验家对理论研究上的形式主义很不耐烦,但是他们仍然有足够的数学能力去掌握理论研究的结论,并为设计实验和分析数据进行相关的计算。实验家和理论家各行其是,拥有各自的丰富资源,他们相互取长补短,合力推进科学和技术的发展。

在自然科学中,物理学是最为理论化的学科。即便如此,从事理论研究者在新毕业的哲学博士中所占比例也只有1/3,而在从事物理学研究的科研队伍中还不到1/3。这个比例也大致反映在研究成果中。授予理论研究的诺贝尔物理学奖,略低于1/3。余下奖项被授予实验和观测的新发现、新技术、新仪器和实用技术,包括电报、自动调节器、晶体管、集成电路、电子显微镜以及快光子学等。在获奖的理论成果中,解释观察到的现象和预言新现象的课题平分秋色;在获奖的实验成果中,验证理论预言和发现新现象的课题大致相当。值得关注的是,约有1/3的奖励授予测量的新方法和新仪器,或许还结合有这些新手段可能带来的新发现,例如:微波发射器、回旋加速器、全息摄影术、粒子探测器、气泡室和云雾室、电子显微镜和扫描隧道显微镜、离子陷阱和原子陷阱、核磁共振、X射线衍射和电子衍射、光子束散射或粒子束散射、各种各样的精密测量技术、获取超高压和超低温的方法等。[37]在这些领域,实验物理学家的想法和工程师的想法相互交叠。两者都试图发明种种途径去实现某种目的,特别是去测量某种事物。尽管物理学家的初始目标是纯科学的,但是他们的许多测量技巧后来找到了广泛的实际应用。例如,X射线晶体学成了研究分子结构的强有力工具,其中就包括DNA分子双螺旋结构的发现。X射线晶体学和核磁共振技术在整个医药产业的药物开发中扛起了大梁。

科学实验与工程技术实验

实验者绝不是在被动地**观察**,而是在主动地去**探寻**某种事物,这一过程可能就像解谜一样地不可捉摸。在野外的科学观测中,需要细心地选择对象,例如天文学家决定把望远镜对准茫茫宇宙中的某一天区。在实验室里做实验,进一步要求实验者在小心、熟练地操作仪器的同时,还要人为创设能分离某一特定现象的条件以便测量其特性。一个实验就是借助物态仪器提出的一个问题,研究者运用这些仪器从物质世界中索取答案。

好的问题才能引出好的答案。对于科学研究的成功来说,设计令人满意的实验是头等重要的事情,而好的设计要求有思路清晰的构思。实验者必须对所需的如下各种要素——进行适当的选择,其中有:调查的现象、运用的机理、设立的条件、测量的数值、改变的参数、使用的仪器。实验者要作出明智的决策,除了必须拥有物理的洞察力和技术的专业素质之外,还离不开科学背景知识和直觉能力。但是,这绝不意味着实验的成功与否是由某个带有确切预言的特定理论来决定的。相反地,一个系统性理论往往只是受到成功实验所作发现的激发产生的。

由于科学家动用越来越复杂的物理机制来探究奥妙的现象,并在极端条件下进行实验,他们需要性能越来越高级、而价格可以承受的仪器。在这一方面,工程技术对自然科学的发展作出了巨大的贡献。即使激光散射之类的机理从原理上说能提供高清晰度的结果,但是如果没有适当的装置产生必要的能源,探测微弱的信号,准确地操控设备,也是无法有效完成实验要求的。而且,传感器和探测器的输出信号一定要经过处理,并以可以理解的形式显示出来。当大科学酿成大规模的实验时,自动化装备就变得不可或缺。从事基本粒子研究的物理实验室装备了庞大的粒子加速器,工程师济济一堂。人类基因组计划之所以能在2/3的预定时间内完成,主要原因还在于采用了先进的仪器和自动化装备。控制、信号处理和自动化装备是工程学的强项所在。科学仪器与测量仪器的制造商,曾经位居现代工程师先驱者之列,如今他们主导着一个大产业,仅在美国年均销售额就超过了900亿美元。

除工程研究外,在设计规程的构思阶段,也必须进行科学实验,此时工程师们探究的是基本设计概念的可行性,以及改进特定系统(特别是复杂系统)的理论模型。探索性实验用于确定系统的参数和性能指标、试运行硬件以及验证系统要求。测试和评价贯穿于研发的所有阶段,有助于细化原有设计、测量元件性能和评估系统行为。这些实验的范围较为狭小,集中于特定研发系统的各种元件。[38]

科学家和工程师通常把实验与测试看作"最高上诉法院",但是他们并没有忽略其中的认识论问题。实际上,以实验作为媒介,很容易引入干扰与误差,实验的设计要求有概念化的思维,而它们的数据必须加以合理诠释。实验者明白,测量的误差是无法完全消除的,实验者是通过分散数据点记录不精确性的,伴随着数据点而来的是误差棒(error bar)* 的绘制,它制止人们随意超越标准偏差的临界线。为了解释任何一种方式的微小干扰引起的随机性误差,科学家和工程师发展了概率论和统计方法。为避免实验装置中由于植入假元件而引起系统性误差,他们会对照制订的技术标准对元件进行一一校准。如果运用设备对系统的各次独立测量揭示了某种偏差,他们会小心地从实验数据中将其剔除。

精确测量某个单一数值,比如一个电子的电量,对实验设备的要求最为苛刻,但是测量某个单一数值并不是大多数实验的目的。就像数学一样,实验强调的是变量之间的**相互关系**。大多数实验所测量的,是一个变量的值如何随着另一个变量的值的变化而变化的,例如气压变化是密度变化的函数。或者测量两个变量的关系是如何随着第三个变量的变化而变化的,例如气压-密度函数关系是如何随着温度升高而变化的。变化本身可以当作是一个与参考值有关的比值,这样就同化了大部分仪器的系统偏差,只留下**变化中的趋势**,相对而言不存在误差。这里介绍的,只是把实验设计成能使数据偏差概率最小化的一种方法。

一种物理原因会产生多种后果,而在任何场合下都会存在许多具有因果关系的因素。在现代的大多数实验中,测量工具本身涉及复杂的机理,必然会与被测对象相互影响。然而,这两者的相互纠缠关系,并不意味着人们不可能进行有效的、尽管是近似的分析。恰恰相反,如果我们能够正确地区分不同的要素,考虑它们的**变化状态**,那么各种各样的因果联系就能为实验的有效性提供最强有力的支持。出色的实验设计通常能成功地抵制外来的主要影响因素,从一系列现象中分离出

---

*误差棒:在统计学上,当一数据集对于每个 X 值包含不止一个 Y 值 (或对于每个 Y 值不止一个 X 值)时,可选择绘制误差棒。误差棒可显示系统总体标准偏差,或测量数据相对于平均值的分布。——译者

显著的研究对象。然后,实验者要求所测的数据**坚实可靠**,即在某种意义上,要使这些数据对目标参数的变化敏感,同时却对实验条件下的其他因素的变化不敏感。

可重复性是承认实验结果的一条重要准则,这不仅仅是指使用同样的装置重复进行一项实验而已。实验对象除了与仪器相互作用外,还有许多其他的效应;而仪器除探测实验对象外,也有其他许多作用。所以说,如果采用其他装置、其他实验设计或物理原理,一种实验现象也本应重复出现,例如在采用共振吸收和采用非弹性散射的情况下,就是如此。相反地,实验装置要通过着手研究不同的实验现象来证明它的可靠性,例如把X射线衍射法用于研究立方型晶体结构和蛋白质折叠分子结构方面。采用不同的途径能提供更大的支持,因为它们可以相互弥补各自的不足;通过比较不同的变化状态,实验者能够发现并校正不同装置自身中存在的虚假特性。这就像三角测量法:为了测定一个物体同我们的距离,我们通过两个或更多个相互连接的观测点来测量,测量的精确度随着三角测量基线的增加而提高。这种实验方法等同于用许多理论表述来思考同一个现象。依靠多种方法和多名研究者广泛地进行相互交叉的校验,虽然还不能产生绝对的确定性,但是可以把误差的概率减少到微小的程度。

跨声速飞行的风洞实验

一种有着广泛应用的工程实验方法就是风洞。尽管每个人都亲身体验过微风和狂风的感觉,但是长久以来,人们对气流和固体之间的相互作用只有粗浅的了解。在19世纪中叶推导出来的流体力学方程是非线性的,并且公然挑战解析法。普朗特边界层之类的崭新概念的提出,确认了物理学意义上的近似计算方法,标志着理论空气动力学的重大进展。然而,即使运用今天的超级计算机,也难以求解有关湍流问题的实际答案。实验,稳固地同分析、计算一起,仍然是空气动力学的三大支柱之一。[39]

空气动力学实验有着多种的类型,其中包括旋动机械臂、坠落物体到实际飞行等。实验室往往选用风洞设备,一股具有受控特征的气流流经置于测试区(即风洞喉部)的一个被测模型,该测试区装有各种传感器,用以测量由于气流和模型相互作用而产生的各种应力。风洞除用于飞行器和汽车的空气动力学实验外,还往往用来研究风力驱动设备、建筑物动力荷载、驱散污染物等不胜枚举的各种现象。风洞的基本原理最早是由达·芬奇阐明的,他对飞行作了深入的思考:"不论物体以一定速度在静止的介质中运动,还是介质微粒以相同速度撞击静止的物体,介质施加于物体的作用都是相同的。"[40]这个原理耽搁了三个世纪,才终于盼到了航空学的问世。世界上首座风洞出现于1870年,此后风洞实验对1903年莱特兄弟的"飞行者"号首次飞行作出了重大贡献。埃菲尔对威尔伯·莱特的公开演示印象深刻,在他的大铁塔附近也造了一个风洞。在其他一些先驱性的测试中,埃菲尔证实了达·芬奇提出的风洞原理,包括:对风洞实验数据与从埃菲尔铁塔上作落体运动的物体状态进行比较,以及对风洞中全尺寸航空器模型实验数据和航空器真实飞行性能数据进行比较,等等。各种不同的实验,都证明了风洞对于空气动力学领域中的详尽测量是行之有效的。

比起用一个大风扇对着物体猛吹,进行风洞实验毕竟要复杂得多。一开始,大多数的风洞实验都用来测试一些小模型。而且,将小模型的测试结果按比例换算为全尺寸物体的数据,大多数都是通过量纲分析来处理的。量纲分析并不要求人们用高超奇巧的数学去求解流体方程,而是依靠深邃的物理洞察力把握动力学变量和基础数学之间的相互关系,以开发利用各种动态流体之间的相似性。这种纯粹理论性的巧妙思路富有成效,不仅在技术实验中十分实用,而且对科学研究也普遍适用。由于它在各种不同的实验条件之间建立起清晰的联系,因而它们的分析结果是可以融洽一致的。而且,这种方法在引进诸如升力系数和阻力系数之类参数的前提之下,一举扫除了长期以来的种种理论困难。利用风洞实验测出的这些参数值,这些实验就能够快刀斩乱麻地解决理论难题。

到了20世纪30年代,风洞实验已经成为一项成熟的技术,在空气动力学研究和航空器设计的历史中留下了非凡的足迹。接下来,新的问题又出现了。为了模拟航空学的真实情况,风洞必须产生一股速度均匀的气流通过被测试的模型。对于远低于1马赫(声速)的气流速度,在风洞里是容易达到的,此时的气流可以近似地看作为一种不可压缩的流体。但是对于流速在大约0.7—1.3马赫的跨声速区域,情况就大不一样,因为这一区域出现了冲击波。实验数据表明,这时会突然发生升力系数下降、阻力系数增大的情况。当时,有一张类似图6.3a的图表披露给了新闻媒体,后者在公布时用了一个会误导公众的概念——"声障"(sound barrier),原意是"声音的屏障"。

1941年,声障有了它的第一个牺牲者。当时,一位试飞员驾驶飞机

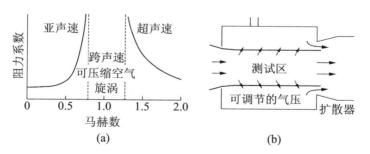

图6.3　(a)阻力系数在跨声速区域急剧增大,导致传统的风洞实验失败。(b)在跨声速风洞测试区安装细心设计的通风槽或通风孔,可以解决前面提到的问题。[资料来源:(a)改编自 J. D. Anderson, *Introduction to flight*, 4th ed.(Boston: Mc - Graw - Hill, 2000), p.406;(b)改编自 A. Pope and K. L. Goin, *High - Speed Wind Tunnel Testing*(New York: Wiley, 1965), p.106]

做正常的俯冲测试,在速度增加到超过1马赫时,想不到飞机坠毁了。在此之后,类似的意外事故接踵而来。随着涡轮喷气式飞机和火箭推进的出现,预示着一个高速飞行时代的到来,因而需要进一步掌握跨声速空气动力学,这一任务越来越迫在眉睫,但是调查研究的进展却举步维艰。从理论上看,可压缩流体的动力学方程长期以来似乎是固若金汤的堡垒,直至20世纪70年代,它终于被计算机攻克。从实验上看,风洞实验也碰到了瓶颈。实验模型所产生的冲击波从风洞壁上反射回去,扰乱了通过风洞喉道的大部分气流,导致了实验的毁灭性失败。在这种场合下,即使移动风洞壁也无济于事;冲击波转变为膨胀波的形式作用于自由空气边界后,反弹回来撞击实验模型,使实验数据顿时变得毫无价值。风洞作为一种实验装置,正是受到它所研究现象的损害而无法正常工作。研究者曾为这一难题而沮丧,但并没有被其蒙蔽。虽然他们一时无法解释其中的原因,但却清醒地认定:问题肯定是因为风洞本身的功能有漏洞。

由于对问题产生的原因缺乏足够的了解,妨碍了人们对风洞装置进行适当的改进,结果在跨声速区域出现了一个实验的裂口。使人十分遗憾的是,在人们最需要实验数据的地方,可靠的数据却难以获取。然而,航空工程师们并不甘心就此失败。美国国家航空咨询委员会(NACA)下属兰利航空实验室是风洞研究的领军者,他们强调动用一切可利用的技术来增进对风洞的了解。虽然现有知识的贫乏令人十分失望,但是兰利实验室的工程师们仍然想方设法力图填补实验的空白。高速风洞项目主管斯塔克(John Stack)提议,研制一架研究型飞机来收集飞行中梦寐以求的空气动力学数据。他竭力向美国空军游说,详细阐明这种研究工具同时具有跨声速飞行样板的双重价值,美国空军高层终于被如此看好的前景所打动。这是科技研究者、军方与产业界三者之间的一次示范性合作,结果诞生了"贝尔X-1号"飞机,1947年耶格尔(Chuck Yeager)驾驶着它首次突破了声障。

兰利实验室的工程师们积极参与了"X-1号"的设计和实施,它的成功使人大受鼓舞,于是他们进一步加大了风洞研究的力度。通过缩小模型的尺寸,发明新的支撑系统,尤其是设计形状合适的风洞喉道,他们一步一步地填补了跨声速实验的缺口。尽管如此,在0.95—1.1马赫之间仍然存在一个小缺口。此时,雷·莱特(Ray Wright)领头填补空白的最后冲刺。他在埋头总结兰利实验室实际经验的基础上,把它们和自己的理论直觉紧密结合,从而进一步论证:问题的症结可以通过在风洞测试室中安装通风槽来解决(见图6.3b)。尽管他的主意受到人们相当大的怀疑,但是却得到了斯塔克的全力支持,后者力排众议,坚持把两个巨大管道改装成了槽式喉道的风洞。为获得平稳的跨声速气流分布,他们花费了数年时间来设计理想的通风槽结构,耐心地统筹兼顾试验、计算和工艺三者之间的有机关系。时至1950年,兰利实验室的风洞研究团队终于填补了最后的实验缺口,并把风洞改造成为一种成功的实验装置,能够进行从次声速到超声速所有流速的实验。

有关跨声速空气动力学的实验数据,来得正是时候。为了克服跨声速造成的阻力屏障,由火箭推进、空中发射的轻型"X-1号"是一回事,而对从地面起飞的战斗机来说,由涡轮喷气推进、携带燃油进行超音速实战飞行,则完全是另外一回事了。在兰利实验室新的槽式风洞喉道中进行的一系列紧张实验,大大有助于削减多达75%的跨声速阻力,这一进展对第一架超音速喷气战斗机的成功试飞至关重要。

为研制风洞而奋斗的生动事例表明,即使我们的知识非常不完整,实验者仍能够根据初步的理论,以及从各种各样的实际经验中获得的物理的直觉,分别梳理出仪器的故障和对象现象中的反常。随着前进道路上的障碍接二连三地被攻克,我们的知识与装备也都得到了改进,从而能够设计出更好的实验,得到更可靠的实验数据。工程学实验的各种分支通过形形色色的实用系统得以扩展,而后者同样也提供甚至更多的反馈和证明。

建立模型、模拟方法与计算机实验

在计算机开创的崭新研究途径中,理论与实验的关系变得如此紧密,以至于在有些领域中很难分辨一个项目到底是理论性的还是实验性的。其中一个案例就是计算机模拟,它包括用模型来**表示**真实的情况,以及在计算机上**实施**这个模型的运行。[41]

模拟方法可涉及理论方面的,也可涉及实验方面的。在前一种情况下,研究者广泛地使用计算机来求解一些方程,这些方程通常以空气动力学或电磁学之类的公认理论形式来表示。为了设法处理一些不宜运用解析法的复杂情况,这些在计算机上运行的模型总是依靠某些物理近似和数值近似的方法,例如采用有限元方法来求解复杂设备结构中的麦克斯韦方程组。

许多模拟方法并不是完全以理论性的方程为基础的,在这种情况下可以把它们看作是虚拟实验。像物质形态的实验一样,在特定的条件下,它们能够得到一些特定场合的结果,所不同的是这些结果采取了抽象的形态,只存在于计算机的虚拟空间之中。它们形成了一种新的技术,对于研究由大量相互作用的要素构成的复杂动态系统非常有用。例如,请设想一下高速公路网上的交通情景吧,车辆行驶的道路彼此交错,它们通往各不相同的目的地。研究者对一览无余的交通模式感兴趣,但是他们能够在概念上描述的只是汽车的运动,而且只能考虑单车或相互作用的几辆车。即使是这样一些描述,也往往是近似的和统计性质的,因为研究者无法完全了解驾驶员的行为。在掌握一般知识,以及为所研究的系统收集详细资料的基础上,研究者构建了一个概念的或数学的模型,它抓住了汽车层次上的本质特征,这个模型可以是确定性的,也可以是或然性的(借助于计算机产生的随机数)。然后,这个模型被变换成模拟器,也就是能够在计算机上执行的某种形式。计算机跟踪成千上万辆汽车的行为,以此来模拟即模仿真实的交通状况。

一个模拟器实际上就是一个虚拟的实验室。只要配备一个模拟器,研究者就能通过指定一组参数来设计一个实验,例如研究道路状况和交通负荷之类的课题。为了做好这个实验,他们假设汽车处于运行状态,看看高速公路网上会发生什么事情。他们不断地改变参数,进行了很多实验性运作,运用统计的方法得到了系统的整体模式。这是一种实验性质的探索。它的数学模型反映了一种物理学的观点,即认为系统是由要素构成的,但是这种模型在系统的层次上涉及的理论假设最少。然而,通过无数次地观察系统中各要素在受控条件下的情况,计算的结果揭示了有关系统整体的信息。计算机模拟方法常常用于研究和评价广泛领域的论题,其中包括:空中交通系统和其他运输系统,符号逻辑系统和其他军事系统,供应链和其他的制造系统,集成电路和其他的计算机系统,无线电网络和其他通信系统,等等。

工程学研究中的一个重要领域是计算机网络的运行和不断发展的因特网。对因特网流通状况的经验性测量,显示了网路的不稳定性和其他一些错综复杂的动态行为。了解它们的变化规律,对于设计新的网络协议和控制运行作业,预防令人担忧的网路大面积阻塞和优化网络性能至关重要。面对这些任务,网络工程师越来越依赖网络模拟。

本书第3.3节中曾经讨论到:因特网通信采用的是包交换技术,它把一条消息分成一些较小的数据包,然后通过任何可用的路径来发送它们。大多数的网络模拟器着重关注数据包这一层次,这些数据包在网络上由主机发出,通过路由器传向目的地,并在不同站点变换信息,而网络模拟器对它们进行全程跟踪。至于它们如何传送和变换信息,取决于如下各个方面的特性,其中包括:网络的拓扑结构、节点、网络协议,以及定义各种不同实验的规格说明等。某些网络模拟器能够容纳成千上万台的主机和路由器,并将它们分组接入相互连接的各种各样结构的局域网。时至2000年,现实的因特网已经拥有约1亿台主机,虽然网络模拟器同它们相比简直微不足道,但是数量也很庞大,而且性质独特,足以显示许多十分有趣的功能。模拟器也为抽象方法和情景生成方法提供工具,因此网络工程师能够针对网络运行的某种特定层次来设计实验。一个用来评价网络协议性能的实验,虽然会以网络之间现实的路由器为主,但是也对局域网的某些细节和物质性连接的大多数细节进行抽象;而一个用来评估无线网络的误差与延迟率的实验,则更多地关注物质性连接的特性和传输控制协议之间的相互作用。这与下述情况很相似:在物理实验室里,研究者为了做不同的实验以测量不同的数值,就必须重新安排装置。

尽管模拟器和它们所支持的实验都是抽象性质的,但是它们仍然能够处理现实世界的问题。对于大多数的软件开发来说,一个共同的极其重要的任务就是确保它们能够胜任这点。这个任务包括两部分,即所谓确认测试和验证测试,并且在模拟处理、建立模型以及计算机执行的过程中实现这两步。**验证**(verification)是指消除编程过程中的错误,以便确保计算机编码忠实地实现模型中的概念,从而确保正确地做事。**确认**(validation)是指如何精确地评价模型,反映它所要表示的真实世界的现象,从而确保正确的事能做好。有时候,我们要确认一个模型的可靠性,可以通过比较特定的模拟结果和真实世界的实验结果来进行,但是对于模拟因特网之类的大型系统来说,这种方法不可行。工程师和科学家必须设计各种各样的方法来确认模型的可靠性。除此之外,他们还必须为各种不同类型问题的模型制定标准,以确定做到多好才算是足够好,因为模型总是近似的,更高的成本可以得到更高程度的精度。

6.4 综合性的材料工程学

地质学家蒙哥马利（Scott Montgomery）曾写道："[地质学]在定义它自身的全部领域方面是独一无二的，但是又把以下如此之多的其他领域的知识与论述划归它的范围之内——物理学、化学、植物学、动物学、天文学，以及各种不同类型的工程技术等（于是，地质学家立刻成了真正的'专家'，同时又成了绝望的'多面手'）。"材料科学家卡恩引用了这段话，并觉察到这样的描述也十分适合自己学科的特点。[42]物理学和生物学这样的基础学科，是根据自然现象中最一般的本质区别提出来的。具体而复杂的现象，不论是自然的还是人造的，往往涉及好多门基础学科所研究的机理。从好多门学科的知识中产生一个单独的领域，这是许多科学的特质，其中包括自然科学和工程科学。

让我们考虑两个学科领域：恒星物理学和核工程学。为研究恒星的结构与演化，天体物理学家把恒星的行为解析为核聚变和其他核反应、能量与物质的转移、引力以及从微观到宏观的其他相关机制。考虑到恒星内部结构的一些特定约束条件，他们综合相关的原理去解释各种不同类型恒星的行为，其中包括：主星序氢燃烧恒星、红巨星、白矮星、超新星与中子星等。核工程师也要考虑自然的力量。他们分析核反应堆的原理，根据的是核裂变与其他核反应、能量与物质的转移、结构性约束，以及其他相关的物理机制。然后，他们还要考虑由反应堆结构所产生的各种限制，以及考虑一些实际问题，例如安全性、燃料有效性、废物处理，以及经济上的竞争力等。他们综合考虑了物理学原理和实际的约束条件，探索出了各种不同的反应堆类型：轻水反应堆、重水反应堆、增殖反应堆、球床反应堆等。其中一些更适合于发电，另外一些适合为船只提供动力。显而易见，研究星空中的核聚变反应堆根本不同于设计地面上的核裂变反应堆。不过在总体层次上,恒星物理学和核工程学表明了一定程度的相似性,那就是它们整合了各种不同的因素和分支知识,形成了一个独特领域中的一门专业化科学。

科学地综合基本原理以解释或预言复杂的现象,这是一种创造性的活动。人们必须采用新颖的观点来"挖通"复杂性的"迷宫",抓住重要的因素。"板块构造"之类的地质学概念,以及"超新星爆炸"这样的天体物理学概念,都不能在基础物理学中找到。它们是特定学科中独立存在的内容。同样的情况也存在于工程科学之中。恒星物理学家和核工程师分别展开了他们各自领域中的核物理学独立细节。

一个迷路的徒步旅行者看到了一堆石头,顿时放下心来。诚然,石头堆在自然界中随处可见,但是用人工堆垒的石头却具有某种容易辨认的特性。用于生产目的的人造物,除了必须符合自然规律,还必须使用工程科学系统地展现出来。在这里,温琴蒂举了一个例子。蒸汽机、燃气涡轮机以及化学反应器,在它们的基本区域中都涉及同时存在的热效应和流动效应。很多这样的区域都有叶片、喷嘴与其他多节的构造,正是这些因素妨碍了流动问题的边界值求解。为了更好地处理它们,工程热力学引入了一个想象性的固定边界所包围的"**控制体积**"的概念。这个概念能够使工程师忽略复杂的内部流动而计算总体效果,这对于工程技术设计是非常重要的,但是在物理学中却缺少这样的概念。简而言之,尽管"热力学"这个术语对于物理学来说是相当普通的,但是作为一门工程科学,它拥有自身很多新颖的概念。[43]

结构、属性、加工与性能

1929 年,由于缺少能够经受高温高压的材料,惠特尔(Frank Whittle)提出研制一种飞机喷气发动机的建议,遭到英国空军部的拒绝。在 20 世纪 70 年代光通信技术起飞之前,它也不得不等待低损耗玻璃纤维的出现。在1立方厘米空间里能容纳上百个10亿字节数据的全息存储技术发明于1994年,但是它仍然得等待一种适宜于商业化的材料。不管是在哪个前沿领域,先进材料一向是先进技术的关键。在1955年美国工程教育学会的报告中,确定材料科学是六大工程科学之一。从此以后,材料科学与工程学(MSE)便逐渐成为很多大学中的一种多学科院系。[44]

整个宇宙是由物质及其等价物——能量构成的。正如冶金学家史密斯(Cyril Smith)认为,材料不仅仅是物质。物质就是实体,即人们通常泛指的"东西",而材料还进一步具有功能和效用的内涵。它是具有某些性质的东西,这使它能够用于制作特定的设备和结构。[45]当哲学家在沉思物质是形式的对立面的同时,物理学家在追求物质的基本构成单元,化学家研究一种物质转化为另一种物质,但是工程师却更多地把材料当作他们在技术竞技场上的利器。当然,材料和物质是不可分的。没有关于物质的科学知识,就不可能开发出先进的材料。1989年,美国国家研究委员会(NRC)在一项研究中强调:"在材料科学与工程学领域,科学和工程学是难分难解地交织在一起的。"[46]

材料来自各种各样的东西,它们可以按照不同方式分类。根据材料的自然属性,大致可分为四大类:金属及其合金;硅酸盐材料,例如陶瓷和水泥;聚合物,例如木材和聚乙烯;还有复合材料,例如纸张和玻璃纤维。也可以根据它们的用途来分门别类。用于建筑和交通工具的结构性材料,利用的是它们的强度和弹性之类的机械性质。功能性材料,利用的是它们在电气的、电子的、磁性的、光学的以及其他方面的性质。半导体材料构成了一个与众不同的类别,因为它们在信息技术中起到了重要作用。材料科学与工程学不仅研究大块的材料,而且研究它们的表面、接触面,以及那些诸如用于许多微电子器件的各种薄膜。

人类首次使用材料是自然而然发生的。随着文明的进步,人们逐步找到了从自然界里获取材料的各种途径,而且对它们进行加工以获得更好的性能。材料加工技术是如此重要,以至于被用来标记人类社会发展的主要历史时期:石器时代、青铜器时代、铁器时代。各家博物馆里的人工制品琳琅满目,充分展示了那些手艺娴熟的工匠们的非凡技巧,他们加工的金属和陶瓷制品精美绝伦、功能各异。复杂的冶金工艺早在13世纪就已达到完善的地步,采用这种方法打造出来的日本武士刀,在20世纪科学的冶金术出现之前,其性能是无与伦比的。橡胶硫化法、电解铝法、塑料合成法以及数不清的其他加工方法,生产出人们急需的各种性质的材料,成为技术进步中至关重要的因素。

在17世纪近代工程技术出现的时候,如何引入描述材料性质的一些概念与测试方法,是早期的一项主要任务。这项工作相当艰巨。对材料有用的许多物质性质,要么不是很明显,要么很难系统化。直至1800年前后,托马斯·扬(Thomas Young)引入了弹性模量的概念,结构材料的关键性质才得以定量化。同定量化概念一起,还开发出了一些能用来精确测定材料精细属性的技术和仪器。

除系统地研究材料的性质和加工方法之外,一个额外的要素也是现代材料科学与工程学所必需的。正如史密斯所说的,这一关键的因素,是要理解材料的**宏观性质和加工技术**如何与它的**微观结构和内在机制**相联系。与此相关的思想出现在17世纪,但是在那时并没有多大影响,因为当时的原子论本身还只是一种猜测性的哲学思想。接下来,一马当先的化学带领科学大踏步进入了分子领域,紧随其后的是量子力学和固态物理学。在19世纪,许多固体的晶体结构得到了数学上的描述与分类,并在1912年通过X射线衍射得到了证实。金属理论和晶格理论问世了。20世纪30年代中期,化学揭示了大分子的结构和聚合体的反应,与此同时,人工合成了尼龙。20世纪20年代,由于对金属的技术需求和繁荣的钢铁工业的刺激,冶金术从一门手艺变成了一门科学。它汲取了物理化学和相平衡的基本原理，发展了合金理论，并且开拓了一条新的道路，把冶金工艺、金属的宏观性能和它们的微观结构联系起来研究。1931年，世界上第一台电子显微镜诞生，随后有许多其他发明接踵而来，使研究者能够深入地探究物质的微观结构。在20世纪40年代之后的数十年中，原子能的出现激起了一阵有关放射线对材料危害的研究开发旋风。1947年发明的晶体管，促使人们以更大的努力把固态物理学和器件性能、材料加工方法紧密结合起来。随着装备了威力强大的电子计算机，科学家开始探索如何对一些越来越复杂的事物构建诠释的模型。

只要所有的材料都由原子和原子键构成，那么在与材料相关的研究中，就应有某些共同的核心思想。然而，当时的研究活动却各行其是，分散在各个不同的学术部门。沟通和联合开始于1959年，当时美国西北大学创建了第一个材料科学系，不久又在名称上加入了"工程学"一词。从一开始起，材料科学与工程学系就是多学科性质的，它从化学、物理学、冶金学以及工程学其他分支中汲取知识，而且渐渐地也包括进了医学和生物学。更为重要的是，它们从不同学科中提取和综合了相关知识，为发展新技术而合力增进对新材料的理解与设计。

在1989年美国国家研究委员会的报告中，材料科学与工程学的综合性本质首次得到了明确的表述，它被确定为四种因素协同的结果："正是这些要素——性质，结构与组成，合成与加工，性能与四者之间的强有力相互关系——定义了材料科学与工程学的领域。"[47]

为获得基础性的科学知识，材料科学与工程学致力于基础研究，但是这并非纯粹是为了自身的缘故。关注性能与加工，强化了它的功利性定位。需求的拉动和科学的推动，往往被认为是驱动技术进步的两股不同性质的动力。可是在材料科学与工程学之中，它们是相互结合的，就像一列载重巨大的火车拥有两台机车，一台在前面拉，一台在后面推,把两股力量结合在一起才能爬上险峻的陡坡。

在材料科学与工程学中,存在应用科学和基础科学二元性的一个例子是高温超导性。1986年人们在实验中发现了这一现象,使得置身两大战线的所有人都异常振奋。令人震惊的现象激发了理论物理学家的强烈兴趣,他们相聚在一起设法解释这种现象的内在机制,然而他们的努力至今没有多少效果。与此同时,由于深受它的潜在利用价值的诱惑,产业界和政府部门竞相投资相关的研究与开发。采用实际可得温度下的零电阻材料,即使不能在电气与电子器件方面取得重大技术突破,也能提高传输效率。最明显的例子是,超导体电路能够消除输电损失,而目前这个损失占到了总发电量的7%左右。遗憾的是,高温超导体是陶瓷材料,它们极易碎裂,而且很难加工。尽管政府部门给予了大量的财政补贴,但是直到2001年,超导电缆才算连接到了公用输电网络上去,最先是在哥本哈根,然后是在底特律和东京。可是,它们的成本约为铜电缆的50倍,目前只限于极少数人口十分拥挤的大城市的短距离输电之中,在那里,为增大输电容量还不得不打破原有的街道布局,而这样一来费用甚至更昂贵了。高成本的一个原因是缺乏科学的理解;而开发者被迫依靠试错法在黑暗中摸索着前进,这样就会错过许多成功的可能。高温超导电性的这一生动例子,说明了材料领域的情况错综复杂,也充分证明了基础研究对于有效利用的必要性。[48]

多尺度的内在机理

要把材料科学与工程学看作一门工程**科学**,请考虑它四个要素中的两个:结构和加工。**结构**所具有的特征有静态与动态、平衡与非平衡之别。一种材料的结构包括它含有的原子类型以及某些原子排列的方式,其中隐藏着该种材料潜在的可用属性。它也包括不顾及材料潜在效用而排列原子的作用力与内在机理。深入研究材料的结构能够发现一些基本的科学原理,从而促进了它与各种不同自然科学之间的学科交叉。[49]

加工包含着对材料的制作和处理。它包括把原子和分子重新集结到某种材料之中,这种情况通常也称为**合成**,尤其是当化学方法操控着这个过程的时候。它也包括在更为宏观等级的层次上形成材料的工艺规程,例如烧结和连接等。平面处理技术对于确保微电子学的成功应用至关重要,它取决于许多半导体加工技术,以及对它们内在机理知识的了解。

材料的结构和加工是相互影响的。材料的加工方式会强烈地影响其最后产物的结构,而结构决定了产物的属性和性能。反之,掌握有关结构机理的科学认识,便于人们开发合适的加工方法以制造具备所需性能的各种材料。

材料的内部结构,跨越了从电子和原子到宏观的不同层次等级。在各种不同层次上发生的机理,涉及从量子力学、化学反应、动力学到热力学和连续介质力学。它们在不同的时间尺度上发生,产生了不同空间尺度的样式。但是它们仍然是相互联系的。构建各种理论模型,以便能够考虑多层次的机理及其相互关系,这正是材料科学与工程学研究前沿的任务。

让我们思考一下激发了伽利略写作《关于两种新科学的对话》灵感的一个老问题:物体的碎裂。材料的破损导致了建筑物的倒塌、飞机的坠毁,还有其他一些灾难发生。根据美国商业部在1983年的一项研究中统计,物件破损、日常维护和损坏修理,花掉了美国国内生产总值的约4%。如图6.4所示,物体是如何破裂的? 这是一个必须在不同尺度上认真解决的难题。在宏观尺度上,可以用弹性理论和其他理论描述物体所受负荷和动力学问题,例如飞机机翼的振动是如何影响它的材料的。在一处微小凹痕的附近,可以用连续介质力学描述由于裂缝和拉伸部分产生的压力不均匀分布状况。在更小的尺度上,我们看到了

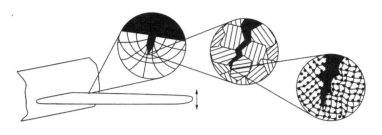

图6.4 针对飞机机翼上出现的一段裂痕,可以在多种不同层次上进行研究

裂缝沿着微晶、晶粒之间的分界面延伸,这就是我们通常所说的材料微观结构。放大这条裂痕的尖端,我们会看到一个个原子是如何通过移动来释放压力的。易碎材料中的原子会突然分开,导致裂痕迅速扩展,就像一把快刀切过大块材料一样。因此,一把玻璃切割刀只要在玻璃上面刻出一条浅浅划痕,就能干净利落地割开一块玻璃板。在金属之类延展性材料中,原子之间可以相互滑动,因而制止裂痕出现,但代价是材料轻度变形。原子的运动是出现裂痕的关键因素,但不是唯一的因素,并非完全靠它决定一切。更大尺度上的结构也是至关重要的,例如缺陷和断层之类。虽然至今仍然缺乏完备的解释,但是我们确实拥有一些关于材料破裂内在机理的重要科学知识。运用这些知识,工程师们就能够采用强化纤维、微裂纹和其他修补结构的措施来提高物体的抗裂性,而抗裂性是结构性材料中最重要的一种品质。[50]

在加工过程中,大多数工程材料都要经过熔化的阶段。一种材料怎样从熔融状态转变为凝固状态的过程,会大大影响它的微观结构和各种性质。要把握好高级材料性能的控制条件,就得理解凝固过程的内在机理。材料工程师有时会取得一些成功,例如在生产越来越大尺寸的单晶半导体,以及在微电子领域降低产品缺陷方面。但是在其他领域,研究的难度就更大了。凝固是一个很复杂的过程,它取决于微妙的非平衡态作用力的某种逆转,从而生成花样奇特的图案。当合金凝固时,它们形成了亚毫米级的树状纹理,这种特征大大关系到合金本身的性能。花纹形成的机理非常深奥复杂,要表述它们还得诉求于湍流理论、混沌学以及其他前沿的数学工具。对它们进行理论研究的目的在于发展加工技术,例如直接凝固法之类的工艺方法,以生产可用于航空航天和其他用途的高级合金。而且,其他科学家也在运用许多理论概念与数学知识,例如宇宙学家致力于理解原始宇宙形成的各种可能模式。材料科学家兰格(James Langer)说:"我也清醒地意识到,那些在自然哲学最前沿从事研究的宇宙学家,与那些想方设法改进发动机部件或制动器的工程师,有着如此多的共通之处。"[51]

材料工程学和系统工程学

要把材料科学和工程学看作一门**工程**科学,就必须认识到它表现为工程材料学和系统工程学相互交叉的学科;而要对一种材料进行正确的评价,就必须全程审视它从"摇篮"到"坟墓"的表现。对于材料优劣的评价标准,除了要求它在经常性的恶劣条件下能够很好保持可靠性之外,还要考虑把它加工成有用形式时花费多少成本才算有效,以及在它们用完废弃时能做到怎样的充分回收利用或进行处理。对生命周期性能的需求稳定地强化着材料工程师和产品设计工程师两者之间的关系。

当产品结构简单而且性能要求不高时,产品工程师进行的工作可以不必去同材料工程师协商。他们可以从庞大的数据库里选择有用的工程材料,或者详细列出他们的需求并移交给材料部门处理。当产品变得很复杂,并且工程师们力求使产品最优化,他们会在设计思路中逐步地整体考虑包括材料性质和加工方法在内的各种要素。这是全局审视系统工程的又一个例子。在一个复杂的系统里,一种材料的理想性能有着广阔的衍生作用。例如,在给汽车选择车盖材料时,汽车工程师不仅要考虑结构的性能,诸如材料的坚硬性和耐腐蚀性之类,还要考虑到电气方面的性能。车盖必须尽量减少动力传动系统和无线电天线之间的电干扰。如果它所采用的材料不能抑制这种干扰,工程师就必须重新设计新的天线。这个简单例子说明:在复杂的系统中,材料的各种性质之间的相互作用是何等的错综复杂。类似情况越来越常见,绝非个别现象,因此产品设计和材料设计也越来越互相交叠。

6.5 生物工程学前沿

美国联邦研究基金对科学和工程学不同分支的资金分配(参见附录B),任何人只要大致对它扫视一下,就会对其中生命科学的突出优势留下深刻印象。分子生物学在诺贝尔奖项和专利申请中硕果累累。它的基础研究成果不同寻常地应用在人类身上,因为人本身也是生物体。在它的基础上发展起来的新兴生物技术,已经取得了令人瞩目的成功纪录,但这还仅仅是开始。它的最伟大承诺很可能是在人类的医疗保健方面,这非常富有挑战性、充满人道主义,而且有利可图。大学呼吁制药公司成立研发中心。华尔街的金融家们对此兴高采烈;新闻媒体也是如此,它们对遗传学和医药学领域进展的报道,几乎垄断了电视台科学发现报道的频道。生命科学和生物技术的生机勃发,也深深影响着工程学的发展。生物工程学应运而生,准备成为一门新兴的工程科学。

生命技术与利用生命技术

生物技术涉及的远不止基因,这正如信息技术涉及的远不止计算机一样。直接影响到有关生命过程研究的自然科学和工程学,既可以利用大多数非生命物质工具为**生命服务**,又可以**利用生命作为工具**创造人们所需要的产品。"生物技术"这一术语蕴含着多重含义,它揭示了工程学与生命以及生物处理方法之间深刻而又变化多端的关系。[52]

直接**为**生命服务的技术,意味着要发展生命的或非生命的各种机制以便同生命过程相互作用,并为之服务。要在这方面取得成功,我们必须具备许多适用于生命过程的知识。研究人机相互作用的生物技术,原是1947年洛杉矶加利福尼亚大学提出的一项工程计划。后来进一步拓广了它的原有意义,包括了**生物材料研究**和**生物医学工程**。生物材料可以用在从药丸糖衣到人工心脏瓣膜的所有事物上,它们也许是无机物,但是它们必须在生命体中与生物进程很好地协调一致,从而在没有令人不快的副作用的前提下实现人们所企盼的功能。至于生物医学工程师,他们为医学成像、监测、诊断与治疗而设计医疗器械,还必须熟悉相关的生理学知识。目前,已经很少有人将生物材料和生物医学器材归类于生物技术了,但是随着人们越来越多地利用生命为生命服务时,这两者之间的界线也开始模糊起来。

在今天,生物技术通常是指以自然科学为基础,在工业生产中**利用**生命有机体和生命活动过程。粗略地说,它主要由三大领域组成,根据所利用的有机体种类和被操控生命进程的层次等级来划分。在动物和植物、细胞以及分子三个层次上的操控,分别能找到农业、发酵和遗传学三个领域的各自根源。

尽管制造业在不断增长,农业对我们的生活还是至关重要。提高农业和饲养业的产值,长期以来一向是自然科学和工程学的一项目标。事实上,"生物技术"这个术语,是1917年农业工程师埃雷基(Karl Er-eky)在一篇题为《大规模农业中肉类、脂肪和奶品生产的生物技术》(Biotechnology of Meat, Fat, and Milk Production in Large-Scale Agricul-tural Industry)的论文中首次提出的。[53]这里着重于对动物和植物这一层次进行技术操控,以提高它们的生产力。这种生物技术致力于**农业工程和生物工程**。撇开其他方面的贡献,它对农作物和动物作基因改造的成功实践必不可少,它们要么用于直接消费,要么作为"活体工厂"来生产急需的药物和其他产品。

在许多古代的文明中,发酵现象早已用于酿造和烘焙过程。然而直到 1856 年,巴斯德(Louis Pasteur)才在微生物研究中把发酵现象和生理过程紧密联系起来。1897 年爱德华·布赫纳(Eduard Buchner)和汉斯·布赫纳(Hans Buchner)证明了酵母提取液可以作为催化剂,以促进具有离体(即在生物机体之外)发酵特征的化学反应,并由此创立了生物化学。从此以后,由于自然科学原理的应用,发酵过程由一种手艺变成了一门技术,人们利用细菌、真菌和其他各种微生物来从事工业生产。在第二次世界大战中,生产青霉素的研发工程项目是一项巨大的进展。在参与这项工程的方方面面中,有美国默克公司。这是一家制药公司,它派出了一位微生物学家和一名化学工程师携手工作。由于技术创新的成功,默克公司赢得了一项奖项,同时使"**生物化学工程学**"这一术语首次启用。为了融合新的知识,默克公司在战后联合哥伦比亚大学、普林斯顿大学进一步开发生物化学工程学领域,很快就在抗生素、类固醇、维生素、酶和其他生物制品的生产上享有盛名。1961 年,生物化学工程学的主要期刊获得了它现在的名称《生物技术和生物工程学》(*Biotechnology and Bioengineering*)。生物化学工程学不久便扩展到了所谓的"**生物过程工程学**"(bioprocess engineering)。它主要致力于细胞层次的研究,利用活体细胞作为微型加工厂。工程师们设计研制生物反应器,用以控制细胞的新陈代谢和复制功能,从而生产出生物分子和生物材料。

生物技术是以基因和细胞为基础的分子生物学技术,对其报道往往占据了报刊的头条位置,使其他新闻黯然失色。通过融合生物化学和遗传学这两大领域,分子生物学使生物学发生了革命性的变化[遗传学是由孟德尔(Gregor Mendel)在 1861 年发展起来的]。分子生物学家从化学的角度来看待细胞及其组成,其中包括蛋白质和基因,他们分析功能背后潜在的分子结构和作用机制。1953 年,詹姆斯·沃森(James

Watson)和克里克(Francis Crick)发现了脱氧核糖核酸(DNA)的双螺旋结构,它包含着蛋白质的遗传密码。为了在实验室里研究和操纵基因,人们开发了各种技术,在不同的位点移接一条DNA长链,复制一段特定的片段,修改某一片段,连接所选的片段,并且把这个产品植入到一个活体细胞中去。这些技术统称为**DNA重组技术**,或称为**基因工程**。1973年这项技术生产出了第一个基因被修改的有机体—— 一种细菌,并且在1982年首次发明治疗性的蛋白质——重组的人类胰岛素。

DNA重组技术已经越来越成为"生物技术产业"的一个决定性因素。[54]它带来了新奇的、令人渴望的产品,诸如一些蛋白质药物和其他的生物医药制品。虽然这种局面令人庆幸,但是这项"新兴"的生物技术目前却无法做到独一无二。实际上,生物技术产业仍然主要依靠"老式"的生物技术在制造产品。鉴于生物医药制品对于它们的生产工艺非常敏感,因此欧洲和美国的药品监管者要求:生物制品都必须是通过最后一轮临床试验,并在相同设备条件下生产上市的产品。生物制药业对这些生物制品的纯度和浓度都有极其严格的要求,而这离不开生物过程工程学的发展。[55]

生物学家和生化学家是分子生物学和DNA重组技术中的主角,但是工程师也起到了重要作用。基因序列的自动检测是一项技巧性很高的工程技术。现在,一个机器人一天可以测序330 000个以上的碱基,而在10年以前,用手工做同样的工作需要50 000个员工才能完成。[56]从高吞吐量的数据库产生的信息洪流中寻找有价值的东西,无异于在大河中沙里淘金。这在很大程度上要依靠强大的计算机和数学运算,因此它吸引着传统的信息技术公司。IBM启动了一项名为"蓝色基因"(Blue Gene)的大型开发工程,他们设计了一台超级计算机来研究计算生物学。[57]但是,还是让我们先搁置这些相当重大的贡献,看看新兴的工程科学是如何在改变了生物技术产业的同时,也改变了生物学本身。

生物工程学：一门新兴的、综合性的工程科学

2000年6月，美国总统克林顿（Bill Clinton）和英国首相布莱尔（Tony Blair）发表联合声明：第一份人类基因组草图已经完成了。这里所谓的人类基因组，即指一套人类的全部基因。基因组学的这一成就，标志着生物学的第二个转折点。生物学的第一个转折点是从现象学到分析，现在又从分析转向了综合，无异于在图示5.5中提到的系统工程学以V模型转折发展一样。[58]

19世纪生物学主要是对生物进行描述与分类，而分子生物学分析生物的成分结构和内在机理。它的这种方法论往往被称为"还原论"。化学分析的过程被称为还原，而且作为分析法的还原论被视为一种可靠而成功的科学方法。实际上，不能把它与作为一种哲学教条的还原论混淆起来，哲学的还原论宣称一个系统的知识可以通过它的构成知识而得以一览无余，因为一个系统本身**无不**由它的部分构成，正如我们人本身无不由基因构成的一样。这种哲学观点已经被驳倒多次。分析法一直用于研究生物学的基础。人类基因组计划提供了一份详图，描绘了拥有大约30 000个蛋白质代码的人类基因序列，以及由它们的四种建构单元即四种碱基不同排列所决定的精确结构。诚然它极大地增长了我们的生物学知识，但是生物学家也意识到，他们错过了许多重要的反应。基因和蛋白质并不是孤立地起作用。活体细胞是一个复杂的环境，其中的基因会受到外部刺激而产生激变，由基因构成的各种蛋白质也会发生另外的转变。细胞和整个生物体的最关键动力学机制，至今仍然没有在详细描绘基因和蛋白质的"部件目录"里找到。人们已经把生物体分解成基本的生物构成单元，而生物学发生的第二次重大转折，这次是从还原法转变为集成法。功能基因组学力图把基因组序图和生物体生长联系起来研究。[59]

由于后基因组学时代的一体化趋势，**系统生物学**（systems biology）

的观念得以恢复生机。《科学》(Science)杂志的编辑在介绍有关这一论题特定部分时解释说,系统生物学是一个很老的概念,至少可以追溯到20世纪60年代生物学家冯·贝塔朗菲(Ludwig von Bertalanffy)从事的研究工作。由于关于生物系统机体构成的知识少得可怜,系统生物学一直蛰伏了数十年。[60]

正当系统生物学还在沉睡时,系统工程学的研究却在飞速向前。工程师们在设计越来越复杂系统的过程中,成了处理大系统的功能和它们的要素结构之间关系的专家,他们不仅对其进行了定性的描述,而且作了定量的预测。时至今日,绝大多数的工程技术系统还是属于非生物界的。然而,由于系统理论是从有关自然事物的知识中抽象出来的,并从中萃取了一般原理,它们同样也可以适应与推广到整个生物系统。为了达到这个目的,工程师们还必须掌握生物学,不过要吸收新知识并将之应用到实际工作中,这一直是他们的力量所在。看到了基因组学展现的巨大契机,工程师正在转而利用他们的相对优势。化学工程师斯特凡诺普洛斯(Gregory Stephanopoulos)评论说:"从代谢工程学里借用**模式发现**(pattern discovery)的工具,势必会对构建**系统生物学**的新兴领域的知识内容产生意义重大的影响。"[61]

作为一门新兴学科的生物工程学,它吸收了分子生物学的内容,吸引了众多领域的工程师,其中广泛涉及生物医药学、材料学、机械学、电学、计算机和其他学科。首先是吸引了化学工程师,数十年来,他们一直在设计生物过程方法。大约在一个世纪之前,化学工程师们通过综合化学和物理学确立了他们的学科。现在,为了实现新一轮的综合,他们正在着手紧密结合分子生物学。在一项问卷调查中,他们把生物技术列为在新世纪里势必会取得最有意义进展的学科,而把制药学列在第二位。

新兴的生物工程学具有综合性。这并不意味着,生物工程师可以自诩他们能够立刻掌握所有的一切。随着自然科学的大踏步前进,生物工程学拥有了分析-综合的双重方法。但是它的研究重心仍然集中在某个单一层次上,例如分子的、细胞的或是机体的层次上。然而,如果涉及已被略去的其余层次,研究重心就并非那么严格了。研究的重心层次也适宜置于整个机体之内,因为它同时也包含着其他层次。

生物分子工程学、代谢工程学与组织工程学

把研究重心集中在分子层次,可以阐明**蛋白质工程学**(protein engineening)和更一般的**生物分子工程学**(biomolecular engineening)。酶这样的蛋白质,在生化反应中起到了催化剂的作用。设计催化剂是化学工程师的一项基本工作,他们很自然地转向设计新奇的蛋白质。蛋白质工程师利用DNA重组技术和蛋白质结构的计算机模型。他们认为蛋白质不仅在特定反应里起到催化作用,而且在整个工业制法领域中处于同等重要的地位,而特定的生化反应只是其中的一小部分。为此,他们把蛋白质**结构**及其催化**功能**整合于同一个生化反应,把它的**性能**和它所在的生物环境结合起来考虑。这种情况和材料科学与工程学的"结构-属性-性能"的协同作用是类似的。[62]

生化工程师利用细胞作为微型活体工厂,至今已有较长时日。过去,由于对细胞内在机理的知识不甚了了,人们被拒于活体工厂大门之外,只限于操控一些把细胞当作整体看待的外部参数。如今,这个活体工厂的大门已经被分子细胞生物学打开了,生化工程师也可以试着修改细胞内部的整个"生产装配线"了。他们利用DNA重组技术,引进精心培育的新型细胞去执行特定的工业功能,比如大量生产某种蛋白质或某种抗生素。为了达到这个目的,他们必须鉴别出某些基因,这些基因在一定的细胞内部和外部环境条件下能为人们所需要的功能指定遗传密码。在这里,条件是重要的,因为细胞像是一个非常复杂的工厂,

它具有许多相互作用的代谢途径,而且对很多外界刺激非常敏感。正如在一家管理不善的工厂里,一条原材料供应不稳定的流水线可以大大降低一台冲床的生产力,在一个培育不善的细胞或不适合的生物反应器中,干扰因素控制了细胞的代谢途径,某种基因的复制能力就会受到很大的损害。为了提高生产力,工程师们所考虑的不是单个的基因,而是细胞系统的整体性。其结果是产生了**代谢工程学**(metabolic engineening);而新陈代谢涵盖了所有的细胞活动。在传统的化学工程领域中,代谢工程师采取了科学的途径。他们并不满足于仅仅利用细胞去优化这个或那个特定的生产过程,他们的目的在于发现隐藏于细胞结构、功能与性能之中内在动力学关系的一般规律,并将之系统化。这些原理的普适性,便于它们能明智地应用于工业过程和生物过程(即在活体中)。除了商业目的,例如发现新的药物之外,他们也致力于对新陈代谢(包括像糖尿病这样的代谢疾病)作基本的科学理解。[63]

让我们把研究重点从细胞层次移开,转向组织和器官这两个层次。组织病变和器官衰竭是健康的主要问题,几乎消耗了美国一半的医疗保健费用。外科医生和临床医生已经开发出取代受损组织或器官的非凡途径,其办法是采用植入式人工装置,或移植来自捐献者或病人本身的部分器官。这些手术拯救了许多人的生命,但是仍然留下了许多让我们期待的东西。用于人工装置的材料目前大部分都是现货供应,而且不是为了生物用途而设计,从长远看来,某些材料很可能会引起一些问题。捐献者的器官远远供不应求;每年有上百成千的病人在等待中死去。与此同时,生物学和材料学的研究发展迅速。为了把科学用于社会需求,20世纪80年代末,一门称为**组织工程学**(tissue engingeering)的新兴学科应运而生。它的意图是为人体生产活体替代部件,以待植入之用。

人们已经提出组织工程学的若干方法。其中最为可行的一种方法是修复技术,它能以再生新的活体组织的方式促使和帮助机体自我康复。这样的修复术具有三大要素:活细胞、生长因子和其他能指令和促进生长的生物分子,以及一个支架,用以在病人自己长出的新组织发挥作用之前,代替人体组织去承载细胞和分子。每一项要素都需要有大量的研究开发活动的支持,例如必须找到如何配制和迁移修补物的处理方法。在培养细胞时,我们需要掌握关于干细胞及其发育的详细知识,据此才能鉴别所需细胞的类型,避免机体免疫系统的排异反应。我们需要先进的生物材料来制作可以收容细胞的支架,在血管长出之前使细胞能吸收到各种营养,并且根据事先控制好的时间进度容纳与释放药物和生物分子,进而使支架逐渐降解,以便为再生的组织开道。为了设计生物反应器以模仿身体的生理机能,以及产生在植入机体之前和之后可行的修补物,需要有发育生物学和过程工程学的知识。目前,数个工程性替代组织已经通过美国食品药品监督管理局的审查。这主要是一些结构组织——皮肤、骨头和软骨——它们都相对简单,因为不需要很多营养。尽管人体心脏和肝脏的替代品上市还是数十年以后的事,但是作为一项产业和一个研究领域的组织工程学,正值生机勃发之时。[64]

生物分子工程学、代谢工程学和组织工程学都是很年轻的学科领域,充满活力,大有可为。它们汲取了生物学、化学、物理学和工程学的精髓,拥有共同的核心观念:把各种传统学科中的基本原理综合成一个自洽连贯的知识体系,用以预测和操控从分子到器官所有层次的生物系统。为了实现这种综合,麻省理工学院、加利福尼亚大学伯克利分校等校近来都在组建生物工程学部门,充分发挥工程分析和定量建模方法的威力以探索复杂的生物系统。这势必会产生一门新兴的工程科学。

基因重组技术是由生物学家发展起来的,不过人们也恰如其分地称它为基因工程,因为它很快便用于改造自然,为人类服务。生物工程学有着强大的科学基础,但是它并没有因此放弃它的实用使命。贝利说:"除应用基础生物学中的新知识之外,化学工程学有望在对这一'知识的爆炸中心'作基本理解方面发挥关键作用,而这一知识中心是以我们的经验连同在定量框架中的信息整合为基础的,这种定量框架描述了复杂系统的关键特征。在这个意义上,生物学领域本身也会从化学工程学的参与中受益匪浅。"[65]

好奇心和实用性,作为自然科学和工程学的两大前进动力,表面看起来就好像是密西西比河和密苏里河两个分开的源头那样相距甚远。然而,这两个学科拥有共同的现实世界与人类心智,就好像那两条大河拥有同一个流域一样。最终,它们汇流到了一起。密西西比河和密苏里河汇合之后,水面波澜壮阔,宽达数英里,前者绿色的河水和后者黄色的河水色泽各异地流淌着,可现在它们是流淌在同一条河道里。

◇◇ 第七章

工程师背景的领导者

7.1 汽车产业的行业领军人物

在沙漠的炎炎烈日下,人们挥汗如雨。这是一支由建筑业经理、土木工程师和古埃及文物考古学家组成的团队,他们正在考察研究埃及的吉萨大金字塔。较之建造金字塔的物质加工方法,他们更关注古埃及人是如何组织人力进行施工的,如施工过程的后勤保障和劳工的生计维持。当年建造这座大金字塔动用的石方量,约为美国胡佛大坝的2/3,建筑施工的年平均劳力估计有13 200名劳工,历时10年以上。这些背景情况使这个团队发问,古埃及人是如何把这么多人精心组织起来进行施工,并解决供给问题的呢? 换作**我们**,又该怎样去做呢?[1]

古代同一时期的建筑师傅们往往会互相评论他们的管理能力,诸如估算成本、确保供应、协调工作、传达技术规格和解决人际纠纷等各个方面。建筑大师卡利克拉特(Callicrates)* 如此小心翼翼地挑选古雅典长墙的承建者,这给古罗马历史学家普鲁塔克(Plutarch)** 留下了极

---

* 卡利克拉特:公元前5世纪的古希腊建筑大师。——译者

** 普鲁塔克(公元约46—约120):古罗马作家。——译者

为深刻的印象,他对此作了详尽的描述。维特鲁威则阐明,建筑师若要正确地设计建造屋檐和下水道,就必须熟悉该城市制定的各种法律法规。同商界和政府打交道,一向是工程师工作的一部分。[2]

在当今的市场经济和代议制民主体系中,工程师们必须处理好同工商界、消费者、政府官员和利益集团的关系。所有这些接触都需要有相当重要的人际沟通技巧。"作为一个工程师,必须多多地了解人,熟知人们组织、合作或相互对抗的方式,熟知商界为什么会获益或失败的经历,特别是要明了新事物是如何逐步地被人们所设想、分析、研发、制造和投入使用的。"布什写道,"工程师处于人与物这两大领域之间的中间地带,不仅在他的目标里,而且在他运用科学的方式中,以及他在组织中的处世行事风格……在任何工程技术职业中,都存在从强调**物**的知识向强调人的知识的逐渐转换的可能。"[3]

在工程技术中,人性的因素的重要性丝毫不亚于自然的因素,因为工程师们是以管理者、政策制订者或者只是以负责任的公民身份而发挥着他们的技术特长。在这里,什么是工程师从事的研制系统的最终目标,他们如何才能更好地实现这些目标,以及如何规范他们的社会影响等,这些重要问题都一一涌现出来了。

受到批驳的另一类成见

2000年,《美国新闻与世界报道》刊载的一篇文章这样写道:"通识教育和工科院校? 直到最近,将这两个短语放在一起,看起来几乎还是一桩十分可笑的事情。"该文谈到,麻省理工学院以及其他"以培养惊世骇俗的奇才而著称"的高等院校,最近正在"致力于培养一种新型的工程师,即具有管理知识的工程师"。[4]该新闻杂志确切地指出,加紧对学生进行商务领导素质方面的教育,是当前工科院校的一种趋势,其中部分原因是为了回应学生们的迫切要求。与此同时,这篇文章也揭露了把工程师看作书呆子的成见甚为盛行;只有那些深受这种蒙蔽而迷失了方向的人,才会把工程师管理素质的培养看作是一种可笑的怪念头。

利奇菲尔德(Paul Litchfield)是麻省理工学院的毕业生,他在出任固特异轮胎与橡胶公司总裁之后写道:"哈佛人惯于数落麻省理工学院培养的尽是工程师,国家为了培养出工商界头头只会诉求于哈佛。然而,一些工商界头头曾同我一起求过学,我们相处得很不错,每当我念及自己也是和这些人一起从同一个学院毕业,心中顿时会感到些许的庆幸。例如95级的斯隆,后为通用汽车公司的总裁;斯沃普也是95级的,任通用电气公司总裁;97级的艾林尼·杜邦(Irenée du Pont),任杜邦化工公司的总裁;98级的鲍布森(Roger Bobson),成为世界著名经济学家。"[5]这可不是什么新闻;利奇菲尔德提及的都是19世纪90年代的大学毕业生。他们当时都受过工程师的教育。在那个时代,商业院校还仅仅是举步维艰的实验而已。[6]

正如表7.1的调查结果所示,工程师对商界的深度参与和所获成功是令人瞩目的,而这对于那些更看重工作内容而不是社会陈规陋习的人来说,丝毫不会感到意外。就处世行事务实而精明的作风而言,工程

表 7.1　美国大公司高层业务主管中具有工科背景者所占的百分比

	1900	1925	1950	1964[a]
高层业务主管的百分比:				
本科学位为工科的[b]	24.0	32.8	32.2	44.1
第一份全职工作为工程师的	7.7	12.2	16.8	26.6
主要工作经历为工程技术的	12.5	15.6	19.3	34.8

资料来源:M. Newcomer, *The Big Business Executive* (New York; Columbia University Press,1955),tables 27,36,38;Scientific American,*The Big Business Executive/1964*,tables 8,14,15

a. 1964 年的数字为工程技术或自然科学

b. 其中持有本科或研究生学历

师意味着工商企业。从铁路到汽车、电力,直至计算机,新兴技术业已产生大批的朝阳产业。那些精通技术的工程师们更能发挥他们的商业潜质。无论是在管理领域还是金融领域,他们没有不能胜任的。尽管注重经济与效率一向被文化精英们贬斥为庸俗,但是它们却被普通的劳动大众所珍视。从出现建筑师傅的时代开始,工程项目就需要既要有计算材料重量的技能,又要有估算耗费成本的技能,也就是说,既要有关于自然物质的技术,又要有组织管理的技术。伴随着技术变得越来越复杂,协调工作也变得越来越重要。有效的组织管理在重大的工程设计中是必不可少的,例如在有成百上千名工程师参与的飞机开发项目中就是如此。商业管理与这种类型的管理相比,仅仅是一步之遥。特别是在工程科学起飞、人才竞争开始的时代,它为工程师们展示了一条前景十分诱人的康庄大道。

技术专家在同由商学院大量培养的工商管理硕士(MBA)竞争晋级时,往往能立于不败之地。在《财富》(Fortune)杂志公布的2002年美国公司500强排行榜中,有7家公司的业绩受到专题报道,其中由工程师担任总裁的有两家,由科学家担任总裁的有一家。[7]但是这与那些由工程师组成高级与中级管理人员的大批公司相比,仅仅是冰山一角而已。美国国家科学基金会1999年的一项研究发现,约有15%的工学硕士在其职场生涯的某个时候担任高级管理人员,而在工程师中拥有工商管理学位的比例已上升到35%。[8]在德国和日本,工程师从商的情况也大体与此相似。[9]

工程师不只是普通的首席执行官,而是在这方面达到了登峰造极的地步。在两次世界大战之间的年代里,有两个领军人物为加强整个德国化学工业作出了重要贡献:一位是巴斯夫公司的董事长博施,一位是拜耳公司的董事杜伊斯贝格(Carl Duisberg)。巴斯夫和拜耳是三家顶级化学公司中的两家。博施是一名工程师,杜伊斯贝格是一位化学家。他们两位都是从技术研究职员的地位上升到执行总裁的,而博施在此晋升过程中还获得了诺贝尔奖。[10]美国工程师获得的成功也毫不逊色。在《财富》杂志评选"世纪生意人"的四位决赛选手中,有福特汽车公司的亨利·福特,通用汽车公司的斯隆,IBM公司的小沃森,以及微软公司的比尔·盖茨(Bill Gates)。其中三位拥有工科背景。他们代表了脱离19世纪商人角色的急剧转换。按照《财富》杂志的说法,是"'听话的职员'(Organization Man)*起而挑战强盗式资本家"。《财富》还将韦尔奇(Jack Welch)选为"世纪经理人",他拥有化学工程学博士学位,开始只是通用电气公司材料研发部门的一位研究员,后来晋升为首席执行官,在20世纪最后的20年中,他把这家缺乏生气的联合大企业重新塑造得生机勃勃,从而对管理学思想产生了强有力的影响。[11]

《财富》杂志设立的这两项荣誉,凸现了两种类型的商业人才:一种是企业创始人;另一种是职业经理人,特别是处于大型机构最高层的经理人。福特被誉为"世纪生意人",是一位企业创始人;韦尔奇则是一位职业经理人。至于斯隆其人,则在两者之间架构了一座桥梁,他第一个策划了多部门大企业的基础结构。

自从信息革命以来,工程师出身的企业家已占据了商界的显要地位,所以当今人们对他们的这种双重身份习以为常。他们仅仅是这个悠久传统中最新的一代,这个传统定会继续延续下去。追溯到第一次工业革命,瓦特将他的蒸汽机商业化,斯蒂芬森也将他的火车商业化,莫兹利和内史密斯开英国机床工业之先河。在第二次工业革命中,福特设计和生产了T型车,在众多把自己名字展现在流行轿车上的底特律工程师中,他只不过是其中的一员。更近一点的还有,英特尔公司在20世纪的前两任总裁诺伊斯和摩尔,他们自己都用硅做过实验,正如电

---

*"听话的职员":直译为"组织人",在此意指把组织看得高于一切而失去个人本体的驯服成员。——译者

气工程师罗斯(Ian Ross)描述的那样,半导体产业界的众多领军人物,"在他们的手指甲缝里都嵌着硅"。[12]生意总是有风险的,无论是什么背景的人,也不能保证他永远会成功。不过,一个企业家如果在他背后有着许多这样的工程师,他们深知自己研制的东西具有商业上的潜力,并且具有无坚不摧的必胜精神,那么这位企业家就会较少被商业风险所困扰。

大型企业的战略管理

时至20世纪末,有将近一半的美国人直接或通过养老金计划间接地持有股票。企业资本所有权的民主化,需要有专业技能的职业经理人来为各种各样的股东经营企业,而这些股东绝大多数实际上并不介入商务过程。猜猜是谁首先开始近现代商业管理的呢?正是工程师们,他们把实用的传统与科学的理性结合起来,是首批能够视野开阔地思考重大问题的人;实际地、客观地思考;清晰地、有分析地、系统地思考。在问世于19世纪中期的大公司中,他们创造了有别于传统生意人的新思路,引入了战略管理、经营管理和战术管理。[13]

军官兼军事科学家冯·克劳塞维茨(Carl von Clausewitz)界定了两种不同的行动:"一种是对那些个别场合的战斗本身所进行的**编队**与**指挥**;一种是把各场战斗彼此**关联**起来,以探究战争终极目标的看法来审视它们。前者称为**战术**,后者称为**战略**。"[14]如果用"生产活动"和"商业行为"来取代"战斗"和"战争",同样的陈述也可以用来描述战术性工商管理和战略性工商管理。战略管理包括:建立公司的架构体系,设计经营模式,预测市场需求,计划产品比例,分配资源和协调各种运作,评估各方面实施情况,以及调整各种计划等方面,都与保持投资回报率最大化之类的长期目标有关。战术上的组织涉及筹划资金,选择和集成制造工艺,协调员工和机器,安排后勤供应,以及对特定产品的开发作出决定等方面,都是和如何提高生产率之类的衡量标准有关。经营组织则把战术瞄准战略。无论是哪一种管理,都决定性地取决于相应的才智,并担负设计和维持高效的信息流通道的工作。

在往昔,当企业规模不大、经营单一时,只要有家族式的管理就足够了。在19世纪后期,随着商业规模的扩大,经营复杂性逐步增强,公司化组织就变得越来越重要。战略管理和战术管理分别由土木工程师和机械工程师所开创,他们承接的新工作使他们在生产过程中不断地面临挑战。管理历史学家钱德勒(Alfred Chandler)写道:"在为现代美国公司管理奠定基础的人之中,最有创新精神的是三位受过专业训练的工程师——拉特罗布(Benjamin H. Latrobe)、麦卡勒姆(Daniel C. McCallum)和汤姆森(J. Edgar Thomson)。在争夺现代工商管理奠基人头衔的众多竞争者之中,这三位最有资格。"15这三个人都是土木工程师,他们建造过铁路,后来才开始从事铁路运营管理。

铁路运输公司是第一批高速运作、足够规模的企业,它带来了一种新的经营模式,让老式的管理者看来迷惑不解。到19世纪50年代,大型的铁道运输线开始运营,每年都有上百个火车头和上千节运货车厢运载数百万英里。铁道系统拥有无数的操作者和代理商,并且充满随机性的货币流动,而要迅速而高效地运作诸如此类的复杂系统,需要一种崭新的管理方法。土木工程师自然而然地胜任这份工作,这不仅是因为他们熟知有关自然事物的技术,而且还因为他们已经是规划、组织与后勤方面的专家。

拉特罗布、麦卡勒姆和汤姆森各自在不同的三条铁路线上工作,运用他们理性的、分析的方法,在工程实践中不断地磨合,以便解决新出现的管理问题。他们创建了第一批适合于私营企业的、精心设计的内部组织结构,其中包括:独立的总部、地区性的分支机构、不同职能的部门、明确界定了的权利和职责,以及有效的信息流通道等。这是历史上第一次,公司内部收集到的信息被广泛用到增进协作和规划中去。他们借助这些技术创新和"管理的一般原则",发展了现代大公司结构的奠基性模式。经由金融家的中介作用,他们的管理方法逐步成为其他企业仿效的典范。

随着20世纪初期大规模生产的出现,特大型的制造公司也出现了。制造业比铁路运营更有活力,需要更为复杂的管理。在完成由铁路工程师引发的管理革命中,有不少杰出人物,他们是新一代工程师,创建了美国公司资本主义的基本结构,其中有:斯隆;实现了通用电气公司生产线的多样化的斯沃普;杜邦家族的艾尔弗雷德(Alfred)、科尔曼(Coleman)、艾林尼和皮埃尔(Pierre),他们对原本暮气沉沉的家族公司进行重组,把它变成了健步如飞的巨人。以上列举的这些人,都是毕业于大学不同专业的工程师,有时人们会觉得他们所受教育和后来当上头头的公司业务没有关系。斯隆受过电气工程师的教育,然而他所从事的职业却是汽车工业。实际上,使他们成为有创新精神的经理主管人员的原因,不在于他们有特定领域的工程技术知识,而在于他们处理复杂情势的综合技术能力和科学方法。斯隆写道:"通用汽车公司是一个工程技术组织……我们的许多经理主管人员,包括我自己在内,都具有工科背景。"[16]这些工程师把工程师职业所特有的禀性,例如实践性、条理性、缜密性,以及科学方法应用到资金控制和公司统辖管理之中,所设计的通用汽车公司的组织结构,后来变成了多部门大公司的样板。"重新打造公司"(reengineering corporations),成了20世纪最后10年的一则流行语,它的提出正当其时,因为公司结构是在20世纪早期数十年中形成的。

工业工程学与战术管理

一个企业设立有许多职能分工的部门,例如财务、制造、营销和研发等。如何协调好这些分管部门的运作,其责任落到了战略管理者的肩上。要经营好每一个分管部门,要求管理者相当熟悉该部门的职能主旨。在发展制造业的系统管理中,或者在更一般的物质生产过程中,工程师成了领导者。[17]

在生产工序的合理化和系统化方面,机械工程师一般比土木工程师处于更有利的地位。建筑施工工序的效率是很难提升的,因为工序必须适应当地的条件,依靠当地的供给,而这些在不同地方的建筑工地差异很大。例如,建造美国胡佛大坝的大部分后勤供应方案,并不适用于埃及阿斯旺大坝,因为美国科罗拉多和埃及的地域条件不一样,而这些是土木工程师们所无法改变的。与此相反,制造业是在固定工厂里的持久不变的因素下进行的,这些因素能够被控制,也能够达到最优化的高效运作,即使这些不能立刻做到,也是可以逐步做到的。

从19世纪80年代开始,《美国机械师》(*American Machinist*)、《工程新闻》(*Engineering News*)、《工程杂志》(*Engineering Magazine*)和《美国机械工程师协会会报》(*ASME Transactions*)等专业刊物,发表了许多文章,详细论述关于如何组织工厂厂区、选择制造工艺、计量人力和机器运作成本、协调与监控人机行为、筹划薪金和激励计划,以及使供给流同步化平稳进行等方方面面。管理是美国机械工程师协会(ASME)1886年年会的主题。亨利·汤(Henry Towne)历数工厂缺少计划的状态,并呼吁工程师们去探求制服管理混乱的方法。在他的报告之后,紧接着是其他人关于成本和资金核算问题的宣讲报告。在1920年,美国机械工程师协会成立了一个管理部门,很快它就成了该协会规模最大的部门。

有关工业管理的大学课程,1904年首次出现在康奈尔大学西布利工程学院。在20世纪20年代,美国工程教育促进会主持了一项综合性研究,报告建议为工科学生开设经济学课程。[18]这些要求主要源于为了满足高效率生产的实质性需要,而不是对美国社会环境习性的迎合。

德国的技术学院也把经济学和管理学学科引入到他们的工程学课程安排中去,其高潮是在1921年开创了一门独特的主修科目——经济工程学。这就是**工业工程学**的开始,它是一种工程管理学科,旨在通过有效协调生产操作中的人力、材料、自然和资金等各种资源来提高劳动生产率。[19]

从"美国系统"到大规模生产

让我们以工商界的工程师为例,对机床工业和汽车工业的历史作一番走马观花式的浏览。在大多数的现代制造工艺中,一个复杂产品的零部件是分开制造的,然后放在一起进行最后装配。即使在今天,当互换式通用零部件被视为理所当然时,组装依然是一项主要的操作工序,它平均约占单位成本的20%,总生产时间的50%。[20]通过提高组装的效率来降低生产成本,这在制造业中是头等重要的事。从历史上看,在这方面向前迈出的最重要一步,就是批量生产通用件的引入,而这取决于物质技术和组织技术的整合。[21]

孤立地看,要制备一模一样的零部件,确实是一项极其精湛的技能。它只有在企业战略管理之下才会产生经济效益,此时的战略管理要求的是迅速、廉价地生产数量庞大的复杂产品。在现代工业兴起之前,军方是能从标准化设备的大规模生产与消费中受益最多的社会团体。为了在科学理性基础上合理化地改革法国炮兵部队和其他军事实践,炮兵总监德格里博弗尔(Jean-Baptiste de Gribeauval)将军发展了一种称为**"统一原则"**(uniformity principle)的明晰战略。在这个原则的指导下,他支持勃朗(Honoré Blanc)采用模锻成形、模具填料和其他技术装备法国政府的兵工厂。具有互换式部件的勃朗滑膛枪给很多人留下了深刻的印象。其中有出使法国的美国大使杰斐逊(Thomas Jefferson),他亲手装配了几支滑膛枪,并在1785年写信回国,热情洋溢地记载了这一经历。

德格里博弗尔的计划在法国政治大风暴中破灭了,但是却在美国结出了硕果,不过不是通过伊莱·惠特尼(Eli Whitney)的大肆宣扬才造成的。[22]勃朗拒绝了杰斐逊的邀请,但是几个法国工程官员却加入了为美国服务的行列。在这些人当中,德图沙尔(Louis de Tousard)应华盛顿要求所写、在1809年出版的一本军事教程中阐释了统一原则。在1815年,美国国会授权两家国营兵工厂制定规章,要求"所有军械部门一律统一规格制造"。这个命令在随后的数十年中一直严加执行。其中起主导作用的是罗斯维尔·李(Roswell Lee)管理的斯普林菲尔德武器公司。在战略层面,为使产品合理化,该公司大力削减枪支的口径型号数目,只把研究开发的若干种样品进行投产。在经营层面,该公司将簿记标准化,通过设计模具、夹具和制定标准规格来控制生产过程中的相似性。在这个过程中,斯普林菲尔德武器公司把自身塑造成了钱德勒所称的"现代公司的一个原型,从那里开始,现代工厂管理有了它的源头"。[23]

在1854年,英国人开始购买具有互换式零部件的来复枪,他们称之为"美国系统"。英国此前不久刚刚在水晶宫世界博览会上炫耀过自己的技术实力,但是它的弱点也开始暴露出来了。为了国家安全,它需要从以前的殖民地进口技术,而在那里,技术是被严格禁运的。英国的熟练工人能够比美国人制造出更高**质量**的来复枪,但是达不到**规格统一**。质量是单支来复枪的一种属性,这需要作为个体的熟练工人。规格统一却是大批量来复枪的一种属性,而要达到这种统一,必须组织许多工人一起工作,需要研发科学技术以把他们的工作联合起来。在生产中整合组织管理和科学技术正是美国的实力所在,后来这使得现代美国公司的大规模生产变得如此令人可畏。

斯普林菲尔德武器公司除了研发与系统化生产工艺之外,还成了一个私营武器承包商开展业务的技术情报交换所。它帮助建立了许多

小公司,并从它们的发明中受益。其中一个例子就是位于佛蒙特州的
罗宾斯和劳伦斯公司,它是一家成立于1845年的武器与机床公司,资
金虽少但有许多工程技术的辉煌成就。随着该公司的产品受到英国人
的赞赏,它在六年后迅速地变得国际闻名,并开辟了美国产业的出口市
场,然而该公司因为扩展速度太快,延伸过度,在下一个六年之后就倒
闭了——这是在技术冒险历史中大家并不陌生的故事。不过,它也留
下了痕迹。许多其他公司确实生存下来了,其中有建于1853年的科耳
特武器公司。

军械界孕育了许多有才干的工程师,他们带着自身的生产技术,转
移到了打字机、缝纫机、自行车和其他产业。一个突出的例子是利兰
(Henry Leland),他开始是在斯普林菲尔德和科尔特等兵器企业设计机
床。他曾一度从事缝纫机行业,后来到了底特律,并于1904年创建凯
迪拉克汽车制造公司,1917年创办林肯汽车制造公司。他的凯迪拉克
型号是第一辆完全由互换式通用零部件制造的汽车。斯隆,那时还是
一个没有经验的大学毕业生,在一家专为汽车工业配备滚柱轴承的公
司里当销售工程师。有一次,他因某人的投诉而去拜见利兰。利兰抽
出一只测微计,向斯隆显示他销售的轴承没有达到规格,并告诉他:"年
轻人,凯迪拉克制造出来是用于驾驶的,而不仅是用来销售的。"斯隆在
近90岁高龄缅怀往事时写道:"[利兰先生]是我的上一代人,我把他尊
为我的长辈,倒不仅仅是因为年龄的原因,也因为他在工程技术方面的
智慧。"[24]斯隆追随着利兰的职业生涯,是他汽车工业的嫡系相传。这条
路线确实很长很长。

汽车工业的大规模生产

1908年有两大事件震撼了整个美国汽车工业界。一是福特公司生
产了大量T型车;二是杜兰特(William Durant)把利兰的凯迪拉克公司

和分别由工程师别克(David Buick)、奥尔兹(Ransom Olds)、雪佛兰(Louis Chevrolet)创建的三家公司合并,扩建成通用汽车公司。于是,两大公司开始了一场旷日持久的竞争,并以一方吸纳另一方的长处而结束。福特和斯隆这两个强劲的对手,他们对战术管理和战略管理作出了先驱性的贡献,从而为大制造商树立了典范。[25]

与其说福特是一个擅长制造工艺的工程师,倒不如说是一个汽车工程师。福特的商业战略是通过降低价格从而降低制造成本以扩大市场需求,为了以这一战略目标来设计工厂和进行经营,他组建了一个开创了工业工程研究的团队。他们系统地发展了自斯普林菲尔德武器公司以来的制造业所积累的模具技术和标准化测量。而且,他们又进一步把机械化加工步骤应用于各道工序,配置机器和工具,布设零部件的供应线,精心安排工人的活动等,所有这一切都是着眼于提高劳动生产率。1913年他们终于迎来了最辉煌的成功,这一年生产流水线开始将零部件源源不断地传送给固定岗位的工人,从而确保了从零部件到成品的通畅流动。产量直线上升,价格不断下降。T型车在1923年达到了顶峰,当年产量高达200万辆,与此同时,其实际价格仅为1909年的1/8(扣除通货膨胀的因素)。

通用汽车因使用T型车的排气管而导致排气装置阻塞。1920年,在众人眼里,杜兰特是一个精明的理财家,但同时也是一个蹩脚的管理者。当通用汽车公司面临破产时,他被迫引咎辞职。于是,皮埃尔·杜邦率领一支由四个工程师组成的团队接管了这个烂摊子,两年后杜邦辞去了总裁职位,由斯隆接任。他们都引入了有别于福特公司的系统管理。

福特管理他的制造业务小到每一个细枝末节,可谓事无巨细,但是除了相信自己的天赋之外,他不允许任何组织机构来驾驭这一庞大的运行过程。然而,人类的天赋极易随着年龄老化而渐失,因滥用权力而腐朽。斯隆在写到福特和杜特兰这些人时说："他们是这样一代人,我姑且称之为个人魅力型的实业家;那就是,他们在经营管理中倾注了他们的个性、他们的'天才',因而可以说,由于缺乏注重管理方法和客观事实的管理原则,他们的天赋和个性只是作为一个主观要素渗入他们的企业运行之中。"[26]斯隆制定了福特所厌恶的尊重客观的组织原则,该原则提供了具有最高管理层的公司体系结构,能够实施稳定而又灵活的商业战略。

斯隆的改革是双管齐下的:战略与组织。在战略方面,他决定投产混合型产品,生产"一种普适于所有消费者需求的通用型汽车",又兼顾"不断升级换代的产品"。为了确保这种动态性战略的可行性,他设计了一种叫作"协调控制的分散化经营"的公司组织结构。工程师们可能会很快就意识到,在这种管理的基本原则中,有着他们所熟知的系统方法,例如**抽象方法**、**模块化**和**界面**等。在公司的特定环境中,模块化表现为部门组织结构的形式,抽象方法则表现为根据数字来管理的形式。别克公司和其他子公司都按照模块化自主经营。但它们的自主性并不是绝对的;它们都受到总公司政策的制约,总部需要来自他们的报告和预测,评价他们的成绩,通过聘任干部和资源分配来协调他们的工作。必不可少的报告,作为公司内部各个不同部门之间的关键界面,仅仅包括实质性的数据与因素。他们通过将经营的细节抽象化,把高层管理从超负荷的信息和分部的微观管理中拯救出来,把具体的经营决策权留给了那些最了解当地实际情况的人。

要设计和实施一种高效的组织结构,是一项庞杂的任务。这种机构要配备以下适当的环节:信息流、财务控制、允许分部自主的标准化、市场销售和资源分配以及研究和开发,等等。这项任务耗费了斯隆很多年的时间,最后他终于成功了。在制造运作方面,通用汽车公司采用了福特的大多数大规模生产策略,以适应有计划的淘汰战略。当福特于1945年辞职后,福特汽车公司全盘引入了通用汽车公司的组织结构,以作为公司的一部分。

福特和斯隆,这是工程师中的两代人,他们既是竞争对手,但同时又是互补的。福特的技术创新主要在产品、制造与工业工程方面。在其基础上,斯隆又增添了公司工程的内容,为制造商在业务扩展、多样化和安度危机时具有灵活性与稳定性方面做了许多工作。他们两人一起创建了可行的巨型公司大规模生产模式,赋予"美国制造系统"的称号以强大的生命力。

从大规模生产到精益生产

1950年是大规模制造的鼎盛时期。美国生产了670多万辆的小汽车,占全球总产量的76%,获取国内市场份额的98%。同年,日本总共只生产了2396辆客车。[27]

那一年,丰田汽车公司的总工程师丰田英二(Eiji Toyoda)参观了福特汽车公司。接待人员询问他希望学到什么。他回答说:"质量管理、生产方法、各式产品。""您想知道的东西太多了,"这位福特公司的官员听毕便说,"再说,在福特根本没有人对这里的所有东西都懂。""或许,你们福特没有,"丰田英二心中暗想,"但是我们丰田有。"[28]

不,丰田英二在这里并不是指萌芽于美国航空航天工业中的综合系统思想。他来自一个文化背景非常不同的国家。然而,他在制造业方面所面临的技术问题,却并非如此不同。正如我们已在第5.2节讨论过的,丰田公司后来发展的许多工业实践经验,变成了系统与并行工程的基本部分。但是,这是在数十年之后才形成的。

丰田英二参观了福特的工厂运作,询问了很多问题,学到了大量的知识,受到了激励:"我认为在技术方面并不存在巨大的差距。"他实地看到的一切不乏20年前的东西。福特新任经理们模仿了斯隆的公司组织模式,但是并未采纳斯隆的如下忠告:"商业知识对成功的管理至关重要。"[29]他们不是汽车建造者,而是精于计算的财会师,对短期利润最大化的兴趣远远超过了对技术的投资。他们没有在《财富》杂志"世纪生意人"榜上获得荣誉的提名。但是丰田英二却获得了。底特律汽车城誉称他为"汽车先生"(car guy)。他在获得机械工程学位以后,在汽车设计与制造的所有方面都参与实践性工作,从逆向工程着手,他拆开美国的汽车来研究他们的强项与弱项。由于他具有技术专业知识,因此能够看出福特工厂中明显的浪费,从而避免了福特管理者难以下手削减成本的失误。

丰田英二回到了日本,他使本来心存疑虑的丰田公司领导层确信:他们能够与美国汽车制造商进行竞争。他启动了一项将生产工艺合理化的战略计划,并挑选大野耐一(Taiichi Ohno)作为他的副手,这是一位思路开阔的工业工程师,他认为"必须提高每一道工序的效率,同时把工厂作为一个整体来看待"。[30]

"知己知彼,百战不殆。"孙子在其《孙子兵法》中如此写道。丰田团队彻底研究了美国的生产方法,确认了其中至少有两大资源浪费。第一处是:在实际生产中,要求每一个工作岗位都尽快地制成零部件,已生产出来的大量存货闲置堆积在仓库里等待组装,这使得工厂的空间十分拥挤,限制了公司的现金流转,耗尽了财会资源,还冒着一旦设计变更就有可能被淘汰的风险。因此,为了解决库存浪费问题,丰田公司开发了**"准时化生产"**(just-in-time production)方法,一旦组装有需要,就在适当的时刻生产适当数目的零部件。这是一个难以达到的目标。因为一个制造传输系统之类的汽车零部件的生产商,按照工序也需要更小的零部件,而且必须安排库存以待需要时马上交货。如果装配商简单地把储存成本转嫁给零部件供应商,那么这会迫使供应商除了或明或暗地提高零部件价格之外别无选择,而这样就使整个目的成为泡影。

为了实现准时化生产的效率,就必须在装配商和供应商之间、供应商和他们的供应商之间等的整个供应链的所有环节,建立起合适的协作关系。如今,供应链的设计和管理是工程学和管理学中各种学派争论的热门话题。

第二大浪费的地方是:质量控制只放在最后一道工序的成品检测中进行。大多数的质量问题,是由不合格的零部件或零部件的不适当安装引起的。一旦把有缺陷的零部件装配在产品上,就很难觉察,也很难纠正,而这一切使得质量控制难度增大,而且带来了十分昂贵的返工成本。福特聘请了一大批负责质量控制的管理人员。一位目光敏锐的装配工一语中的地指出了他们的无能之处:"你们聘请了检查员,期望他们能检测各种瑕疵。但是我们中所有的人都清楚,这些事情是得不到纠正的……我能够实实在在地查看一辆汽车,查出它的所有毛病。但是你们却做不到,因为你们不知道它是如何制造出来的,而我能够查看尚未上油漆的汽车原型。"[31]生产第一线工人的可贵经验,或许早已在那些从未踏进工厂的精明会计师们的眼底消失了,但是却逃不掉这位从基层提升上来的大野耐一的眼睛。丰田公司为了避免返工的浪费,实施了**全面质量管理**(total quality control):通过利用装配的特性和装配线工人们的经验,防患于未然。当产品还在装配线上时,就认定零部件存在的任何缺陷,并找出产生缺陷的根源,从而杜绝它们再次发生。对于装配线上的工人们来说,更容易看到缺陷之处,因为他们相当熟悉汽车零部件,而且看到的是无遮无掩的未成品。为了实现全面质量管理,丰田公司要求它的员工只要一发现瑕疵就加以修理——如有必要,甚至可以暂停整个装配线的运作并提请厂方帮助——从而不让已发现的瑕疵轻易溜走。而且,坐镇厂区跟踪质量事故的工程师们要倒退五个工序来追溯事故的成因,并提出纠错的对策以防将来再次犯错。在这个过程中,装配工人和工程师们直接把价值附加到产品中去了。当他们代替了重金聘请的质量管理专家来管理质量之后,产品成本下降了,同时质量却提升了。到1971年,按单位折算,丰田公司已经变成了全球第三大汽车制造商。10年之后,日本官员很可能欠身接待来自美国的参观者,并询问他们期望学到什么。

不仅汽车行业,日本还在许多产业中都取得了成功,并在20世纪80年代对美国产业构成了巨大的威胁。这一现象由很多因素引起。拒绝接受精英理论,这完全是难以理解的日本文化造成的,美国的工程师和管理者们分析了这两个国家的实际情况,比较了各方相关的优势,从文化特质的角度加以概括,并描述了被他们称为**精益生产**(lean production)的这一重要方法与原则(与**大规模生产**正好相反)。一旦他们理解了正是组织管理技术和自然物质技术的整合产生了精益生产的方式,就会很快适应并将之应用到自己的商业管理中去,从而一举改变了面对日本的颓势。精益——用最少的劳动力和资本生产高质量的产品——已经从汽车行业扩散到了航空航天工业以及其他的制造业中,变成了工业工程和管理学的不可或缺的部分。[32]

精益和吝啬?

劳动过程争分夺秒的大规模生产,产生了一种新型的工人,卓别林(Charlie Chaplin)在影片《摩登时代》(*Modern Times*)中辛辣地表现了他们的困境。相比之下,当批评精益生产的人指责它是重压管理,并因此而具有多得多的剥削性时,精益生产的倡导者则认为,它能够促使工人们更有创造力地思考,并掌握更多的技能。深入细致的实证研究,已经对这两个极端的观点都提出了质疑。大规模生产与精益生产中的自动化程度不断提高,将使大多数人降级为只去做看管或馈养机器的"剩余工作"。他们的操作任务是刻板的、片断的、被精心设计的、标准化而又定时的,动作平均一分钟一个周期,循环重复。由于精益生产使得大多数工人一直处于"不断改进"和其他各种实践的紧张状态之中,所以它的运行节奏确实如批评者所指责的那样是更加无情的。在由通用公司与丰田公司联合创办的新联合汽车制造有限公司实施精益生产过程中,据统计,工人们上班期间每分钟中有57秒处于劳动状态,而相比之下,在通用公司单独经营时却是每分钟大约有45秒处于劳动状态。[33]

然而,虽然新联合汽车制造有限公司的工作要求很高,但是该公司大多数工人说他们还是满意的。精益生产商巧妙地应用社会学和心理学的方法来补偿工人们的快节奏。他们把工人组成小团队,并用团队激励机制培训他们,因而他们是在同事的压力下进行工作,同时本身也受到来自队友们的社会支持。精益制造商也对工人实行岗位轮换即多面手训练。在那里,五个批量生产的工人每人从事一个一分钟的任务,而四个精益生产的工人通过每人都参与所有五个任务来完成同样的工作。于是,雇主节省了劳动力成本,并获得了更灵活的劳动力,其成果的一部分以较低价格的形式让利给了消费者。雇员则通过减轻单调乏味以回应超负荷的工作压力,对于这样一种互易关系,许多雇员表示欢迎(不过不是全部)。精益生产商力求把工人们的动机和公司的目标结合起来,以唤起工人们的自豪感和自尊心。公司大力鼓励工人们提出建议,并使他们因此获得一种自主权的感觉(虽然几乎所有的重要决策都是由公司最高层作出的)。厂方总要提及工人们在生产高质量产品过程中作出的成就,而这些成就使得他们的老板拥有一家世界一流的公司。诸如此类的心理满足,其价值是不容低估的。从整体来看,精益不是更吝啬,但也不是更仁慈和更温和。[34]

很少有人想压榨和折磨他们的人类伙伴。人们只想把他们自己的收益最大化。问题是,他们的这种追求,有着潜在的破坏性的负面效应,在这方面人们又做了多少有影响的关心呢?大野耐一写到,他在"提倡创造利润的工业工程……除非工业工程带来成本下降和利润增加,否则我会认为它是毫无意义的"。[35]毋庸置疑,通过降低成本而获利是工业工程的一个主要目标,但是它难道已经重要到可以排挤例如员工的人际关系之类等其他因素吗?它可以这样吗?从行业协会诞生的那一天起,工程师们就一直对这些问题展开争论。工程师必须同时管理人力资源和物质资源。随着工程项目变得越来越复杂,涉及越来越多的因素,并且人们对这些因素往往意见相左,因而,工程师的社会责任也在不断地增加。责任性和领导权总是相伴而行的。

7.2 公共政策与核动力

现在,随着技术遍布于社会结构的各个角落,它已经进入公共政策和法定程序的许多领域。从谈判签订国际禁止核试验条约到判定一个工人是否被工厂的辐射所伤害,几乎每一件事情都要技术专家的参与。为了满足这种需求,已有20多所美国工科院校建立了工程学和法律或公共政策相结合的院系或中心。这些规划将技术科学和社会科学融合在一起,把工程师的实践态度和分析能力扩展到处理有着广泛社会影响的问题。卡内基梅隆大学的工程与公共政策系制定的办学目标是"提升学生在系统表述、解决和解释工程政策问题上的知识水平和实际能力,以便进一步领悟和发展工程政策"。麻省理工学院的"技术与公共政策规划"致力于不仅造就"工程技术的领导者",而且还造就"工程师背景的领导者",能够熟练地处理我们社会中许多至关重要的技术方面的问题。这或许是工程师面临的最艰巨的任务,因为这需要他们完全承担个人的、职业的和公共的伦理道德责任。

工程与政策规划往往涉及全球范围。例如长途通信之类领域的各项政策,必然带有国际性的规模。技术政策在经济发展中起到重要的作用,甚至连国家政策也必须从全球化的角度加以审视。例如,卡内基梅隆大学的研究重点在于中国和印度的政策。在不同国家间,政策与政治程序存在着巨大差异。在此,我将扼要地集中讨论美国的情况。

一项政策实际上就是一项计划或战略,是为了引导、影响或者决定特定决策或行动而制定的。以某种方式涉及科技(S&T)的公共政策,可分为两大相互交叉的门类。第一类称为**科技政策**,指的是为科技制定的战略,即关于科技的战略。第二类是**依赖于科技的政策**,针对的是诸如环境保护、军备限制或产业结构等方面的事情,这些虽不是关于科技本身的,但是需要科技为它们提供有意义的信息。[36]

制定科技政策的基本理由,在美国总统科学技术顾问委员会提出的前两条原则中得到了清晰的阐述:"1.科学技术已经是美国经济与生活质量的主要决定因素,在未来的年代里甚至必将更具重要性。2.应该把公众对科学技术的支持看作是对未来的投资。"[37]政策制定者为了使投资明智而审慎,力求使政策和国家的目标保持一致;协调教育、研究与开发之间的关系;挑选出诸如信息技术和健康研究之类的新兴领域,因为在市场力量能够接纳它们之前需要对其进行培育;评估先前规划的有效性;提出足以达到多维目标的预算。更明确地说,科学政策强调的是具有长远考虑的基础研究;而技术政策则旨在提升技术创新的效率,为国家对更高的劳动生产率、经济竞争力、环境质量和国家安全等需求提供服务。

作为科学技术政策的标准设定

在科学技术政策之中,有一个与其说充满魅力倒不如说是更重要的领域,那就是标准设定。人们很早就意识到:采用标准化度量衡的好处,在于有利于促进商业的和政治的统一性。随着科学发现的次数越来越频繁,技术发明的器件越来越多样,标准化也变得越来越复杂、越来越重要。从诸如欧姆这样的科学单位到螺母和螺栓的螺纹之类特定系统的兼容性,技术标准在各个层级的通用性中出现。一些消费者以为,使用即插即用的便捷小装置和打一下国际电话是理所当然的事。在这里,应该提醒他们回顾1904年巴尔的摩市发生的那场大火,这场火灾使1500多幢建筑物夷为平地,而来自附近城市和外州的消防援军只能眼睁睁地看着火魔肆虐,无可奈何地紧握拳头,因为他们的灭火水龙带口径和巴尔的摩市的消防栓口径不相合而无法对接。[38]

制定行之有效的标准,需要经过大量技术性的协商来达成共识,并实行程序管理以确保公正性与公开性。许多政府机关都设有专门制定标准的部门。欧盟建立了三个制定欧洲标准的官方机构。美国采用的是特有的分权化管理。联邦政府虽然也颁布法规,但却把大部分的标准制定留给了私营部门,联邦政府只是作为许多社会团体中的一员参与其中。如今,在美国确立的标准是由大约600所机构来制定的,这些机构包括政府机关、同业公会、专业学会、检测部门和企业联盟等。在这些机构之中,工程师有着居于领导地位的长期传统。

工程师们致力于使事物运作顺利,而许多事情的高效运作必须以标准化为前提。美国的工程学团体一出现,他们就组建专门委员会来制定技术标准。起初,一些标准只限于在个别产业或地区实行。在1918年,美国的电气工程师协会、机械工程师协会、采矿工程师协会与材料协会走到一起,并邀请了三个政府机构,共同参与现在称为美国国家标准协会(ANSI)的组织。这个组织很快吸纳了其他一些团体,发展成为协调美国标准制定活动和审批国家级标准的首要机构。在两大最重要的国际标准机构中,美国国家标准协会也是其中单独由美国代表的机构,它在全球化时代起着举足轻重的作用。

标准能够把过去的经验或者项目的未来发展系统化。回顾性的标准汲取了包含在成熟技术中的知识,并促进了它的传播。1915年,美国机械工程师协会首次公布了"锅炉规程"(Boiler Code),并在以后不断修改,此规程系统地详细说明了压力容器的安全规定。在一门技术成熟之前,先行的标准就已经启动了,它和技术一起发展,激励技术创新,并受到广泛采纳。由因特网工程任务工作组(IETF)研制与维护的传输控制协议/网际协议(TCP/IP)等系列协议,对因特网的迅速扩散起到了重要的作用。

无论是回顾性的标准还是预见性的标准,均作为被各种社会团体所接受的规程,有着重要的政策后果。它们对于社会基础设施的正确实施,对于引导技术进步的战略决策,起到了至关重要的作用。标准的正确制定与维护,赋予了工程师重大的社会责任。1982年,美国机械工程师协会被法庭宣判犯有反垄断法规定的罪行,原因是:它的会员们为了阻止引进一种创新型阀门,不惜曲解锅炉规程的条款,这时协会竟然未能出面阻止一场利益冲突。美国最高法院支持这一裁决,并写道:"美国机械工程师协会在国家经济中行使着巨大权力。它制定的规章与标准直接影响着各州和众多城市的政策,而且它通常一向对'所谓的自决标准'拥有决定权,因而对其指导方针的解释'可以使经济繁荣,也可以使经济衰退,因为它为全国大大小小工商企业制定了各种尺码',它同时也是一个产业不可或缺的完整组成部分。"[39]美国机械工程师协会受到了惩罚,于是彻底修改了原来制定规章和标准的程序。

经济政策和社会政策需要科技投入

大多数政策所重点关注的,主要不是科学和技术,而是经济学的、地缘政治学的和社会学的各种问题。其中一些问题是由新兴科技引发的,例如信息技术和基因工程不断产生知识产权这样的新问题。其他问题的解决也需要科学技术发挥作用,例如关于全球变暖的政策,主要取决于科学知识和技术上的可行性。依赖于科学技术的大量问题被归结为法规性的政策,大致可分为经济的与社会的两大界别。[40]

在20世纪初期,随着长途电信、交通运输方面的物质技术以及大规模生产与分配的组织管理技术的出现,迎来了崭新的大众化消费经济的时代。为了对付其衍生出来的种种社会后果(这些后果由于大萧条时期的市场衰退而加重),在1933年左右,美国政府旋风般地出台了一系列法令法规,以规范长途电信、航空公司、银行系统、公用事业和其他产业。尽管它们被统称为经济法规,但其中许多是涉及技术上的强制约束和派生后果的。长期以来,尽管社会上有许多强烈的反托拉斯情绪,但美国的法规一直我行我素,扶持电话服务业作为一种垄断产业存在,直至1996年美国新电信法的颁布*,新技术才促使从根本上撤销原有的管制规定,从而解除了电信业重组的障碍。在一种解除了管制的经济中,需要制定各种政策以把大量的技术集成到全球化的信息基础设施中去,而这是许多工科院校的技术与政策研究计划的首要议程之一。

在20世纪60年代,随着公民权利和环境问题的意识不断提高,掀起了一股纷纷制定社会法律法规的热潮,其目的是:保护公民与劳动者的健康和安全;防止在地面、大气、水域和工作场所受到污染和有毒物质的危害;提升公民权利和伦理宗旨等。在1970年,美国国会创建了美国环境保护局(EPA),一年后又成立了美国职业安全与卫生管理局(OSHA),国会授权这两个机构推行雄心勃勃的计划。从此开始,美国的社会法律法规的数量剧增。

为了制定对公民有效的公正法律,民主政体力求确保法律制定程序的公开化,因此所有的政党都享有足够的机会来陈述事实、提出论证和表达观点。当大量的问题引起政府的关注时,首先要进行**议程设置**

---

　　* 1996年美国新电信法出台,是对1934年电信法的首次重大修改。它打破了长途电信公司和地区电话公司互不经营业务的旧格局,促进了长途电话、地区电话、有线电视和移动电话等领域的全面竞争,AT&T公司因此逐渐失去了主导运营商地位。——译者

(agenda setting)。设定议程的一个结果是要通过**立法**程序,在这一过程中,透明地研讨并形成新法规,需要经由不同利益的政党的辩论,如果在表决时获得了足够的支持,就可以通过法案。在通常情况下,立法只是为制定法规提出宽泛的目标与战略,而把具体细节的研究留给一个具有自主决定权的行政机构去操作。为了**执行**政策,该机构要确立基本的规则,实施它们,并评估它们的有效性,而这依据的是一定的决策程序,强调过程的正当、透明和利益攸关方的参与。

技术思想既能影响立法程序,也能影响执行过程。在许多案例中,最棘手的事情往往是发生在执行的细节之中。政府部门与机构为了获得除了党派团体报告之外的更多信息,他们还拥有自己的技术班子即顾问委员会,向各位咨询专家以及学术界征求建议。例如,在三英里岛核反应堆事件*发生后,美国国会要求它的咨询机构技术评估办公室(OTA)"评估这个国家核动力的未来,以及如何改变技术和机构的现状来解决现在困扰核选择权的问题"。技术评估办公室组建了一个顾问小组,召集了各方的代表,其中包括工程师和科学家,举行了多次研讨会。该顾问小组1984年的总结性报告促成了1992年能源政策法案的制定,该法案首次提出了缓和一些核工业问题的改革措施。

政策的诸多层面

正是通过机构的顾问地位和咨询通道,工程师和科学家在政策制定中才拥有最关键的作用。"政策制定者们一直都渴求新思维,以便他们能够出台广得人心的法律法规。"工程与政策学教授彼哈(Jon

---

*三英里岛核反应堆事件:1979年3月28日,位于美国宾夕法尼亚州的三英里岛核电站,由于运行人员的错误操作和机械故障,造成95万千瓦水堆电站二号反应堆主堆芯熔化事故,直接经济损失达10亿美元。但因围阻体发挥了重要防范作用,在方圆80千米内无人发生急性辐射反应。——译者

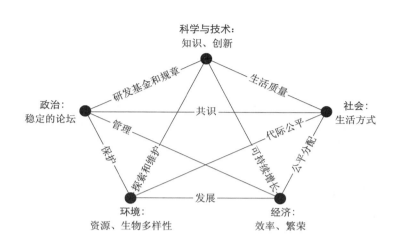

图 7.1　影响可持续发展政策的五个相互关联的方面

Peha)这样说道,他鼓励工程师们积极参与政策的制定。他还补充说:
"为了使建议有用,必须把政治现实和技术现状一起考虑在内。"[41]在有
关信息与通信、能源与环境的公共政策中,技术因素和经济考量、社会
价值观,以及政治利害关系等极其复杂地纠缠在一起(参见图7.1)。遇
到颇有争议的政治问题,任何专家都会被来自不同政治派别的立场观
点所困扰。[42]

　　要制定行之有效的政策,应该把尽可能多的因素考虑在内。科学
和技术——它们的发展潜力和限制因素——也应该认真地考虑在内,
在这里,既不能把发展潜力看作是万能的魔杖,也不能把限制因素看作
是意识形态的替罪羊。在注重效率方面,经济和技术的考量是相似的。
为了繁荣而注重盘算总成本和总利润的经济分析,恰恰对成本和利润
的分配缺乏关注。公平分配属于社会问题,其中也包括文化和生活方
式的影响力。对环境问题的关注,迫使经济分析不得不把污染和环境
恶化作为内在化的成本来测算。他们试图通过倡导保护自然资源和对
生态系统的长期妥善管理,来促进未来世代的福祉,并因此达到代际公
平的认识。但是,来自各方面的具有不同愿景的主张往往进行着博弈,

它们往往是不同的,有时甚至是相反的。政治机构提供了相对稳定的平台,在那里,不同的政党能在行动上达成某些共识,但是他们的程序对各种可能的选择强加了额外的限制。一个很好的例子,就是我们在核动力工业中见到的,科技、经济、社会、政治与环境的作用力是如何影响工程系统的政策的。

核能的兴起与衰落

如果说失败是比成功更好的老师,那么核能发电工业则为人类提供了大量的教训。在25年之中,艾森豪威尔(Dwight Eisenhower)总统的"原子能为和平服务"(atoms for peace)计划,变成了激进主义分子纳德(Ralph Nader)所抨击的"技术越南"(technological Vietnam)。[43]在后者看来,三英里岛事件和切尔诺贝利事件位于弗兰肯斯坦创造的怪物(Frankenstein's monsters)* 名单的最前列,使核能变成了一种与意识形态有关的替罪羊,成为"践踏民意的侵害性新技术"的象征。然而,经过深思熟虑的分析,最终揭示出事故的原因是许多因素之间错综复杂的相互作用造成的故障。对于关注全球变暖而很难作出决断的这个世界来说,从中汲取教训正当其时。[44]

时至2001年,全世界正在运行的核能发电站为436座,分布于31个国家和地区,当年又有两座新的反应堆建成。它们生产的电力约占全世界总发电量的17%。此外还有32家核电厂正在营建之中,绝大多数位于亚洲地区。然而,即使是在核电力技术水平不相上下的国家中,核能的地位也大为不同。德国是在政治压力之下逐渐停止使用核电力的,与其邻近的法国则是十分乐意依赖核能发电,发电量约占全国总量的76%。在美国,核能发电量与全国用电消费量同步增长,从1990年开始,其贡献率稳定保持在19%以上。同一技术在不同国家的这种多样

* 意为"自作自受""作法自毙"。请参阅本书130页。——译者

性,充分显示了政策的威力。

利用核能发电的试验始于1942年,物理学家费米(Enrico Fermi)证明,由核裂变释放的能量能够以可控的方式利用。第二次世界大战结束时,美国国会设立了原子能委员会(AEC),其中的一项任务就是研究开发核反应堆发电。第一个目标是应用于潜水艇的推进装置。海军上将里科弗(Hyman Rickover)领导的一个强化项目,最终导致了核潜艇"鹦鹉螺"号的问世。它证明了人们可以安全地设计、建造和运行核反应堆。

在"鹦鹉螺"号下水前几周,艾森豪威尔总统宣布了"原子能为和平服务"的计划,在此七个月以后,他又签署了1954年原子能法案。该法案不再把许多技术信息列为国家机密,并授权美国原子能委员会负起促进和规范核电力商业化的双重责任。压水式反应堆技术起初是专为核潜艇和航空母舰而设计的,美国政府和一家私营公共事业公司进行合作,利用这一技术在希平港建造了一座示范性的核电站,1957年连入全国电网。其发电功率为60兆瓦(MW),相当于那个地区一座中型燃煤发电厂的电力,但是它的成本也确实比较高。

首战告捷激发了美国联邦政府的热情。唯一反对快速商业化核开发的一个机构,正是来自美国原子能委员会下属的反应堆开发部。从事反应堆研究的科学家和工程师们,和任何人一样对核能十分着迷,从长远观点来看,他们正是核能商业化的最坚定支持者。然而,因为他们对核能技术的复杂性了解得更多,所以他们主张用更长时间来研发具有更好经济发展前景的反应堆。他们的警告被政治家们视为"完美主义"而不屑一顾,后者正确地觉察到苏联人已经在建造反应堆。于是,美苏两国的核电力竞赛愈演愈烈。技术蛮进的后果很可能会招来一场衰落,这种衰落速度和核电力工业的兴起一样迅速。

投资与经营核电厂的那些公共事业公司,实际上并不习惯于使用高技术。对他们来说,核反应堆仅仅是烧水的另一种方式而已。他们深受政府部门、反应堆卖主,以及电力需求会不断增长的预测诱惑,从1965年开始便在订购大量的核电厂。赶浪潮的市场,以设计的多样化和规模快速增长为特色。这些技术上的失误,再加上政策手段的软弱无力以及电力需求的减缓放慢,导致这场繁荣突然终止。在1973年之后购买核电厂的所有订单,全被取消了。

产业界通常都会力争标准化来提高效率。加拿大和法国的核电工业,仅用数种标准的反应堆模式进行高效运营。与此相反,在美国几乎每一个核电厂都有自己的一套标准。每个公共事业公司都会建造一两个反应堆以满足其特殊需要,而美国原子能委员会却不能或不愿意去协调任何的标准。核电厂设计的多样性,需要为用户定制各种安全系统,延长了执照审查的时间,加重了规章和性能上的不确定性,增加了设计、财务、制造、维护与员工培训方面的成本,而且阻碍了知识与经验从一个反应堆向另一个反应堆的传播。

在20世纪60年代,预定的许多核电厂是功率超过1000兆瓦的庞然大物,其规模为当时正在运行中的最大核电厂的四倍以上。工厂规模的竞相跃进,意味着达到了一种规模经济,这也使得开发复杂的新技术的学习过程压力重重。美国产业界和美国原子能委员会采用了"边施工边设计"(design-as-you-go)方式,这是系统工程的对立面。当一个设计只完成15%的时候,就开始建造厂房了,一旦有新的经验带来了新的规定,它就得返工修改。正处于运营或施工状态下的工厂,需要不断地进行更改,这就增加了巨额成本,特别是因延期竣工而带来的银行利息费用。某些核电厂(尽管不是全部)提供的能源可不便宜,电价之高让它们的消费者震惊。

在复杂系统中,某些更改变动会干扰影响其他元件的正常运行,这样做的结果确实是弊大于利。时至20世纪60年代末,供职于美国原子能委员会和美国橡树岭国家实验室的技术人员们,越来越抱怨美国原子能委员会把安全生产置于工业繁荣之下。技术人员们的不满情绪，泄露给了公众，而公众对大气层核武器试验的放射性微尘沉降早有忧虑，这加重了人们对核反应堆放射性废物和低强度辐射有可能泄漏的关注。美国民众中对开发核电的支持一直是占压倒性多数的，但是从20世纪70年代起，这一势头开始变弱，而到了三英里岛泄漏事件之后则崩盘了。

1974年，美国国会将美国原子能委员会改组为美国核管制委员会（NRC），剥离了其原来激励核电开发的一切任务。在20世纪80年代，许多人士声称，正在运营中的核电厂的40年许可期限一旦到期，美国的核电工业即使不会很快寿终正寝也会随之奄奄一息。

能源政策与环境政策中的核能问题

面对一派阴沉的不景气态势，美国核电力工业奋起自救。1992年颁布的能源政策法帮了它的大忙。从直接的方面看，它授权美国核管制委员会精简许可证的审批程序，减轻了规章制度上的繁文缛节。从间接的方面看，国家解除了对电力工业的管制，造成了对核电力有利的产业重组。竞争的合理化淘汰了拙劣的运营者，同时也为了高效经营强化了业主的所有权。与那些每家公司只经营一两个反应堆的一大批公共事业公司截然不同，如今的大型经营者管理着成批的反应堆。他们采取全体员工与专家结合的方式，把维护过程标准化，缩短了停机时间和补充燃料的时间，并进行流水线管理。安全性也得以改进。经营成本显著下降，同时劳动生产率提高了。在20世纪90年代期间，运行中的反应堆数量从112座下降到104座，但是它们产出的电力却增加了将近30%。现在，就燃料、经营和维护而言，核电力是最便宜的能源。[45]

世纪之交，美国核管制委员会的事务也再次忙碌起来了。正在运营的核电厂纷纷提出更新许可证的申请，要求把它们的执照续签20年或再扩容15%。[46]关于建立新的核电厂的议论时有所闻,而人们一度以为这是完全不可能的事。然而,期望全面复兴的时机仍然是不成熟的。核电力必须克服许多障碍,其中最大的瓶颈是经济方面的。因为新核电厂的单位电力的资本成本大大超过了天然气发电厂。除非天然气的价格暴涨,否则相比之下核能在经济上是没有多大吸引力的。

正当核能开发跌入低谷的时候,美国国会技术评估办公室1984年的报告发现,尽管核能并非必不可少的东西,但是"保留核能发电这种选择的必要性,或许有英明的国家政策方面的理由"。[47]这里涉及的问题,已经不仅仅是关于个别产业是否广受欢迎或资金是否陷入困境的局部问题。核电力必须置于国家能源政策和环境政策的语境中来整体评估,而这些政策本身又同经济的和外交的政策紧密相关。即使核能发电在其他方面一无是处,至少它也能起到保障能源供应的作用。能源危机会造成国家经济形势极度紧张不安。因为能源需求相当缺乏弹性,所以政策制订者们必须确保某种稳定的供应,其中包括从国外进口石油。现在,可能存在的全球变暖趋势,加剧了他们面临的困难。

气候变化是全球范围的,有着巨大的地区差异,并且有很长的时间跨度,它涉及人类后代的利益。其影响力充满了科学、技术、经济、社会以及地缘政治学方面的不确定性。在如此复杂的环境之下,理性的决策制订者们往往不会仓促进入某种特定的立法程序,有鉴于此,如果暂时什么都不做也不失为一种选择。他们力求自己的公文包不断积累各种可供选择的材料,从而一旦获取了更多可用的知识时,就能够成功地作出更明确的抉择。降低温室气体排放的途径包括:削减能源使用,转向采用低排放率或不排放温室气体的能源,以及固存排出的碳等。从近期来看,提高煤的燃烧效率和用天然气代替煤能够起到最大的作用。从长期来看,许多技术正处于不同的研发阶段。其中诸如太阳能和风能之类的某些技术,由于它们受到地理位置和可靠性等问题的限制,更适合于适当的市场而不是广泛应用。另外一些技术目前还远为缺乏商业可行性，例如氢燃料和碳固存（carbon sequestration）*之类。所有这一切，都是有价值的。然而，为了对全球气候变化有着实质性的影响，还必须以足够大的规模开展技术研发。美国国会技术评估办公室关于保留核能选择的主张，在这样的氛围中变得越来越令人信服。在 2001年，欧盟执行委员会总干事宣称："如果欧盟希望在维持能源供给和降低碳排放水平方面获得成功，核能的开发利用是不可避免的。"[48]同年颁布的《美国国家能源政策》（U.S. National Energy Policy）建议："应该把美国的核能扩展为我们国家能源政策的重要组成部分。"[49]

当核工程师和科学家在意识到国家政策的期望时，也面临着巨大的挑战。他们不得不对核电厂进行新的设计，使其能够以有竞争力的成本建造，不仅要确保反应堆在技术上是安全的，而且还要让公众认为是安全的，燃料循环不能被人移作核武器扩散，而且长期堆放核废料的仓库泄漏要最小化。他们一直在倡导开发一种堆芯不可能熔化的反应堆。其中的一个候选方案，就是模块式球床反应堆，其谷粒大小的铀燃料核是嵌在石墨"卵石"之中的，每块"卵石"有桌球那么大，不会热到足以熔化的程度。这种反应堆因其简单的模块化设计，所以建造成本也相当便宜，而且因为在运行中可以连续不断地添加燃料，操作成本也较低廉。不过，它仍然有待更多的研究与开发工作。[50]

成功的希望取决于重新振兴人力资源基础，而现在它正处于低迷状态。在美国的各个大学里，估计有一半的核工程计划已经停止实施。相关专业的教研人员年龄在老化，而入读学生的人数在减少。核能发电的研发基金已经枯竭。尽管美国能源部近期启动了几个核研究计划

---

　　* 碳固存：是指对二氧化碳进行捕获、分离、存贮或再利用，目前该技术已在世界范围内不同程度地得以利用，将来有望成为人类减少二氧化碳排放，应对全球气候变化所采取的主要措施。——译者

的议案,但是提供的资金并不多。正如一个人不得不付出保险费来购买保障一样,为了使核技术和其他先进技术生存下来作为一种稳定的能源供给的保障,就需要在教育与研发方面进行投资。

核工程师遇到的另一个挑战,是克服敌对的社会观念。大量的研究揭示了社会心理学家所说的"风险的社会扩大化"(social amplification of risk)。依据这种观点,实际上只产生微不足道危害的某些现象和技术,往往也会造成大众过度的恐惧和歇斯底里。社会扩大化是有选择性的;心理学家指出,那些被公众选中的技术受到了"污名化",而实际上这种意识到的危险性是被不切实际地拔高了。[51]污名化形成了一种社会现象,美国癌症学会评论这种现象时说:"公众对环境中的致癌风险的关注,通常是聚焦于未经证实的风险或处境,而其实它们中受到曝光的已知致癌物的含量水平如此之低,以至于风险微乎其微。"[52]癌症学会引用了许多被误导的例子,其中就有核电厂附近的低水平辐射。这有力地支持了社会心理学家的研究,后者发现美国公众对核能的指责非同寻常地严厉,尽管在美国,核能从未杀死或者严重伤害任何人,但是人们还是怕得要命。[53]社会认知,无论它是正确的还是不正确的,都是工程师们必须面对的一种政治现实。这种指责现象还会长期存在下去,但是世界上没有任何一件事情是永远不变的。

心理学家发现,在所认知的风险和所认知的效用之间,存在着一种强烈的否定性联系。人们倾向于把有用的事物看作风险性较小的。许多人视核能为无用的,因为存在大量比它更便宜的能源。随着核能的成本越来越具有竞争力,以及由于矿物燃料因其排放温室气体而变得越来越缺乏吸引力,这个障碍很可能会逐步缩小。信任失去容易重获难,但是重新获得信任也并非不可能。知识会抑制无根据的恐惧并培育信任,随着时间的流逝,居住在核电厂附近的人也开始逐步倾向于提倡使用核电力。2002 年,关于美国公众对待能源政策的一项盖洛普

(Gallup)民意测验发现:对于"推广使用核能"的看法,被调查者中有45%表示支持,51%表示反对。[54]对待核能的这种态度尽管是否定性的,但是这比起20世纪80年代,已经获得了更多的认同,当时的支持率曾下降到了30%以下。通过不断地保持安全记录,改善运营成本,真诚地与公众交流,核能工程师很有可能再次获得公众的信任,并履行原子能为和平服务的诺言。

7.3 管理技术风险

"时至今日,如果苏格拉底的忠告'未经审视的生活不值得度过'仍然有效,那么这对大多数的工程师们来说可算是新闻了。"一位技术哲学家如此写道。[55]真正的伦理学是在实践中形成的,而不仅仅是纯粹的说教;人生的真正意义在于生活,而不是一味空谈而已。经过反省的生活是属于自己的;窥视别人的生活,则是市井坊间和地摊小报所津津乐道的八卦新闻。在现实生活中,工程师们在自我反省方面会比学院派的哲学家们做得差劲吗?

宣传炒作与僵化成见

需要进行自我反省的某个领域,往往是因为它不顾事实而夸大其词。在商业、技术和文学文化领域,充斥着各种宣传炒作行为。通过对技术横加诋毁来吓唬人以引起公众的注目,就是大肆炒作的一种伎俩。后现代主义主张自然定律是彻底社会结构的,则是另一种形式的炒作;它把次要的方面极端地夸大了。工程技术之所以助长了宣传炒作的倾向,是因为它的许多成果具有商业的价值。由于同样的原因,它也会遭到更苛刻的惩罚。20世纪90年代末的因特网泡沫(dot-com bubble),就是技术上大肆炒作的一个突出案例。其引人注目的泡沫破裂,显示了报应的无情性。

有一个工程学领域因其不断有泡沫破裂而出名,那就是人工智能(AI),在它发展的几十年中,为具有"超人智能"的数字计算机所作的稀奇古怪的广告一个接着一个。这些炒作都超出了真实计算机的可预期能力,但却被新闻记者和研究心智的哲学家们兴致勃勃地加以利用,并被进一步夸大。而其实际成果却相形失色,这使得公众一次次地失望,也伤害了人工智能本身的声誉,这种伤害是伤筋动骨的。诸如此类天花乱坠的广告,已经遭到了许多人的批评,其中有计算机工程师,例如德图佐斯(Michael Dertouzos)曾经戳穿了许多有关信息技术的神话。[56]*

另一个对宣传炒作的危害性深感忧虑的人,是深谋远虑的工程师香农,他在一篇重要评论中写道:"信息论的议题,的确一直被人兜售,如果不是已经卖空的话。"他劝告工程师们力戒随心所欲地外推,集中精力从事最高端水平的科学研究与开发。他注意到,把工程学的概念移植到毫不相关的领域,并对这些概念的内涵进行主观武断的延伸,就会使人产生科学技术是一种万灵药的虚假印象,他告诫说:"一旦人们意识到运用像**信息、熵、冗余度**(redundancy)等这些令人兴奋的术语不能解决一切问题时,我们的某种人造的繁荣就很容易在一夜之间全部崩溃。"[57]

在通常情况下,一旦技术上的概念脱离了它们在数学上的精确语境,并在某个"可伸缩的"宽泛领域里得到大肆宣传炒作时,它们的原有

---

*原文如此。今天人工智能(AI)的厚积薄发,是各种相关要素的耦合和长期时间积累的结果。作者的这段话,概述的是人工智能在漫长发展史中举步维艰、徘徊探索阶段的状况。近几年,人工智能出现了历史性的井喷涌现,取得了日新月异的长足进步,社会各界深感震撼、惊喜和恐惶。截至 2023 年,诸如 ChatGPT 和 Midjourney 等多模态大规模语言模型(MLLM)已经取得突破性进展,即便仍存在诸多挑战,也不妨碍其应用前景被广泛认可,其产生的科技、经济和社会效应具有极大的不确定性。——译者

意思就会被严重地扭曲和稀释,从而变得越来越简单化。许多学者所见的只是这些被粗暴扭曲了的概念(其中一些还是由他们的同事创立的),但是他们并没有费心去核对这些受到曲解的工程学和科学的原意,而把这些被人扭曲了的概念当作工程师和科学家们天真的写照,更有甚者,还用僵化的成见嘲笑他们是蠢人。因此,最优化(optimization)这一概念一直被人奚落为"狂妄自大",以为它意味着存在一种独一无二的最好方法来解决所有的问题。其实在工程学中,最优化并非指以上那种情况,最优化总是与特定的目标相关联,而且其存在性和唯一性也已经获得了数学的证明。宣传炒作把技术上的概念远远延伸到它们的有效领域之外。僵化的成见混淆了原意和炒作概念之间的区别,并且嘲笑它们,从而诋毁了技术思想。这两种做法对于科学和技术的进步,都是有百害而无一利的。

工程师是伦理迟钝者吗?

社会上的一些僵化成见,把工程师看作"伦理迟钝者",而把工程学看作是一种"丧失自觉道德立场"的职业,这种情况我们在第4.1节已讨论过,这些看法被流行的对技术更多的公开指责所补充,技术一直被某些人妄称为"理智的鸦片""一种危险的概念""恣行无忌的勾勒姆(Golem)*""弗兰肯斯坦式的问题""孕育着恶的知识"等,不一而足。一篇标题为《技术伦理学研究》(Ethical Studies about Technology)的文章写道:"我们说我们有生存的权利,但是我们的技术却污染了生存必不可少的水源。我们说我们有自由的权利,但是我们的技术却劫走了我们呼吸清新空气的自由。"[58]技术是人造的。对技术含沙射影的攻击颇为

---

　　* 勾勒姆(Golem):希伯来传说中用黏土、石头或青铜制成的巨人,注入魔力后有了生命,蛮力极大,控制得好能保护主人,一旦失控则危害无穷。现多指邪恶的人造物。——译者

流行,甚至有时是直言不讳的:"评论界谴责研究开发技术的人对技术引起的社会后果缺乏考虑,把工程师视同罪犯。"[59]

这些言论很容易被人不断扩大、火上浇油,因为它们不是来自激进分子的小册子,而是来自德高望重的教授们的学术著作和文章,其中许多还被用作大学生的阅读材料。稍许检查一下就足以显示,他们的极端观点,与其说是社会对技术的批评(这是非常珍贵的),不如说是批评的滥用。毫无疑问,道德立场对于工程师而言是强制性的;然而,由于对工科院校的学生未来职业的贬损,他们看来变得更加倾向于愤世嫉俗而不是合乎道德。要求对技术进行负责任的批评是至关重要的,但是却很难做到,因为这种批评需要对种种复杂问题进行平衡的审视。它们或许已被不分青红皂白的指责所淹没,以致人们很容易把中肯的批评也当作推销政党意识形态的炒作而置之不理,就像好车被傻瓜驾驶出商场一样。而且,对技术的夸大化指责,分散了对其他重要领域成果的注意力。

例如,谴责技术破坏了我们的生存权和自由权的同样的伦理学研究,明确宣称:"现在技术诱发的早期癌症和过早死亡,要比任何其他因素(包括犯罪行为和自然原因)引起的死亡人数更多。"在美国,癌症是仅次于心脏病的第二大杀手,但是要把这些死亡归咎于技术,人们还必须证明大部分癌症是由技术诱发的。这种伦理学研究引用了一份政府报告作为其主要的证据,该报告指出:发现只有一小部分癌症是由无法预防的内部因素,诸如遗传学之类引发的。于是,他们把它当作一个铁板钉钉的"事实",认为所有剩余的其他癌症都是由技术引起的,反对这份政府报告中提出的明确而直率的告诫,并无视报告中一些详尽的数据,而正是这些数据表明:大多数的癌症主要是由抽烟、酗酒和不注意锻炼身体之类不健康的生活方式导致的。[60]对于社会结构中的"事实"进行如此的曲解,有人担心是否会玷污了科学、伦理学和关于技术的批判,对此我们暂且不论。在此我们必须强调说,技术确实需要代价,但是过分夸大技术的抑制效应将会起到相反的效果。它除了加重现实问题的混乱之外,还滋生了一种受害者心理,减少了人们努力改变他们的生活方式以降低风险的勇气,阻挠人们对自己的行为大胆地负起责任。这些边缘化的考虑恰好是伦理学和人文学科的教育能够起到很大的作用之处。

没有人声称技术是全能的、至善的。技术是社会的一部分,它必须和其他许多因素一起运作。工程师们不能为所欲为地去做一切事情;否则,其他领域的专家就会是多余的了。例如,可持续发展追求的一个目标——降低能源消耗,要求兼顾效率与节约两个方面。效率主要来自技术方面,其中包括采用更好的设备和更好的生产方法。节约则属于消费者的行为,诸如花更多的钱购买先进的节能用具,但是以后就可以支付更少的能源费用。工程师们致力于研究开发技术,大大提高了从工厂设备到家用器具的每一样东西的效率。[61]不过,他们也清楚地意识到,仅仅依靠提高效率确实是不能完全解决能源问题的。现在,每一加仑汽油都能让汽车开得比以前更快,但是一旦消费者转换到驾驶运动型多用途汽车之类功率更大的车辆,原先的节能优势就没有了。为了取得更好的结果,技术和文化不得不结成联盟。社会把工程师的出色工作贬低为"纯粹的技术困境"。但在这方面所花费的精力,最好还是放在培养节约习惯方面。

处理技术风险

可靠性、安全性、环境协调性和社会可接受性,这都是值得期望的可贵品质,但是要获得它们并非不要代价。正如在日常行为中那样,技术设计中的选择是不可避免的,这种情况更像伦理道德考虑的核心所在。要作出选择,就必须承认资源是有限的,它要用在许多地方,任何人都不能拥有全部资源。一个负责任的选择,必须意识到放弃选择的同时也放弃了它们的效益和机会。按工程师们的用语来说,这需要权衡利弊,或者用经济学家们的术语来说,这需要机会成本。不得不作出选择是不愉快的,有时甚至令人十分痛苦。空想家认为被迫作出选择太冷酷无情了,可以无视麻烦的后果或者忽视机会成本来规避选择,例如消耗大量的资源以缓和某些很小的风险,这些被消耗的资源,是从其他可能更重要的用途中转移出来的。工程师们却不能这样做,因为他们必须面对现实的约束,必须为他们的决策承担责任。正如船舶工程师温克(Edward Wenk)所写的那样:"要使[工程学]在理智上取得令人振奋的成就,一方面就必须解决性能要求与可靠性之间的矛盾冲突,另一方面要解决成本限制和法律要求保护人类安全与环境之间的矛盾冲突。于是,设计成为在权衡利弊得失时所进行的小心翼翼地'走钢索的实践'。"[62]

　　现实的世界从来就不是一个安全的避难所。美国人的平均预期寿命,在1859年仅39岁,1900年增加到47岁,到1999年已经超过76岁,其中部分是由于技术的进步造成的。[63]然而,人们的风险感与不安全感却也在不断地增长,这不仅是因为我们有了更多的财产需要保护,更多的场合需要确保安全。风险除带来危险之外,也意味着需要(国家)机构对危险或其后果有所预案或举措。昔日的危险充分表现在人类的平均预期寿命过短,以及因无力避开这种危险而滋生的听天由命的想法之中。如今,科学技术已经大大提高了我们控制危险的能力,使生活更加安全,并为我们更美好的未来展示了巨大的可能性,但是人类依然充满了不确定性。而且,我们面对的无穷无尽的选项,增加了决策的难度和复杂性。要在不确定性之下作出理性的决策,使得风险的意识尤为突出。长期以来,经济学家们一直在对商业投机的风险进行测算。美国陆军工程兵部队第一次运用成本–效益分析来找出修建大坝的最佳地点。1975年对核能发电厂的工程风险分析，开了制定规章政策的方法论的先河。

在工程学和经济学的分析中，其深层的哲学思想往往是功利主义的。自从19世纪的哲学家边沁（Jeremy Bentham）和穆勒（John Stuart Mill）的著作问世以来，那种旨在获得最大多数人的最大幸福的**功利主义**（utilitarianism），已经被人彻底地争论过了。功利主义是**后果论**（consequentialism）的一种形式，后者主要依据行为结果的好坏来判定行为本身的是非。在公共伦理学和政治哲学中，后果论往往胜过它的主要对手，即那些强调个人权利的学说，其中部分原因在于超越基本原则来界定权利是颇有争议的。当以权利为基础的学说因为忽视社会价值而受到指责时，以后果为基础的学说则被批评为忽视了不同的个体，因为后果通常是以集体利益的形式出现的。[64]

从大体上说，在整体考虑的过程中存在着很大的余地。公平分配是个好东西吗？食物对于濒临饿死的人比对肥胖的人更好吗？在评估整体利益时，应该分给穷人更多的东西吗？如果答案是肯定的，那么功利主义就能包括一种有意义的公平原则。然而，在实践过程中，功利主义却很难考虑公平分配，这部分地是因为人们在具体细节上不存在那么多的共识。因此，在工程学和经济学分析中，通常把公平分配搁置一边暂且不予考虑，并假定对于每一个人来说，利益是均等的。这样做的基本原理是，将**效率**和**公平**分作两步来对待，能够使复杂问题易于处理。先要得到最大的一块馅饼，然后再谈如何来瓜分它。假定结果将受制于一种补偿机制，据此赢者按照某种公平标准给予输者一些好处的话，那么效率是值得追求的。让我们首先对以下这些问题暂时不予考虑：弱者是否确实得到了补偿？分离效率与公平是不是一种可取的大致做法？问题是，即使从原理上看，功利主义者也明白他们对决策的评估是有缺陷的。怎样的安全才算是安全？怎样的干净才算是干净？

这些问题不断地被工程师们质疑,甚至连最出色的风险-效益分析也难以回答,不过这种分析能够为决策提供重要的提示。

在成本、效益和风险的现实分析中,更多的问题和不确定性出现了。除了人员伤亡之外,究竟还有什么算得上是危险? 这本身也是令人难以捉摸的,更别提预测发生危险的可能性了。有三类危险特别难以确定。第一类是由各种危险相互作用所引发的危险。第二类包括罕见的危险,例如核电厂发生的事故。第三类包括遭受极低剂量的毒素侵袭;对其病理起因的探究往往模糊不清,而且对推出的模型和推断的数据也颇有争议。对这些风险的估计,还仅仅是粗糙的近似值或者是有一定根据的推测。而且,为了测算工厂安全的成本与效益、环境影响以及诸如此类的状况,有时需要给生命、生活方式、未来世代的福祉,以及各种各样的自然因素贴上价格标签。所有这些评估都充满着价值判断,为此分析人员不得不通过某些特定程序,从相关的党派中得到某些共识。[65]

诚然,后果论绝不是完美的,但是批评家们看来也提不出什么**切合实际**的代替方案,只能说一些令人动听的花言巧语。要想完成任务,一旦功利主义分析被当作决策的工具而不是最终决策者时,这种分析才有价值。正是功利主义分析创建了概念框架,使人们得以在其中能够进行假设,揭示不确定性,讨论价值观,提供证据,评判结果以及提出改进建议。功利主义坚持采用风险评估标准,允许人们比较各种风险的相对概率,尽管关于单一风险的概率值只是某种粗略的估算而已。通过向公众解释相关的各种因素,以及为决策制订者提供辩解的理由,它们有助于选择的合法化。从20世纪70年代起,美国政府在立法过程中普遍运用成本-效益分析,这减轻了特定利益集团的压力。美国最高法院曾经对美国劳工部职业安全与卫生管理局提出指控,因为后者在提出把工人在工作场所身受的苯数值降低到1/10的法规之前,并没有对此进行过风险-效益分析。该局后来补作了必需的分析,有力地支持了它所制定的严厉标准。尽管这一决定保持不变,但是内在与此相关的假设却越来越透明,因此也越来越被社会认可。

对安全工程保持毫不松懈的警惕

有这样一个笑话:微软公司的总裁吹嘘说,如果汽车像计算机一样,那么凯迪拉克名车现在大概只值100美元。于是,通用汽车公司的总裁回击到,如果汽车像计算机一样,那么每隔一两天,汽车就会神秘地发生撞车事故。微软视窗系统(Windows)的不稳定性能,让计算机专家们不禁愁眉紧锁,消费者却能容忍这种情况,是因为它有相对便宜的价格和失误的轻微后果。计算机发生了故障,伤害的不是人而仅仅是工作;消费者无可奈何地叹一口气,又重新启动了机器。可靠性——没有种种故障和小问题——是高质量的标志,也是工程学的一个重要标准。一般来说,可靠性是随着技术的成熟而不断提高的。普通的老式电话是最可靠的辅助装置之一,其有效性超过了99.999%,这意味着在一年之中平均维修停工期少于315秒。相比之下,无线移动和分封交换式因特网通信这些新技术虽然比旧式的可靠性低,但是它们正在追求更高级的目标。

简而言之,我把对那些具有灾难性后果的罕见事故的预防归结为"安全性",这种灾难性后果包括大量的人员伤亡和财产损失。如此惨痛的事故很少见,因为一项技术如果经常引发非预期的大灾难,那么它很快就会被遗弃。由于工程师们从事故中汲取了教训,安全性往往会得以改善。蒸汽锅炉虽适用于从家用热水器到工业涡轮机的所有场合,但有时是很危险的。一艘在密西西比河航行的江轮,由于锅炉发生爆炸,一下子使1450位美国联邦将士丧生。在19世纪,锅炉经常发生爆炸,时至1900年,美国的锅炉爆炸达到了一年超过400次的高峰。随后,这个爆炸浪潮的局面终被美国机械工程师协会制定的《锅炉规章》(Boiler Code)扭转了,该规章出台后,很快就被许多州作为法律采纳。现在,锅炉爆炸事故是十分罕见的。

工程师们能够把一个系统做得非常安全,但是却无法保证它绝对安全。出人意料向来是一种可能性。往往有许多技术上的、人为的以及社会的因素存在,也可能是这几个方面互相作用触发反应,都会酿成事故。举例说,在"挑战者"号航天飞机的决策过程中,当有位工程师力主取消这次没有把握的发射时,一位高层管理者却告诉他说,"摘掉他的工程学帽子,给他戴上管理学帽子"。[66]这是政治学战胜工程学的一个缩影,但是最后竟以"挑战者"号航天飞机的爆炸而告终。然而,即使在这一社会建构的灾难性范例中,工程师们也无法脱离干系。一个有缺陷的 O 形密封圈设计,正是导致这场大灾难的起因。无论管理不善如何大大加剧了情势的恶化,设计上的过错都还是在于工程师们。避免那些由于人类的主观错误或自然界的偶发事件而导致灾难的设计,要求工程师在设计、操作技术系统过程中,尤其是在复杂而高风险的设计中,必须把自然物质技术和社会组织技术正确地融合在一起。

3000 多年前的《汉穆拉比法典》(The Code of Hammurabi)规定:"若建筑师建造之屋宇倒塌且致屋主殒命,则该建筑师必处极刑。"在今天,虽然惩罚远没有以前那样严厉,但是责任却没有丝毫减少。胡佛写道:"与从事其他行业的人相比,工程师的最大责任在于:他的行为是完全公开的,任何人都可以看得到。他的作为,一步一个足印,实实在在脚踏实地,……如果他的作品无法运作,就会受到人们的谴责。对他来说,那将是一连串幻影,在晚上缠扰他,在白天追踪他,苦不堪言。"[67]

工程师在设计复杂系统时,会引入过剩信息校验、交叉信息检验等方法细查每一样东西,一旦他们心存疑虑,便宁可选择稳妥的做法,采用可靠的方法,这不是如某些文化批评家所声称的,是因为他们墨守成规,顽固不化,而是因为他们深知自己的产品会影响到很多人的生活。这种必要的警惕性是丝毫不能松懈的。加文(Joseph Gavin)回忆起将人类首次送上月球的"阿波罗"号登月舱设计过程时,他如此描述道:"我们所担心的那些事情并没有给我们造成任何问题。我们不担心的那些地方倒是让我们碰到成堆的问题。"他们所担心的一切反而运行顺利,是因为他们已经预测到并且消除了这些缺陷。使工程师们最焦虑烦恼的是失察的可能性,尽管他们尽力而为了,但还是要交叉手指祈求好运。这种体验是如此令人心烦意乱,以至于在最后"阿波罗"计划终止时,有人甚至如释重负。"正如玩牌时你不能一直玩接龙。"约翰逊载人航天中心的领导者吉尔鲁思(Robert Gilruth)如是说。[68]

在这里,经验变成了一把双刃剑。经验丰富的工人们干起活来是高效的,因为他们熟悉工作的机理,往往不需要专注于细节问题,但是这种效率同时也会让问题悄悄地溜走了。为了把忽视某些事物的机会最小化,奥古斯丁强调工程师们要"质疑一切"。不仅要向涉及该项目的有关专家和工人们询问,而且还要向门外汉请教:因为没有先前经验的某些人能够说出皇帝没穿衣服。[69]这两种情况说明了警戒和开放的态度带来的差异。

在1981年,NASA有充分理由和珀金–埃尔默公司(现为休斯–丹柏利光学系统公司)签订合同,为"哈勃"太空望远镜研制和生产主镜。作为光学仪器行业的权威公司,它同样也擅长为军事间谍卫星生产镜片。然而,它的所有经验仍然无法防止把"哈勃"镜片磨制成错误的形状。珀金–埃尔默公司采用了最新的技术,在研磨的全过程中,始终使用一种超高精度的设备来测试镜片性能。正是这台设备发现并纠正了最细微的光学偏差。但不幸的是,当这台设备从公司的军用部门转移到民用部门时,竟然发生了角度偏差,以致检测不到一个严重的错误。事实上,这个错误已经由临时凑合着使用的测试方法检测到了,但是这一测试结果却被当作太过粗略和难以置信而不予理会——他们认为任何有经验的人都不可能犯下如此愚蠢的错误。但是珀金-埃尔默公司这次却犯了。为了防止今后有类似的错误再次发生,调查这一严重失误的委员会吁请成立一个专门组织,这个组织的主要宗旨是:"鼓励公司员工开诚布公地表述他们所关注的事情,并且确保那些在任务中对处理潜在风险的关注,在没有适当审核的情况下不被忽略。"[70]

花旗公司总部大厦的一次幸免于难

由于对别人的坦率质疑引起了高度警觉,花旗公司总部大厦幸免于一次大灾难,这个灾难一旦发生,很可能让先前凯悦摄政大酒店走道坍塌事件相形见绌——在后一起事故中罹难者为114人,伤者为200余人。1977年,地处纽约市的花旗公司总部大厦启用后不久,一个学建筑的学生询问该大厦首席结构工程师勒梅热勒(William LeMessurier),为什么大厦的支柱的安置方式很特别,在交谈中这个学生还提醒他应该采用他在哈佛大学授课时的案例。一座高楼的结构体系,必须具有足够的强度和刚度来承受垂直重力负载和水平风力负载。作为抗风的支撑,花旗公司总部大厦在幕墙背后隐藏着一个钢结构框架,如图7.2a所示。勒梅热勒在为他的授课班级准备各种问题时,在计算中发现,当大楼受到与墙面呈45度方向的风力时,钢支架所受的应变力会增加大约40%。根据他原有的设计,大楼有足够的余地,安全地应对这种应变力的增加。然而,他发现早在一个月前,他的同事们已经把设计方案从焊接连接擅自改成螺栓连接,理由是前者成本太高而且没有必要。在设计过程中,改变方案是非常普通的事情。换上符合有关圆柱的工业规范的螺栓连接,也是行得通的。[71]

对于像勒梅热勒这样的大忙人来说,往往很容易把事情暂时搁在一边。一年以后,那些建造密苏里州堪萨斯城凯悦酒店的结构工程师

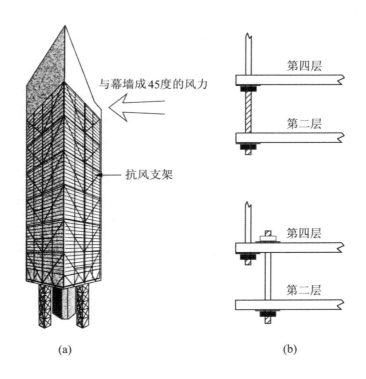

图7.2　(a)有59层高的花旗公司总部大厦,坐落在9层高的支柱上：它由一个中央核心柱和位于每面幕墙中垂线的四个柱子支撑,而四个角落是悬空的。圣彼得教堂正好隐没在大厦的一个楼角下面,占据着一块街角地带。教堂方面同意为建大厦拆除老教堂并出让土地上方空间所有权,条件是在原址建一座完全独立的新教堂。该大厦有一个支撑框架结构,除了承担垂直重力负载之外,还必须承担大部分的横向风力负载。进一步的计算和风洞实验发现,同时冲击在两个墙面上的楼体对角线方向风力,会在大楼钢梁的衔接点产生不可预见的巨大应变,这导致该大厦在1978年进行了一次紧急抢修。(b)在凯悦大酒店的最初设计中,第四层和第二层的走道均由悬挂在天井平顶共用连杆上的箱型梁支撑。在建造时,第二层的横梁却由分离的连杆悬挂在第四层的横梁上。更改后的设计为了节省共用连杆插入部分的长度,把两倍的负载加到第四层的横梁上,最终导致走道倒塌。[资料来源：(a)改编自 B. S. Smith and A. Coull, *Tall Building Structures* (New York：Wiley,1991),p.127；(b)参见 A. Jenney (1998),www.uoguelph.ca/~ajenney/webpage.htm]

们,对其走道设计上的细小改变听之任之(如图7.2b)。在这两个案例中,设计和更改都涉及与同事、承包商、分包商,以及许多组织机构中许多人员之间的相互沟通。不过,对终审通过方案负责的还是首席工程师们,他们在审核貌似合理的改变时是否保持警惕性,一念之差往往是安全与大祸的分水岭。建造凯悦大酒店的工程师们因其失察的设计更改而导致了走道坍塌之后,被宣判犯有玩忽职守罪和渎职罪。负责设计建造花旗公司总部大厦的工程师们,决定对其进行加倍仔细的检查。

勒梅热勒发现,他的同事们把大楼支柱看作桁架而不是圆柱,钢梁之间还冒险使用了很少的螺栓来连接。仔细的计算和风洞测试揭示出了更多的问题,勒梅热勒在一篇题为《SERENE(对不可预料事件的特别工程审查)项目》[Project SERENE(Special Engineering Review of Events Nobody Envisioned)]* 的文章中将此加以总结。这里所谓的不可预料事件的后果,就是指大厦在遭受时速为120千米的风力时就会有倒塌的危险,而根据当地气象台提供的数据,每年出现这种风力的概率为1/16。此时,8月刚刚开始;这正是飓风来临的早期季节。

由于对很可能发生的毁灭性境况感到极度不安,设计工程师把这件事通知了施工建筑师。他们一起告知花旗公司:虽然新总部大厦存在结构上的缺陷,但是可以对大厦上现有的200多个螺栓连接点用焊接钢板一个一个加固的方式来解决。花旗公司的最高管理层是理智的。他们把所有有能力的专家都集中起来紧急商讨对策,迅速决定采取一系列行动来进行补救,而且取得了市政官员和工业承包商的通力合作。他们重新评估了该大厦的全部结构,立即安排生产特殊规格的钢板。召集了来自数个州的焊接工,在晚上,他们手持焊枪彻夜工作,在白天,他们撤出现场让银行家们办公。新闻媒体获得了充分的信息,没有引起公众恐慌。市长办公室和红十字会沉着地为紧急疏散和预防

---

* SERENE:是"平安无事"的英语拼法,这里作者用的是双关语。——译者

灾难制定计划。幸运的是，这些预案从未启用过，虽然"埃拉"飓风曾让人提心吊胆了几天。这座大厦在10月份修复完工，变得固若金汤，完好无损。

事后，花旗公司并未提出控告。紧急抢修的各种费用，林林总总不下数百万美元，花旗公司为之筹集了200万美元，勒梅热勒公司的责任保险承担了最大的份额。保险公司虽然支付了费用，但是并没有提高勒梅热勒公司的保险费。这件事给人的总体感觉，犹如花旗公司的总承包人所说的："这可不是'我们逮住了你，你还要赖账'的那种场合。这件事起始于一个家伙站起来说，'我碰到了一个难题，我制造了这个难题，让我们一起来解决这个难题吧。'如果你准备杀死像勒梅热勒这样的家伙，那么，谁还会站出来提出问题呢？"[72]

"工程是人类的本性。"彼得罗斯基很恰当地把他评述工程技术失败案例的著作以此命名。有关工程技术灾难的清单是冗长的，其中有："挑战者"号和"哥伦比亚"号航天飞机，三英里岛和切尔诺贝利核电厂事故，塔科马海峡大桥*和其他建筑物的坍塌，博帕尔化学工厂有毒物质喷出引发火灾**和其他地方的类似事故，以及由于各种技术问题诱发的飞机坠毁等事件。例如花旗公司总部大厦之类差点出事的事件，能列出的清单则更长了。工程师们非常清楚人性固有的弱点，因此他们不仅需要尽最大可能来防止事故的发生，而且还竭力地从灾难和幸免于难中汲取深刻的教训，从而不再重犯错误。针对凯悦大酒店灾难

---

*塔科马海峡大桥：位于美国华盛顿州塔科马海峡的悬索桥。1940年7月1日通车，当年11月7日因机械共振被风摧垮，幸无人员伤亡。调查发现事故系支撑梁过浅使路基刚度不足所致。1950年重建大桥通车，2007年新的平行桥通车。——译者

**1984年，美国联合碳化物公司设在印度博帕尔市的农药厂发生有毒气体泄漏事故，当天便有数千人死亡，伤残者不计其数，周边环境生态破坏严重。这次灾难是历史上最严重的工业化学意外。——译者

事件,美国土木工程师协会采取了有效的行动,现在,他们坚持认为工程师应对他们建筑设计的结构安全的方方面面负责。彼得罗斯基写到,领会失败的含义"是理解工程学的关键,对于工程设计而言,其首要的目标就是避免失败。因此,确实发生巨大的灾难是设计的最大失败,但是,从那些灾难中汲取的教训,比世界上所有富有成效的机器和建筑物都能更好地促进工程学知识的发展"。"因为这个原因,工程师研究失败很重要,相比之下,其重要性至少不亚于研究成功的意义,与此同时,尽可能公开地讨论组织结构上失败的原因也是重要的。"[73]

环境工程

古罗马输水管道的遗址表明:为居民点供应新鲜的水是工程技术中最首要的工作之一。那些谴责技术污染水质而破坏了人类生存权利的空想家们,已经忘记了技术在净化或许是最致命的污染、滋生细菌的人类和动物垃圾的过程中所起的作用。1854年伦敦爆发了霍乱,流行病学家查德威克(Edwin Chadwick)在此期间证实了这种疾病是通过受污染的水传播的,不久之后,**卫生工程学**(即**公共健康工程学**)便出现了,该工程的任务是负责供应干净的饮用水和处理污水。工程师们除了修建下水道和其他物质基础设施之外,还迅速地运用传病媒介会引起传染病的新知识来对水进行过滤和消毒,所以时至第二次世界大战,居民饮用自来水在美国已成了政府的规定。工程师们还开发出沉淀法、厌氧菌消化法,以及其他化学与生物学工艺方法来处理污水,这不仅消灭了水媒疾病,同时也阻断了对环境的危害。现在我们所称的环境工程师们,正在留心所有与水有关的公共问题。[74]

技术净化了一些污染物质,同时也会引入另外一些污染物质。金属采矿、化学加工、发电以及其他各种工业活动,都是释放有毒物质的局部污染源。汽车尾气和农业废物是散布的污染源。在19世纪已经起步的地方性环境保护,到20世纪60年代已经变成了大规模的全社会运动。为了响应社会的召唤,环境工程已经扩展到遍及空气、水和陆地各个领域。工程师和自然科学家紧密合作,深入认识酸雨、臭氧层损耗和全球变暖,寻找方法来消除诱因,并把这些效应最小化。为了维护空气和水的质量,必须发展新技术,采用更多的化学物品来控制或阻止污染。为了管理有害的废物,必须准备加工场所和储藏场所。这些任务需要各种各样的专家。为此,美国环境工程师研究院(AAEE)十分乐意和来自土木工程、机械工程、化学工程和其他科学机构的人员进行协作研究与开发。

现在,在美国大约有52 000名环境工程师从业。他们为公共卫生设计基础设施。一些人员参与起草有关环境保护的法律法规;另一些在新兴的环境行业工作,阻止或控制污染、处理垃圾、净化被污染的场所、制造必要的设备,等等。2000年,这个行业的收入超过了2000亿美元,其中约有9%属于工程与咨询、测试以及加工与预防方面的技术开发收入。[75]此外,涉及环境因素的考量已经渗透到了一切相关的工程项目之中。例如,如何开发与利用减轻对环境影响的技术,是采矿和石油工程中最优先考虑的因素之一。

在20世纪的最后40年中,美国的环境保护法律法规数目比以前增长了6倍多。起初,环保规范采取一种命令式的强制态度,工程界和产业界作出相应回应,一次执行一项要求。例如,管理者制定汽车尾气排放的标准,工程师们开发出催化式排气净化器加以回应。但是企业家们缺乏支持更多技术创新的激励机制,因为他们担心这些创新或许会招致更为严格的标准。在20世纪80年代后期,这种态势开始改变。慢慢地,管理者把他们的工作重心从降低污染转移到预防污染,从强制命令转移到经济激励。工商界的领袖们进一步认识到环境意识是有利可图的。工程师们则从被动响应转为主动出击,活跃在研发绿色技术的最前沿。[76]

绝大多数传统的环境治理方式是末端处理,例如烟囱洗刷器,就是在污染物产生之后才着手清除烟尘的。这样的技术现在仍然很有用,但是工程学的视野现在已经拓宽了。系统工程方法把产品与生产过程综合起来考虑,它已经与可持续发展紧密联系在一起。[77]绿色工程将这种观点延伸到了生产过程的整个供应链和所有的负效应之中。[78]它的**生命周期分析法**评价各种各样产品对环境的风险,通过比较产品生产制造的全部过程,考察它们从原料提取到废物处置过程的各种要素和副产品。例如,如果把生产高效的太阳能电池板过程中产生的污染考虑在内,太阳能或许并没有如许多环境保护主义者所想的那样干净。

绿色工程的目标,旨在设计对环境亲善的产品,从而能用最少的能源、原材料和几乎没有危险步骤的工艺来生产,而且产生的必须处理的有害副产品和废物微乎其微。研究人员从设计一开始,就必须把再循环、重新利用和其他的环境因素考虑在内。必须把工厂看作自然界生态系统中不可分割的一部分。这些都是难度很高的目标,要达到这些目标,不仅需要大量的研究与开发,而且还需要产业界和环境保护主义者全面合作。绿色技术至今仍然处于它的幼年时期,但是许多项目都在着手进行之中,例如那些制造半导体和计算机芯片的工程师们,正在探寻环境友好型的方法。[79]

工程学并不是一种丧失了道德立场的职业,它正在不断提高自己的道德意识。通过生命周期分析、绿色工程、系统工程以及其他日益扩展的各种实践,它承担着更多的社会责任。许多工程学的新教材从讲述社会背景的章节开始,其中也包含本书所涉及的技术对环境产生的有害影响。

工程师们从来不会自满。不断增加的技术复杂性和风险,使他们永远处于风口浪尖。在"挑战者"号失事之后,工程师们纷纷起而揭发

NASA的失责,承包商们也开始推行伦理道德教育。为此,许多工科院校相应开设了职业伦理道德课程。布什在其"无尽的前沿"的视野中看到了工程师的明确作用:"科学的影响正在创造新世界,工程师则处于重塑世界的最前沿……他建造伟大的城市,也创造有可能毁灭城市的手段。确切地说,如果人类的福祉想要持续下去的话,那么没有一种职业比工程师这个职业更真正需要职业精神了。"[80]

附录 A　工程师的统计概况

《统计理工科专业的从业人数——绝非易事》（Counting the S&E Workforce: It's Not That Easy）——这是美国国家科学基金会一篇报告的标题。考虑受教育程度的确是统计劳动力的简易方法，因为人们所学的专业领域已经印在大学毕业证书上了。然而，美国国家科学基金会告诫说：实际上大多数人不在他们所学的专业领域从业。许多拥有理工科学历的人，往往从事管理或中学教育之类的工作。

如果说计算理工科专业人员并不容易的话，那么区分科学家和工程师就更加困难了。他们在工业研发的组织机构中往往拥有同样的头衔，这正如在贝尔实验室的技术团队里那样，因为他们从事相同的工作。即使是在设有分立的理学院和工学院的大学里，所传授知识的内容也常常相互混杂。理科系所的人员也会在工程技术类期刊上发表论文，反之亦然。美国化学学会的杂志取名为《化学化工新闻》（Chemical and Engineering News），而美国物理学会的成员中有15%是工程师。随着科学家越来越注重参加实践，工程师从事越来越多的基础性研究，这种理工重叠的现象有增无减。大部分的人口普查和专题调研都反映了被调查者的自我认同，但是就像所有的民意测验一样，如何应答取决于问卷的类型以及问题的提法。因此，根据用于界定科学家和工程师的标准不同，统计结果有着显著的变化。

美国人口调查局2000年的统计结果显示，有210万的在职工程师，连同210万的计算机专业人员,他们构成了美国1.35亿国民从业人数中的3.1%。时至1970年,工程师人数是30年前的3倍,自此以后,他们在全国总从业人数中所占比率一直保持稳定。[1]美国国家科学基金会统计的科学家和工程师的人数,远低于美国人口调查局或是美国劳动力统计局的调查结果。这两个统计局同时也把许多技师和计算机程序员计算在内,然而根据国家科学基金会的标准,几乎所有在职的科学家和工程师都应拥有大学学历。而我大都采用国家科学基金会的统计结果。

工程师的学历背景

1946年在美国所有大学的入学新生中,有超过14%的人就读于工科专业,这在当时仿佛是老树长出的新枝。不久,在工程技术中获得学士学位的人数就超过了在物理科学*中获得学士学位的人数,而拥有工学博士学位的人数还需要较长时间的积累,但是它确实在增长(图A.1、图2.1)。

21世纪初,在工程学和计算机科学领域,美国大学每年要授予大约97 000个学士学位、6200个博士学位。他们约占所有专业领域学士学位数的8%,所有硕士学位数的9%,所有博士学位数的15%(见表A.1)。

大约有一半的工科院校毕业生,会选择在研究生院继续攻读学位。每年授予的硕士学位数是学士学位的约40%。1968年,美国工程教育协会主持的一项研究,推荐实施一种专门的五年期硕士学位作为职业工程师的基本学历。然而这一主张一直备受争议,因为工程学本身不是铁板一块的,各个工程学分支的工作内容差别很大。

---

* 物理科学(physical sciences):指非生命科学的理学学科,如物理学、化学、天文学、地学等。——译者

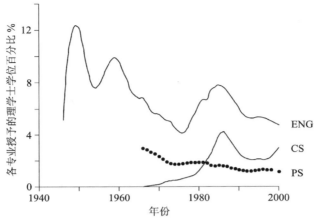

图A.1 历年学士学位授予专业人数在所有领域学士学位数中所占百分比图,其中专业领域包括:工程学(ENG)、计算机科学(CS)和物理科学(PS)。[资料来源:National Research Council,*Engineering Education and Practice in the U.S.* (Washington, D.C.: National Academy Press, 1986), p.89. National Science Foundations, *S&E Degrees*, tables.1,26,35,46]

表 A.1 2000 年美国大学授予各种专业的学位情况,硕士和博士学位在授予学位人数中所占比率,以及某专业授予学位在所有专业同等学力中所占比率

领域	各专业领域中的学位			在所有专业领域中所占百分比		
	总计 (单位:千)	硕士 (%)	博士 (%)	学士	硕士	博士
工程科学	**90.5**	**28**	**6**	**4.75**	**5.63**	**12.83**
航空工程	2.1	28	11	0.10	0.12	0.53
化学工程	8.3	17	9	0.50	0.30	1.76
土木工程	14.3	29	4	0.77	0.91	1.35
电气工程	27.6	30	6	1.41	1.83	3.72
工业工程	7.2	43	3	0.31	0.67	0.43
机械工程	17.4	19	5	1.05	0.74	2.10
材料工程	2.2	35	21	0.08	0.17	1.09
计算机科学	**52.8**	**28**	**2**	**2.98**	**3.18**	**2.08**
数学	16.1	21	7	0.94	0.72	2.54
物理科学	21.5	16	16	1.17	0.77	8.21
生命科学	100.1	10	7	6.63	2.24	16.40
社会科学	141.1	17	3	9.06	5.13	10.14

资料来源:National Science Foundation, *S&E Degrees*

从数量上看,美国大学每年毕业的工学博士要比物理科学博士多些。在比率上占优势的同时,一小部分工程师仍然选择继续攻读博士学位。在工学领域,拥有博士学位的人数大约是拥有学士学位人数的1/16;而在物理科学领域,这一比率大约是1/4。如果我们把博士学位**拥有数**作为衡量研究活动**总量**的一种指标的话,我们会发现工程学拥有比物理科学更多的研究机会,但是计算机科学则不如数学。在某一专业领域,如果我们把博士学位对学士学位的数量**比率**看作是该领域研究**强度**的某种指标,那么工学几乎同数学不相上下,而两者的研究强度都低于物理科学,但是却超过了计算机科学。由此看来,研究似乎是物理科学家的主要职责,而不是工程师的主要职责。

在所有专业领域中,那些有研究生学历的人更有可能在他们所获学位的专业领域中供职。如表 A.2 显示,那些止步于学士学位的人,他们所从事的职业形态则千差万别。比起自然科学专业的毕业生,有多得多的工程科学和计算机科学的毕业生在他们所学专业领域里工作。相比其他专业出身的竞争对手,工程科学和计算机科学的大学生更有可能会发现,他们所学的专业知识对未来从事的职业直接有用。

如果把某一专业领域中较高学历相对于学士学位的比率,同在该

表 A.2　1999 年美国科学家和工程师就业分布,其中最高学位为理学士学位

理 学 士所授专业	在就业领域中所占百分比					
	工程科学	计算机科学	物理科学	生命科学	社会科学	非理工行业
工学	53.8	9.3	0.6	0.2	0.1	36.0
计算机科学	2.1	58.5	—	—	—	39.3
物理科学	10.5	7.3	24.3	2.4	0.3	55.3
生命科学	1.7	2.9	2.9	10.9	0.2	81.4
社会科学	0.6	4.5	0.3	0.3	2.6	91.8

资料来源:National Science Board,*S& E Indicators 2002*,table 3-6

领域就业的专业对口的学历拥有者比率进行比较,就不难发现:如果没有取得博士学位,在物理科学领域就难有更多的就业机会。相比之下,鉴于专业本身的实用性,工程师具有更多的选择余地。一半以上只拿到学士学位的人,都已经在工程技术工作中担任工程师职务。刚毕业的工科学位获得者,往往比他们理科学位的竞争对手挣到更多的薪水,有时候差距十分明显。倾向于攻读博士学位的工程师相对较少,其中部分原因是,比起其他许多学科,在工程学中完成如此冗长教育所花费的机会成本会更高。而且比起其他领域,工程技术工作中的经验对工程师来说也更有价值。

据工科院校的毕业生说,他们对自己的职业选择还是较为满意的。工作5年之后,只有不到10%的电气工程师认为,如果可以一切重新来过,他们很可能选择另一领域的工作;而相比之下,这种情况在生物学家和物理学家中的比率分别是18%和24%。[2]

工程师的就业情况

工程师绝大部分是男性,而且种族各异。1999年,美国的工程师和计算机专家中有19%是少数民族,相比之下,他们在生命科学家和物理科学家中占16%,在人文社会科学家中占13%,而在美国就业人口总数中占了17%。[3]

从性别平等方面来看,美国落后于其他一些国家,只有10%的工程师和27%的计算机专家是女性。在大学本科攻读工科的学生中,女生比例尚不到20%,这一比例与攻读物理学的女生比率相当,却低于学习化学和生命科学专业的比率。在20世纪80年代中期,入读计算机科学的女生比率一度高达37%,但是现在这一比率下滑到低于30%,比攻读数学专业的还要低些。[4]

拥有大学学历的科学家和工程师在就业人口中的特点,可由表A.3

表A.3　1999年美国理工专业领域的从业人数特征：已取得学位的工程师和科学家就业总人数；拥有硕士或博士学位的百分比；把研发作为第一份或第二份工作的员工百分比；在产业界、学术界和政府机关中就业人数百分比；年均薪金(千美元)

领域	总计(单位:千人)	硕士(%)	博士(%)	研究开发(%)		薪金(单位:千美元)		工作部门(%)		
				理学士	博士	理学士	博士	工商界	学界	政界
工学领域总数	1370	28	6	45	76	60	79	81	5	14
航空航天工程	68	39	7	41	85	69	84	76	4	21
化学工程	80	26	10	51	75	65	80	94	3	4
土木工程	224	26	2	36	67	55	70	64	2	35
电气工程	362	30	5	49	76	65	86	86	3	11
工业工程	82	21	1	30	62	55	85	93	2	5
机械工程	266	23	3	55	80	60	75	93	2	6
计算机/信息	1058	29	3	34	72	61	81	88	5	8
数学	36	44	22	21	67	56	74	48	22	31
物理科学	298	25	29	37	73	45	70	54	28	18
生命科学	342	21	35	23	68	37	62	33	48	19
人文社会科学	363	43	35	13	46	30	60	43	45	12

资料来源：National Science Board, S&E Indicators 2002, table 3-10, 3-12, 3-22, 其中研发所占比率是1997年的统计数据 (引自 S&E Indicators 2002, table 3-27)

中看出。该表显示了工程师和科学家之间的差别。比起工程师来说，有较多的科学家在学术界工作，并且受过更多的正规教育；而那些尚未取得大学学历的人，很容易被人排除在科学职业之外。工程师和计算机专业人员在正规教育的学历等级上分布更广，这是因为有更多的学士学位获得者在这一领域中工作。

在自认是工程师的从业者当中，大约有 80% 是在私人部门工作。工程师中大约有一半的人，把研究与开发作为自己的第一或者第二择业方向。从事管理工作是第二个最常见的择业方向，在此之后，依次是教育、生产和检验部门。在许多技术导向型的大公司中，在"纯工程师"和"纯管理者"之间，还有若干中间层次的组织。在这些界定模糊的中间组织中，涉及工程师和管理者双重性质的工作的这些职位通常由工程师来担任，因为他们更可能拥有足够的技术能力来获得那些下属工程师们的信任。工程师们承担了大量的管理工作，这无形中突出了技术知识在技术社会中组织生产力的重要性。这也同样足以解释，为什么在工商营业和市场营销领域中有着大量工程师的原因。在向潜在的消费者解释清楚高科技产品的性能和操作时，技术专家的意见是必不可少的。

附录 B　美国的研究与开发

　　部分归因于公众对政府干预的不信任，在很长一段时间中，美国联邦政府一直游离于科学和技术之外，只组建了一些零星的专门研究机构，例如为了绘制国家地图而建立的美国地质勘测局，以及为了统计分析而建立的美国人口调查局。美国陆军工程兵部队创建于 1802 年，在其历史上创设过许多实验室。其中最早的一个，是位于密西西比州维克斯堡的水道实验站，这一实验站建成于 1929 年，主要目的是弄清极其复杂的河流动力学机制，以便有效地控制洪水泛滥。[1] 另一个早期的研究机构，是建立于 1915 年的美国国家航空咨询委员会，它是现在的 NASA 的前身。在发展航空工程学的历史中，它下属的兰利航空实验室起到了巨大的作用。当时很少有大学制定航空学的学位培养计划，兰利实验室便从机械工程和电气工程专业领域招募大学毕业生，并且对他们进行有关航空学的研发培训。在把研发重点转向军用航空器之前，兰利实验室一直是引领现代民用客机研发的中心。[2]

　　美国第一次竭力吹响举国上下向科技进军的号角，是在两次世界大战爆发的时候，尤其是在第二次世界大战期间。由于对以前一些认为是纯学术的科学知识中所隐藏的实用潜能印象深刻，美国政府开始介入研究与开发领域，给予它很大的推动，并且主动承担了一些相应的职能。在国家对研发基金的投入方面，美国国会尤其对从事国防、能源和卫生等领域的研发机构十分慷慨。美国国家科学基金会创建于 1950

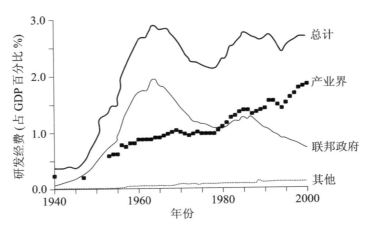

图 B.1 美国研发支出在国内生产总值（GDP）中所占百分比：总计，产业界，联邦政府，以及非营利组织。[资料来源：National Science Board, *Science and Engineering Indicators 2002*, tables 4.1,4.6,4.10]

年，它的工作从一开始便涵盖了工程技术在内，并在1981年专门组建了一个独立的工程科学理事会，从而确凿无疑地确立了工学与科学同等稳固的地位。

　　在冷战、空间竞赛、经济繁荣、新兴高科技产业以及全球竞争的强力刺激下，美国的研发经费从1947年的74亿美元剧增至2000年的2490亿美元（两者都以1996年美元值折算）。这种稳步增长的资金投入，同时掩盖了国家经济总量也在持续增长这一事实。正如工程师们所说的，最重要的数量是无量纲的。在这里，一种无量纲的衡量尺度便是研发**强度**，即把研发支出作为一个国家的国内生产总值（GDP）中的一小部分来衡量。如图B.1所示，在1964年，这一强度达到了一个激增的峰值，当年的研发经费吸纳了美国GDP的2.9%。自1975年以来，美国的研发强度一直受到德国和日本这两个对手的有力竞争。这些研发资金的支出，在一定程度上反映了科学和技术在经济竞争中的重要性。

　　在美国联邦政府的研发资金中，有一半以上用于开发活动，而其中工程又占了很大一部分。从图 B.2 可见,虽然工程研究在整个科技研究中所占的比重较小,但仍然十分可观。这个比重在近些年来有所下降,这主要是由于对防务和空间计划方面的投入相应下降。经费削减主要发生在应用研究领域。在过去的几十年里,工程学研究稳步获得了联邦基金中用于**基础**研究的 10%,而这还不包括用于计算机科学研究的资金。

　　自冷战结束以来,美国的研究与开发,甚至在基础研究上的经费,正因私人部门的介入而恢复增长。一个产业的技术**强度**有两种衡量方法:一是该产业的研发支出与净销售额之比,一是研发人员在雇员总人数中所占的比率。从表 B.1 中,我们看到航空航天工业的技术强度最高,部分原因是存在军用航空器和导弹的极端销售需求。自冷战结束以来,它的研发支出明显下降了。

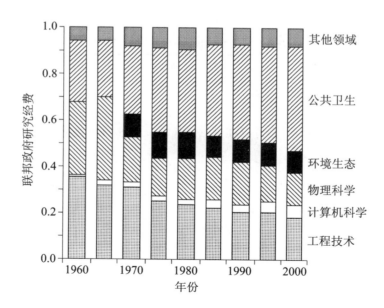

图 B.2　在理工科课题中用于研究(基础研究与应用研究)的联邦经费支出分布。
[资料来源:National Science Foundation,*Survey of Federal Funds for R&D*,不同年份]

表 B.1 1998 年美国产业界的研发支出（以 10 亿美元为单位的现值美元）以及占净销售额的百分比；从事研发的科学家和工程师的总人数，以及他们在研发型公司每 1000 个员工中的人数

产业	研发支出		研发人员	
	单位：10 亿美元	%销售额	总计（单位：千人）	人数千分比
制造业	120.4	3.7	659.1	5.7
航空航天	14.5	9.3	66.4	9.1
汽车	14.8	—	62.8	4.9
化工	21.8	6.5	90.7	9.7
医药	12.6	10.6	50.0	15.7
电气/电子	26.0	7.1	173.8	12.5
科学仪器	14.1	—	58.4	9.0
机械	14.9	5.1	96.1	7.9
服务业	29.3	11.0	196.7	11.1
工程/管理	11.8	19.3	57.6	15.1
商业	15.2	10.7	127.5	12.0
卫生	1.2	8.6	4.6	5.7
所有产业	169.2	3.6	997.7	5.5

资料来源：National Science Foundation, *Research and Development in Industry 1998*, NSF 01-305

更多的数据和图表可以在网站 www.creatingtechnology.org 获得。

注 释

第一章　导论

1. 斯隆的话转引自：C. C. Furnas and J. McCarthy, *The Engineer* (New York: Time Life Books, 1966), p.9; H. Hoover, *The Memories of Herbert Hoover: years of Adventure, 1874–1920* (New York: Macmillan, 1951), p. 132。"he"（他）这一单词目前通常有三种用法。前两种用法是久经使用的词典中定义的，用于诸如美国宪法表述的场合：第一种作为指谓某位特定男性的人称代词，而第二种作为用于任何一个人的隐去性别的人称代词。至于当下流行的第三种用法，含有性别的意识和差异，正如在如下句子中所表述的含义："工程师热爱他的工作（我刻意采用**他的**来表示，因为绝大多数工程师都是男性）。"在这里，便冷落了那些极少数女性工程师。我只按照前两种含义采用并理解单词**他**以及它的同源词的所有用法，除非作者明确地以其他方式表述。类似的情况也见之于单词"man"的用法。

2. 布什的话转引自 *Listen to Leaders in Engineering,* ed. A. Love and J. S. Childers (Atlanta: Tupper and Love, 1965), pp. 1–15。2000年，美国国家科学基金会为了庆祝成立50周年华诞，把布什的《科学——无尽的前沿》(*Science—The Endless Frontier*) 一书置于它的网上：www.nsf.gov/od/lpa/nsf50/vbush1945.htm。

3. J. C. Maxwell, *A Treatise on Electricity and Magnetism* (New York: Dover, 1873), p. vi.

4. W. G. Vincenti, *What Engineers Know and How They Know It* (Baltimore: Johns Hopkins, 1990), p. 6.

5. N. R. Augustine，载于 *The Bridge* 24 (3): 3 (1994)。

6. 克拉克的话转引自 *The Profession of a Civil Engineer,* ed. D. Campbell Allen and E. H. Davis (Sydney: Sydney University Press, 1979), p. 204。

第二章　技术腾飞

1. H. Collingwood, *Harvard Business Review* 79 (11): 8 (2001).

2. Socrates, *Apology*, 21. 对古希腊专有名词的简略评注，参阅 F. E. Peters, *Greek Philosophical Terms* (New York: New York University Press, 1967), and A. Edel, *Aristotle and His Philosophy* (Chapel Hill: The University of North Carolina Press, 1982)。

3. Plato, *Gorgias*, 465, 500.

4. 在《伦理学》(*Ethics*) 一书的第1139—1141则中，亚里士多德讨论了理性的才能；在《形而上学》(*Metaphysics*) 一书的第981和1025则中，他又论及同一话题，详细说明了技艺的特征。有关"原因"(cause)问题的分析,见 *Metaphysics* 1013–1014 和 *Physics* 194–195。J. L. Ackrill, ed., *A New Aristotle Reader* (Princeton: Princeton University Press, 1987), pp. 419, 255–256.

5. A. Grafton, *Leon Battista Alberti* (New York: Hill and Wang, 2000), p. 80.

6. J. Bigelow, *Elements of Technology* (Boston: Boston Press, 1829), pp. iii–iv.

7. D. Hill, *A History of Engineering in Classical and Medieval Times* (La Salle: Open Court, 1984).

8. J. K. Finch, *Engineering Classics* (Kensington, Md.: Cedar Press, 1978), pp. 7–8. H. Straub, *A History of Civil Engineering* (Cambridge, Mass.: MIT Press, 1952), pp.31–32.

9. B. Gille, *Engineers of the Renaissance* (Cambridge, Mass.: MIT Press, 1966). Grafton, *Alberti*, chap. 3.

10. Grafton, *Alberti*, p. 77.

11. 在 1481 年,时年 29 岁的达·芬奇写过一封自荐信,罗列了他自己的优秀资质,一开始就说"我会建造非常轻巧、坚固而又便于运输的桥梁",在结尾表明自己擅长建筑学和雕塑之前,接二连三地列举了自己在军事工程和土木工程方面的才能。Gille, *Engineers*, pp. 125–126.

12. W. H. G. Armytage, *A Social History of Engineering* (London: Faber and Faber, 1976), p.45. J. B. Rae and R. Volti, *Engineer in History* (New York: Peter Lang, 1993), pp. 86–87.

13. *What Can Be Automated?* ed. B. W. Arden (Cambridge, Mass.: MIT Press, 1980)一书汇编了来自学术界、产业界和政府部门的 80 位工程师和科学家所提供的详尽报告,例如在第 6 页上断言"**应用科学**往往被人看作是'工程学'的同义词"。

14. R. K. Merton, *Social Theory and Social Structure* (New York: Free Press, 1968), p. 663.不单是牛顿,而是"这个时代(17 世纪)足够知名而值得科学通史在这一点或那一点提及的每一位英国科学家,至少他们的某些科学研究与直接的实际问题明显相关"。

15. 最早攻击把工程学当作应用科学看待的文章,很可能是 E. T. Layton, Jr., *Technology and Culture* 17: 688 (1976),而目前在技术学研究上广为流行的思潮,是基于把应用科学看作是"被贬低的""或多或少机械论的"以及"没有引入什么新知识的"一种奇怪观念。这种毫无根据的观念拙劣地歪曲了应用科学和一般科学。对其批驳见于如下网站:www.creatingtechnology.org/applsci.htm。

16. 美国国家科学基金会定期调查美国人对科学和技术的态度。在 2001 年的社会调查中,有 86% 的应答者说,他们认为科学和技术正在使生活变得更加健康、更加方便、更加舒适;有 85% 的应答者认为,它们会给下一代带来更多的机会;有 72% 的应答者认为,科学和技术的应用使得工作越来越有趣(*Science and Engineering Indicators* 2002, Tables 7–12)。

17. G. Galilei, *Dialogues concerning Two New Sciences* (New York: Dover, 1954), p. 1.

18. Galelei, *Dialogues*, p. 2.这一看法重复见于该书第112页,他在那里分析了悬臂梁的情况。

19. 为了进行材料史的研究,可参阅 T. F. Peters, *Transitions in Engineering* (Basel: Birkhäuser Verlag, 1987)和 Straub, *Civil Engineering*, pp. 107–110。Finch, *Engineering Classics,* 阐述了相关的经典性文献。

20. Peters, *Transitions*, p. 55.

21. Straub, *Civil Engineering*, p. 116.

22. E. Benvenuto, *An Introduction to the History of Structural Mechanics* (New York: Springer-Verlag, 1991), chap. 1; pp. 351–358.

23. Peters, *Transitions*, p. 51. 库仑的话转引自 Benvenuto, *Structural Me chanics*, p. 386。

24. Peters, *Transitions*, p. 53. 论述纳维耶的相关内容,可参阅 Straub, *Civil Engineering*, pp. 152–158。

25. N. Rosenberg and W. G. Vincenti, *The Britannia Bridge* (Cambridge, Mass.: MIT Press, 1978). T. F. Peters, *Building in the Nineteenth Century* (Cambridge, Mass.: MIT Press, 1996), pp. 159–178.

26. Census Bureau, *Economic Census 1997*, www. census. gov/epcd/ec97. 余下的40%建筑业属于涉及电气、管道、供热和其他系统的专业贸易承包商。

27. R. F. Jordan, *A Concise History of Western Architecture* (London: Harcourt, Brace, Jovanovich, 1969), p. 295.

28. H. R. Hitchcock, *Architecture: Nineteenth and Twentieth Centuries*, 3rd ed. (Baltimore:Penguin Books, 1969), p. 385.

29. Council on Tall Buildings and Urban Habitat, *Architecture of Tall Buildings* (New York: McGraw-Hill, 1995), p. 4.

30. A. F. Burstall, *A History of Mechanical Engineering* (London: Faber and Faber, 1963).

31. 瓦特的话转引自 D. P. Miller, *History of Science* 38:1(2000)。

32. 斯蒂芬森的话转引自 A. Pacey, *The Maze of Ingnuity* (Cambridge, Mass.: MIT Press, 1974)。试比较以下评论 Burstall, *Mechanical Engineering*, p. 280 和 T. S. Reynolds, *Technology and Culture* 20:270(1979)。

33. 关于水轮机,参阅 N.A.F. Smith, *History of Technology* 2:215(1977)。 关于内燃机,参阅 C.L.Cummins, Jr., *Internal Fire* (Lake Oswego, Ore.: Carnot Press, 1976); J. St. Peter, *The History of Aircraft Gas Turbine Engine Development in the United States* (Altanta:International Gas Turbine Institute, 1999);以及 E. W. Constant Ⅱ, *The Origins of the Turbojet Revolution* (Baltimore: Johns Hopkins University Press, 1980)。

34. L. T. C. Rolt, *A Short History of Machine Tools* (Cambridge, Mass.:MIT Press, 1965). R. S. Woodbury, *Studies in the History of Machine Tools* (Cambridge, Mass.: MIT Press, 1972). J. F.Reintjes, *Numerical Control: Making a New Technology* (New York:

Oxford University Press, 1991）。

35. 费尔贝恩的话转引自 Rolt, *Machine Tools*, p. 91。

36. M. L. Dertouzos, R. K. Lester, and R. M. Solow, *Made in America*（New York: Harper, 1989）, pp. 232, 233.

37. B. Douthwaite, *Enabling Innovation*（London: Zed Books, 2002）, p. 37.

38. R. S. Woodbury, *Machine Tools*, p. 99.

39. O. Mayr, *The Orgins of Feedback Control*（Cambridge, Mass.: MIT Press, 1970）. S. Bennett, *A History of Control Engineering:1800–1930* and *1930–1955*（London: IEE Press, 1979; 1993）. D. A. Mindell, *Between Human and Machine*（Cambridge, Mass.: MIT Press, 2002）. 还可以参阅 *IEEE Control Systems* 16(3)(1996), 这是一期论述历史问题的特刊。

40. 第二次工业革命的标示, 远没有第一次工业革命那样清晰。我沿袭的界定源自 D. S. Landes, *The Unbound Prometheus*（New York:Cambridge University Press, 1969）, p. 4。

41. D. C. Jackson, *Electrical Engineering* 53:770(1934).

42. W. H. Brock, *History of Chemistry*（New York: Norton, 1992）. L. F. Haber, *The Chemical Industry during the Nineteenth Century*（New York: Oxford University Press, 1958）, chap.6. J. J. Beer, *Isis* 49, pt. 2(156):123 (1958). W. F. Furter, ed., *History of Chemical Engneering*（Washington D.C.: American Chemical Society,1980）. O. A. Hougen, *Chemical Engineering Porgress* 73(1): 89(1977).

43. L. E. Scriven, *Advances in Chemical Engineering* 16:3(1991).

44. A. Arora, R. Landau, and N. Rosenberg, eds., *Chemicals and Long-term Economic Growth*（New York: Wiley,1998）. R. Landau and N. Rosenberg in *Technology and the Wealth of Nations*, ed. N. Rosenberg, R. Landau, and D. C. Mowery（Stanford: Stanford University Press,1992）, pp. 73–120. L. F. Haber, *The Chemical Industry:1900–1930*（New York: Oxford University Press,1971）. K. Wintermantel, *Chemical Engineering Science* 54:1601(1999).

45. W. K. Lewis, *Chemical Engineering Progress Symposium Series* 55(26):1(1959).

46. W. H. Walker, W. K. Lewis, and W. H. McAdams, *Principles of Chemical Engineering*（New York: McGraw-Hill,1923）, p. iii. 麦克亚当斯的话转引自 D. A. Hounshell and J. K. Smith, *Science and Corporate Strategy*（New York: Cambridge University Press, 1988）, p. 280。

47. Hougen, *Chemical Engineering Progress* 73(1). Hounshell and Smith, *Corporate Strartergy*. J. Ponton, *Chemical Engineering Science* 50:4045(1995).

48. R. L. Pigford, *Chemical and Engineering News*, Centennial Issue: 190–203（April 1976）.

49. A. L. Elder, *Chemical Engineering Progress Symposium* 66(100)(1970). G. L. Hobby, *Penicillin: Meeting the Challenge*（New Haven: Yale University Press, 1985）.

50. Arora, Landau, and Rosenberg, *Chemicals*. P. H. Spitz, *Petrochemicals: The Rise of an Industry*（New York:John Wiley and Sons, 1988）. R. Landau, *Uncaging Animal Spirits: Essays in Engineering, Entrepreneurship, and Economics*（Cambridge, Mass.:MIT Press, 1994）. Landau and Rosenberg, *Technology*. Pigford, *Chemical and Engineering News*. E. P. Kropp, *Chemical Engineering Progress* 93（1）:42（1997）.

51. 由 E. J. Gornowski 转引,刊载于 Furter, *Chemical Engineering*, pp. 303–312。

52. 霍华德的话转引自 R. Landau, *Chemical Engineering Progress* 93（1）:52（1997）。

53. P. Dunsheath, *A History of Electrical Power Engineering*（Cambridge, Mass.: MIT Press, 1962）. R. Rosenberg, *IEEE Spectrum* 21（7）:60（1984）. K. L. Wildes and N. A. Lindgren, *A Century of Electrical Engineering and Computer Science at MIT*:1882–1982（Cambridge, Mass.: MIT Press, 1985）. J. D. Ryder and D. G. Fink, *Engineers and Electrons*（New York: IEEE Press, 1984）.

54. T. P. Hughes, *Networks of Power*（Baltimore:Johns Hopkins University Press, 1985）.

55. J. Douglas, *EPRI journal* 24（2）:18（1999）. T. J. Overbye and J. D. Weber, *IEEE Spectrum* 38（2）:52（2001）. J. Makansi, *IEEE Spectrum* 38（2）:24（2001）.H.B.Püttgen, D. R.Volzka, and M. I. Olken, *IEEE Power Engineering Review* 21（2）:8（2001）.

56. A. Lurkis, *The Power Brink*（New York: Icare Press, 1982）,p. 51.

57. Aeschylus, *Agamemnon*, 282. 这部完成于公元前458年的戏剧,写于特洛伊战争结束之后的七八个世纪。

58. S. Leinwoll, *From Spark to Satellite*（New York: Charles Scribner's Sons, 1979）. J. Bray, *The Communications Miracle*（New York:Plenum, 1995）. L. Solymar, *Getting the Message*（New York: Oxford University Press, 1999）.许多历史性文献可以从下面找到：the Institute of Electrical Engineers, *100 Years of Radio*, IEE Conference Publication 411（1995）;纪念移动无线电通信发明100周年的《IEEE会刊》（*Proceedings of the IEEE*）1998年7月号;以及庆祝该刊创刊50周年的《IEEE通信杂志》（*IEEE Communications Magazine*）2002年5月号。

第三章　信息工程

1. F. Seitz, *Electronic Genie*（Urbana: University of Illinois Press, 1998）, p. 1.

2. W. Shockley, *IEEE Transactions on Electron Devices* ED-23:597（1976）. M. Riordan and L. Hoddeson, *Crystal Fire*（New York: Norton, 1997）. C. M. Melliar-Smith, *Proceeings of the IEEE* 86:86（1998）. W. F. Brinkman and D. V. Lang, *Review of Modern Physics* 71:S480（1999）.

3. 这种携带正电荷的载流子,称为"空穴",实际上是电子海中的空位。

4. Shockley, *IEEE Transactions* ED-23.

5. J. S. Kilby, *IEEE Transactions on Electron Devices* ED-23:648(1976). I. M. Ross, *Proceeeedings of the IEEE* 86:7(1998).C. T. Sah,同上。76:1280(1988). G. R. Moore,同上,86:53(1998). D. G. Rea et al., *Research Technology Management* 40(4):46(1997).

6. G. E. Moore in *Engines of Innovation*, ed. R. S. Rosenbloom and U. J. Spencer, eds.(Cambridge, Mass.: Harvard Business School Press, 1996), pp. 135–147.

7. R. K. Lester, *The Productive Edge* (New York: Norton,1998), chap. 3.

8. Kilby, *IEEE Transactions* ED-23.

9. G. E. Moore, *Electronics*, April 19, 1965, pp. 114–117.

10. Moore, *Electronics*; G. E. Moore, *Optical/Laser Microlithography VIII: Proceedings of SPIE* 2440:2(1995).

11. B. T. Murphy, D. E. Haggan, and W. W. Troutman, *Proceedings of the IEEE* 88: 691(2000).

12. P. Gargini, *SPIE 2002 Microlithography Symposium* (2002).

13. 参阅 *Proceedings of the IEEE* 89(3), 2001 上论述半导体技术的专业论文。还可参阅 2000 年国际半导体技术路线大会的论文,该会议是由美洲、亚洲、欧洲地区的各种产业联合会共同发起筹划的,可参阅如下网站:www.public.itrs.net。

14. R. P. Feynman, 载于 *Miniaturization*, ed. H. D. Gilbert (New York: Reinhold, 1959)。

15. M. Gross, *Travels into the Nanoworld* (Cambridge: Perseus, 1999).有关科学与技术的综合性评述和展望,可参阅如下网站:itir.loyola.edu/nano/TWGN.Research.Direction 和 www.nano.gov。 R. Compano, *Nanotechnology* 12:85(2001)是一篇简明的评述。

16. S. T. Picraux and P. J. McWhorter, *IEEE Spectrum* 35(12):24(1998). Craighead, *Science*, 290, 1532(2000).F.B.Prinz, A. Golnas, and A. Nickel, *MRS Bulletin,*25, 32(2000). T. Chovan and A. Guttman, *Trends in Biotechnology*, 20(3),116(2002).

17. Y. Wada, *Proceedings of The IEEE* 89:1147(2001).G. M. Whitesides and B. Grzybowski, *Science* 295:2418(2002).

18. M. S. Dresselhaus, G. Dresselhaus, and P. Avouris, eds., *Carbon Nanotubes: Synthesis, Structure, Properties, and Applications* (Berlin: Springer, 2001).R. H. Baughman, A. A. Zakhidov, and W. A. de Heer, *Science* 297:787(2002).

19. J. Chabert, *A History of Algorithms* (Berlin: Springer,1999). C. B. Boyer, *A History of Mathematics* (Princeton:Princeton University Press,1985), chap. 13.

20. M. Campbell-Kelly and W. Aspray, *Computer: A History of the information Machine* (New York: Basic Books, 1996).P. E. Ceruzzi, *A History of Modern Computing* (Cambridge, Mass.: MIT Press, 1998). G. Ifrah, *The Universal History of Computing* (New York:Wiley, 2001).

21. J. van der Spiegel et al. in *The First Computers*, ed. R. Rojas and O. Hashagen (Cambridge, Mass.: MIT Press,2000), pp. 121–189.

22. S. McCartney, *ENIAC*(New York: Walker,1999).

23. M. V. Wilkes, *Memories of a Computer Pioneer* (Cambridge, Mass.: MIT Press, 1985), p. 123.

24. J. E. Hopcroft, *Annual Review of Computer Science* 4:1(1990).

25. S. V. Pollack, 载于 *Studies in Computer Science*, ed. S. V. Pollack (Washington D.C.: Mathematical Association of America, 1982), pp. 1–51。R. W. Hamming, 载于 *ACM Turing Award Lectures* (New York: ACM Press, 1968), pp. 207–218。F. Brooks, *Communications of the ACM* 39(3):61(1996).

26. P. J. Dennings et al., *Communications of the ACM* 32(1):9(1989). J. Hartmanis, *ACM Computing Surveys* 27:7(1995). M. C. Loui, 同上, 31。

27. 前10所大学分别为:卡内基梅隆大学、麻省理工学院、斯坦福大学、加利福尼亚大学伯克利分校、伊利诺伊大学厄巴纳香槟分校、得克萨斯大学奥斯汀分校、华盛顿大学、密歇根大学安娜堡分校、普林斯顿大学和康奈尔大学。资料来源:www.usnews.com。

28. 美国计算机协会(ACM)在1998年提出的计算分类系统,包括如下11大领域:概论、硬件、计算机系统组织、软件、数据、计算理论、计算数学、信息系统、计算方法论、计算应用、计算环境。ACM和IEEE–CS为2001年安排的计算课程列出了14个知识点群:离散结构、编程原理、算法与复杂性、编程语言、架构与组织、操作系统、网络中心计算、人机界面、图解计算与可视计算、智能系统、信息管理、软件工程、社会与职业问题、计算科学。

29. J. Hartmanis and H. Lin, eds., *Computing the Future* (Washington D.C.: National Academy Press, 1992).

30. A. Sameh, *ACM Computing Surveys* 28:810(1996).

31. R. E. Smith, *IEEE Annals of the History of Computing* 10:277(1989).

32. A. D. Tanenbaum, *Structured Computer Organization*, 4th ed. (Upper Saddle River, N. J.: Prentice Hall, 1999), p. 8.

33. N. Tredennick, *IEEE Computer* 29(10):27(1996).

34. G. M. Hopper and J. W. Mauchly, *Proceedings of the IRE* 40:1250(1953).试比较哲学和工程学智慧,前者参阅 H. Putnam, *Mind, Language, and Reality* (New York: Cambridge University Press, 1975), chap. 18,后者参阅 F. Brooks, *The Mythical Man-Month*, 2nd ed.(New York: Addison-Wesley, 1995)。

35. P. Wegner, *IEEE Transaction on Computers* 25:1207(1976).

36. D. E. Knuth and L. T. Pardo, in *A History of Computing in the Twentieth Century*, ed. N. Metropolis, J. Howlett, and G. Rota (New York: Academic Press, 1980), pp. 197–274. H. 巴克斯的文章刊载于 pp. 125–136。

37. S. Rosen, *Communications of the ACM* 15(7):591(1972).

38. D. M. Ritchie, in *Great Papers in Computer Science*, ed. P. Laplante(New York: IEEE Press, 1996), pp. 705–717.

39. R. Comerford, *IEEE Spectrum* 36(5):25(1999). J. Kerstetter, *Business Week*,

March 3, 2003.

40. J. Hennessy, *IEEE Computer* 32(8):27(1999).

41. C. E. Shannon, *Bell System Technical Journal* 27: 379–423, 623–656(1948).

42. J. Bray, *The Communications Miracle*（New York: Plenum, 1995）. L. Solymar, *Getting the message*（New York: Oxford University Press,1999）

43. J. Coopersmith, *IEEE Spectrum* 30(2):46(1993).

44. J. R. Pierce, *The Beginning of Satellite Communication*（San Francisco: San Francisco Press,1968）. P. T. Thompson and D. Grey, 载于 *100 Years of Radio*, IEE Conference Publication 411（1995）, pp. 199–206。 W. Wu, *Procdings of the IEEE* 85:998（1997）. A. Jamalipour and T. Tung, *IEEE Personal Communications* 8(3):5(2001).

45. N. Holonyak, *Proceeedings of the IEEE* 85:1678(1997).

46. J. Hecht, *City of Light*（New York: Oxford University Press,1999）. C. D. Chaffee, *The Rewiring of America*（Boston:Academic Press,1988）.

47. N. S. Bergano, *Optics and Photonics News* 11 (3): 20 (2000).

48. A. Dutta-Roy, *IEEE Spectrum* 36 (3): 32 (1999). E. Hurley and J. H. Keller, *The First 100 Feet*（Cambridge, Mass.: MIT Press, 1999）.

49. T. S. Rappaport, A. R. M. Buehrer, and W. H. Tranter, *IEEE Communications Magazine* 40 (5): 148 (2002). D. C. Cox, *IEEE Personal Communications* (4): 20 (1995). M. W. Oliphant, *IEEE Spectrum* 36 (8): 20 (1999).

50. J. Adam, *IEEE Spectrum* 33 (9): 57 (1996).

51. B. M. Leiner et al., *Communications of the ACM* 40 (2): 102 (1997). K. Hafner and M. Lyon, *Where Wizards Stay Up Late*（New York: Touchstone, 1996）. J. Abbate, *Inventing the Internet*（Cambridge,Mass.: MIT Press,1999）. 还可以参阅 "Internet: Past, Present, Future", 载于 *IEEE Communications Magazine* 2002年7月号。

52. B. White, *Physics Today* 51 (11): 30 (1998). J. Gillies and R. Cailliau, *How the Web Was Born*（New York: Oxford University Press, 2000）.

第四章　处在社会中的工程师

1. L. Marx, *Social Research* 64:965 (1997).

2. J. P. Richter, ed. *The Notebooks of Leonardo da Vinci*（New York: Dover, 1970）, pp. 14–15, 328.

3. H. Hoover, *The Memoirs of Herbert Hoover*（New York: Macmillan,1951）.

4. 罗斯福的这封信写于 1906 年 1 月，由 D. McCullough 转引自 *Sons of Martha: Civil Engineering Readings in Modern Literature*, ed. A. J. Fredrich（New York: ASCE Press, 1978）, pp. 587–594。

5. R. P. Multhauf, *Technology and Culture* 1:38 (1959).

6. A. E. Musson and E. Robinson, *Science and Technology in the Industrial Revolution*（Toronto: University of Toronto Press, 1969）, pp. 72–73.

7. 同上, pp. 73–75。

8. S. Pollard, *Britain's Prime and Britain's Decline* (London: Edward Arnold, 1989), p. 127.

9. W. H. G. Armytage, *A Social History of Engineering* (London: Faber and Faber, 1976). J. B. Rae and R. Volti, *The Engineer in History* (New York: Peter Lang, 1993). P. Elliott, *Annals of Science* 57:61 (2000).

10. "皇家章程"的文本由特雷德戈尔德(Thomas Tredgold)撰写。有关各种工程类学会, 参阅 P. Lundgreen, *Annals of Science* 47:33 (1990). T. S. Reynolds, ed., *The Engineer in America* (Chicago: University of Chicago Press, 1991)。

11. 转引自 D. S. L. Cardwell and R. L. Hills, *History of Technology* 1:1 (1976)。

12. J. H. Weiss, *The Making of Technological Man* (Cambridge, Mass.: MIT Press, 1982). D. O. Belanger, *Enabling American Innovation* (West Lafayette, Ind.: Purdue University Press, 1998).

13. 这两段话都引自 R. L. Geiger, *To Advance Knowledge* (New York: Oxford University Press, 1986), pp. 13–14。

14. C. Tichi, *Shifting Gear* (Chapel Hill: University of North Carolina Press, 1987), pp. 98–99, 119–120.

15. B. Sinclair, 载于 *American Technology*, ed. C. Pursell (Malden, Mass.: Blackwell, 2001), pp. 145–154。Tichi, *Shifting Gear*.

16. Marx, *Social Research* 64.

17. 由 G. L. Downey 和 J. C. Lucena 转引, 刊载于 *Handbook of Science and Technology Studies*, ed. S. Jasanoff et al. (Thousand Oaks, Calif.: Sage, 1995), pp. 167–188。

18. Sinclair, *American Technology*.

19. 由 R. C. Maclaurin 转引, 刊载于 *Technology and Industrial Efficiency*, MIT ed. (New York: McGraw-Hill, 1911), pp. 1–10。

20. L. E. Grinter, *Journal of Engineering Education* 44:25 (1955).

21. 在1997—1998年度 GRE 考试词语部分的平均分数, 在各种不同学科领域的美国公民中分别为: 工程学, 499分; 计算机科学, 516分; 生物科学, 507分; 物理科学, 510分; 行为科学, 488分; 社会科学, 473分; 所有领域 481分。http://208.249.124.108/web/site/bbcharts/bbs.htm.

22. R. P. Feynman, *What Do You Care What Other People Think?* (New York: Bantam, 1988), p. 184; *Surely You're Joking, Mr. Feynman!* (New York: Bantam, 1985), p. 256.

23. E. Ashby, *Technology and the Academics* (London: Macmillan, 1959), p. 66.

24. C. P. Snow, *The Two Cultures and a Second Look* (New York: Cambridge University Press, 1963).

25. 转引自 W. Symonds, *Business Week*, February 18, 2002, pp. 72–78。

26. P. Gross, N. Levitt, and M. Lewis, eds. *The Flight from Science and Reason* (Baltimore: Johns Hopkins, 1996). A. Ross, ed., *Science Wars* (Durham: Duke University

Press, 1996）.

27. T. S. Reynolds, *Technology and Culture* 42:523（2001）.

28. H. A. Bauer, 载于 *Beyond the Science Wars*, ed. U. Segerstråle（Albany: State University of New York Press, 2000）, pp. 41–62。

29. U. Segerstråle, 载于 Segerstråle, *Science Wars*, p. 6。

30. A. Roland, *Technology and Culture* 38:697（1997）.

31. John Rae转引自 Reynolds, *Technology and Culture* 42。

32. 2002年美国国际技术教育协会盖洛普（ITEA / Gallup）民意测验（www.iteawww.org）表明,只有1％的应答者认为,发展某种能力去理解和应用技术,对所有层次的人来说不是十分重要;与此同时,有75％的应答者说,他们很乐意知道各种技术是如何运作的。

33. M. R. Smith and G. Clancey, eds., *Major Problems in the History of American Technology*（Boston: Houghton Mifflin, 1998）.编者写道:"我们有意地限制讨论工程学的历史,因为它的典故在别处一直被人谈得太多而成为陈词滥调了。"但并没有提示究竟在什么地方有过这种情况,也没有解释为什么在书中还要涉及其他同样被人阐述过滥的时髦话题。

34. J. M. Staudenamier, *Technology's Storytellers*（Cambridge, Mass.: MIT Press, 1985）.

35. T. P. Hughes, *Technology and Culture* 22:550（1981）.

36. J. R. Cole, *The Bridge* 26（3）: 1（1996）.这样的批评产生了作用。美国斯隆基金会委托专家编写了一部涉及技术的美国历史教科书,书名是 *Inventing America*。

37. C. M. Vest, 载于 *AAAS Science and Technology Policy Yearbook* 2000, www.aaas.org/spp/yearbook/2000/ch28.

38. 转引自 R. Williams,*Technology and Culture* 41: 641（2000）,该文重复三次用计算机来界定技术学,重复两次分离技术学和工程学两者之间的关系。这种现象也重复出现于 Williams, *Retooling*（Cambridge, Mass.: MIT Press, 2002）。难道正如某些人所断言的,工程学果真和技术学脱离关系了吗？换句话说,这种断言是从技术学的**研究**中得出两者分离的事实吗？只要核查一下麻省理工学院网站上公布的该校讲座和会议日程表,你就会自行作出判定。请读一读上面标有"技术"名目的各种演讲安排（在那里这样的演讲通常有不少）,看看它们是否都是涉及计算机而没有工程学。在2001年2月12日,我查看了该校那个星期的安排,找到有三堂关于技术的专题演讲,它们是:"对未来自动化技术的评估""导弹防务、技术与政治""技术如何准许想象"。

39. M. R. C. Greenwood and K. K. North, *Science* 286:2072（1999）.

40. M. Appl, in *A Century of Chemical Engineering*, ed. W. F. Furter（Plenum, New York, 1982）, pp. 29–54.

41. B. Seely, *Technology and Culture* 34:344（1993）. D. F. Noble, *America by Design*（Oxford University Press, New York, 1977）. Belanger, *American Innovation*. R.

Locke, 载于 *Managing in Different Cultures*, P. Joynt and M. Warner, ed.（Universitets-forlaget, Oslo, Norway, 1985）, pp. 166–216。

42. J. W. Servos, *Isis* 71:531（1980）. Geiger, *To Advance Knowledge*, pp. 179–183.

43. W. Wickenden, *Mechanical Engineering* 51: 586（1929）.

44. G. W. Matkin, *Technology Transfer and the University*（New York: Macmillan International, 1990）.

45. A. M. McMahon, *The Making of a Profession*（New York: IEEE Press, 1984）, pp. 68, 76–78. Belanger, *American Innovation*, pp. 13–15. Geiger, *To Advance Knowledge*, p. 181.

46. J. A. Armstrong, 载于 *Forces Shaping the U. S. Academic Engineering Research Enterprise*, National Academy of Engineering（Washington, D. C.: National Academy Press, 1995）, pp. 59–68.

47. F. E. Terman, *Proceedings of the IRE* 50:955（1962）.

48. F. E. Terman, *Proceedings of the IEEE* 64:1399（1976）. W. R. Perkins, 同上，86:1788（1998）。

49. National Science Foundation, *Science and Engineering Indicators* 2002, pp. 4–10.

50. W. R. Whitney, 载于 *Technology and Industrial Efficiency*, pp. 80–89。

51. L. S. Reich, *The Making of American Industrial Research*（New York: Cambridge University Press, 1985）. M. Crow and B. Barry, *Limited by Design*（New York: Columbia University Press, 1998）. R. Buderi, *Engines of Tomorrow*（New York: Simon and Schuster, 2000）. L. Geppert, *IEEE Spectrum* 31（9）: 30（1994）.

52. H. Ernst, C. Leptien, and J. Vitt, *IEEE Transactions on Engineering Management* 47:184（2000）.

53. 转引自 Reich, *Industrial Research*, p. 37。

54. 阿姆斯特朗的话转引自 Buderi, *Engines of Tomorrow*, p. 129. 施乐公司的案例，参阅 M. B. Myers and R. S. Rosenbloom, *Research Technology Management* 39（3）: 14（1996）。

55. R. E. Gomory, *Research Technology Management* 32（6）: 27（1989）. L. S. Edelheit, 同上，41（2）: 21（1998）。 Buderi, *Engines of Tomorrow*.

56. Census Bureau, *Statistical Abstract of the United States 2001*, Table 1269.

57. In R. A. Dawe, ed., *Modern Petroleum Technology*（New York: Wiley, 2000）, p. xiv.

58.《时代》杂志在线组织选举"百年百事"，投票截止于2000年1月19日，这是一次不科学、非正式的社会调查。其结果已贴在如下网址上：www.time.com/time/time100/t100events.htm。其中排行前20位的被选事件是：（1）猫王埃尔维斯（Elvis）教美国青少年跳摇滚舞；（2）第一次登月；（3）甘地（Gandhi）发动非暴力不合作运动反英；（4）第二次世界大战；（5）美国公民权利运动；（6）纳粹对犹太人的大屠杀；（7）发明集成电路；（8）创建因特网；（9）推行福特T型车；（10）相对论问世；（11）第一颗原子弹轰炸；（12）第一次世界大战；（13）第一台电子计算机亮相；（14）第一次无线电信号广播;(15)柏林墙倒塌;(16)发明飞机;(17)发明晶体管;(18)俄国十月革命;(19)第一次热核链式反应;(20)苏联解体。

59. N. Armstrong, *The Bridge* 30 (1):15 (2000),还可以使用如下网站:www.greatachievements.org。美国国家工程院曾邀请29个特定学科工程学会进行提名活动;再由一个院士委员会从105个提名中选出获胜者。作为20世纪最伟大工程成就的20项获选者名单如下:(1)电气化;(2)汽车;(3)飞机;(4)安全而充裕的饮用水;(5)电子学;(6)无线电和电视;(7)农业机械;(8)计算机;(9)电话;(10)空调与制冷;(11)州际高速公路;(12)空间探索;(13)因特网;(14)图像技术;(15)住房设备;(16)卫生技术;(17)石油和天然气技术;(18)激光与光纤;(19)核技术;(20)高性能材料。

60. V. Smil, *Annual Review of Energy and Environment* 25:21 (2000).

61. R. N. Anderson, *Scientific American* 278 (3): 86 (1998). Dawe, *Petroleum Technology*.

62. M. I. Hoffert et al., *Science* 298:981–988 (2002).

63. S. R. Bull, *Proceedings of the IEEE* 89:1216–1227 (2001).

64. R. Mandelbaum, *IEEE Spectrum* 39 (10): 34 (2002).

65. R. F. Service, *Science* 288:1955 (2000). M. A. Weiss et al. *On the Road in 2020*, Energy Laboratory Report # MIT EL–00–003, web.mit.edu/energylab/www/.

66. N. Rosenberg, *Inside the Black Box* (Cambridge University Press, New York, 1982), Ch.3.

67. D. N. Ghista, *IEEE Engineering in Medicine and Biology* 19 (6): 23 (2000). F. Nebekee, 同上,21 (3): 17 (2002)。

68. A. Lawler, *Science* 288:32 (2000).

第五章　设计创新

1. M. J. Seifer, *Wizard* (Secaucus N. J. : Birch Lane Press, 1996), p. 23.

2. T. D. Crouch, *The Bishop's Boys* (New York: Norton, 1989), p. 228.

3. J. Wiesner, 载于 *Listen to Leaders in Engineering*, ed. A. Love and J. S. Childers (Atlanta: Tupper and Love, 1965), pp. 323–338。

4. G. Stix, *IEEE Spectrum* 25:76 (1988).

5. H. Ford, *My Life and Work* (New York: Doubleday, Page and Co., 1922), p. 30.

6. S. C. Florman, *The Existential Pleasure of Engineering* (New York: St.Martin's, 1976).

7. C. E. Shannon, 载于 *Claude Elwood Shannon: Miscellaneous Writings*, ed. N. J. A. Sloane and A. D. Wyner (New York: IEEE Press, 1993),#72。

8. R. P. Feynman, *What Do You Care What Other People Think?* (New York: Bantam, 1988), p. 243.

9. J. P. Richter, ed., *The Notebooks of Leonardo da Vinci* (New York: Dover, 1970), p. 18.

10. W. Wordsworth, 1802 preface in *Lyrical Ballads*, ed. W. J. B. Owen (New York: Oxford University Press, 1969), p. 157.

11. J. W. von Goethe, "Nature and Art," 载于 *German Poetry from 1750–1900*, ed. R. M. Browning (New York: Continuum, 1984), p. 59。

12. 爱因斯坦于 1952 年写给索洛文的信, 见 *Einstein*, ed. A. P. French (Cambridge, Mass.: Harvard University Press, 1979), pp. 269–271。

13. D. Slepian, *Proceedings of the IEEE* 64:272 (1976).

14. Feynman, *What Do You Care*, p. 245.

15. A. Einstein, *Ideas and Opinions* (New York: Crown, 1954), p. 343.

16. Einstein, *Ideas*, p. 266.

17. G. Pólya, *Mathematics and Plausible Reasoning* (Princeton: Princeton University Press, 1954), p. vi.

18. H. Petroski, *Invention by Design* (Harvard University Press, Cambridge, 1996), p. 2.

19. G. Galilei, *Dialogue Concerning the Two Chief World Systems* (University of California Press, Berkeley, 1967), p. 341.

20. M. Polanyi, *Personal Knowledge* (Chicago: University of Chicago Press, 1958), p. vii.

21. Pólya, *Mathematics*.

22. M. W. Maier and E. Rechtin, *The Art of Systems Architecting* (Boca Raton, Fla.: CRC Press, 2000), pp. 28–29.

23. S. Y. Auyang, *Foundations of Complex-System Theories* (New York: Cambridge University Press, 1998), chap. 3.

24. 转引自 M. Josephson, *Edison* (New York: McGraw-Hill, 1959), p. 198。

25. R. P. Feynman, *The Character of Physical Law* (Cambridge, Mass.: MIT Press, 1965), p. 164.

26. W. Heisenberg, *Tradition in Science* (New York: Seabury Press, 1983), p. 128.

27. H. S. Black, *IEEE Spectrum* 14 (12): 55 (1977). H. W. Bode, 载于 *Selected Papers on Mathematical Trends in Control Theory*, ed. R. Bellman and R. Kalaba (New York: Dover, 1960), pp. 106–123。S. Bennett, *A History of Control Engineering: 1930–1955* (London: IEE Press, 1993), chap. 3.

28. Black, *IEEE Spectrum* 14 (2).

29. Shannon, *Miscellaneous Writings*, #72.

30. "推理的规则"引自 Newton's *Principia*, Book III, repr., 载于 *Newton's Philosophy of Nature*, ed. H. S. Thayer (New York: Hafner, 1953), p. 3。

31. Einstein, *Ideas*, p. 272.

32. Ford, *My Life*, pp. 13-14.

33. C. Murray and C. B. Cox, *Apollo* (New York: Simon and Schuster, 1989), pp. 175-176.

34. Shannon, *Miscellaneous* Writings, #72.

35. D. P. Billington, *The Tower and the Bridge* (Princeton: Princeton University Press, 1983).

36. Seifer, *Wizard*, p. 25.

37. Plato, *Republic*, 368-369.

38. Stix, *IEEE Spectrum* 25.

39. R. F. Miles, ed. *Systems Concepts* (Wiley, New York, 1973), p. 11.

40. Einstein, *Ideas*, p. 324.

41. 参阅《牛津英语词典》中关于"system"一词的解释。

42. J. F. McCloskey, *Operations Research* 35:143,910 (1987). A. C. Hughes and T. P. Hughes, eds. *Systems, Experts, and Computers* (Cambridge, Mass.: MIT Press, 2000).

43. Bennett, *Control Engineering*, p. 164.

44. M. D. Fagen, ed., *National Service in War and Peace* (Murray Hill, N. J. : Bell Telephone Laboratory, 1979), pp. 618-619.

45. Bennett, *Control Engineering*, p. 204. 关于系统工程的历史，参阅 J. H. Brill, *Systems Engineering* 1:258 (1998) 以及 M. Kayton, *IEEE Transactions on Aerospace and Electronic Systems* 33: 579 (1997)。

46. T. P. Hughes, *Rescuing Prometheus* (New York: Pantheon Books, 1998).

47. S. Ramo, 载于 Miles, *Systems Concepts*, pp. 13-32。

48. R. P. Smith, *IEEE Transactions on Engineering Management* 44:67 (1997).

49. Ramo, 载于 Miles, *Systems Concepts*。

50. A. Rosenblatt and G. F. Watson, *IEEE Spectrum* 28 (7): 22 (1991).

51. S. Shapiro, *IEEE Annals of the History of Computing* 19:20 (1997). P. Bourque et al., *IEEE Software* 16 (6): 35 (1999). R. H. Thayer, *Computer* 35 (4): 68 (2002).

52. 转引自 R. R. Schaller, *IEEE Spectrum* 34 (6): 53 (1997)。

53. J. Horning, *Communications of the ACM* 44 (7): 112 (2001).

54. M. Keil et al., *Communications of the ACM* 41 (11): 76 (1998).

55. A. Rosenblatt and G. F. Watson, *IEEE Spectrum* 28 (7): 22 (1991).

56. D. C. Aronstein and A. C. Piccirillo, *Have Blue and the F-117 A* (Reston, Va.: AIAA, 1997). K. Sabbagh, *21st-Century Jet* (London: Macmillan, 1995). G. Norris, *IEEE Spectrum* 32 (10): 20 (1995).

57. B. R. Rich and L. Janos, *Skunk Works* (Boston: Little, Brown, 1994), p. 115.

58. K. Forsberg and H. Mooz, 载于 *Software Requirements Engineering*, 2nd ed., ed. R. H. Thayer, M. Dorfman, and A. M. Davis (Los Alamitos, Calif.: IEEE Computer Society Press, 1997), pp. 44-72。

59. R. G. O'Lone, *Aviation Week & Space Technology* 134 (22): 34 (June 3, 1991). P. Proctor, 同上, 140 (5): 37 (April 11, 1994)。

60. P. E. Gartz, IEEE *Transactions on Aerospace and Electronic Systems* 33: 632 (1997).

61. P. M. Condit, *Research Technology Management* 37 (1): 33 (1994).

62. 同上。Petroski, *Invention by Design*, chap. 7.

63. A. L. Battershell, *The DoD C-17 versus the Boeing 777* (Washington, D.C.: National Defense University, 1999).

64. J. Lovel and J. Kluger, *Apollo* 13 (Boston: Houghton Mifflin, 1994).

65. Sabbagh, *21st-Century Jet*, p. 75.

66. Forsberg and Mooz, *Software Requirements*.

67. H. Buus et al., *IEEE Transactions on Aerospace and Electronic Systems* 33:656 (1997).

68. Aronstein and Piccirillo, *Have Blue*, p. 194.

69. F. Brooks, *The Mythical Man-Month*, 2nd ed. (New York: Addison-Wesley: 1995), p. 184.

70. R. Bell and P. A. Bennett,*Computing and Control Engineering Journal* 11 (1): 3 (2000).

71. G. Stix, *Scientific American* 271 (5): 96 (1994). U. S. General Accounting Office,*Evolution and Status of FAA's Automation Program*, GAO/TRCED/AIMD-98-85 (1998).

72. Aronstein and Piccirillo, *Have Blue*, p. 157; 同时可参阅 pp. 61–62。

73. J. E. Steiner, *Case Study in Aircraft Design* (Reston, Va.: AIAA, 1978), p. 71.

74. Condit, *Research Technology Management* 37 (1).

75. W. G. Vincenti, *What Engineers Know and How They Know It* (Baltimore: Johns Hopkins University Press, 1990), chap. 3. L. Adelman, *IEEE Transactions on Systems, Men, and Cybernetics* 19: 483 (1989).

76. Rich and Janos,*Skunk Works*, p. 88.

77. O'Lone, *Aviation Week* 134 (22). Petroski, *Invention by Design*.

78. Gartz, *IEEE Transactions on Aerospace and Electronic Systems* 33.

79. Aronstein and Piccirillo, *Have Blue*, pp. 36, 175. Rich and Janos, *Skunk Works*, pp. 47–48.

80. Aronstein and Piccirillo, *Have Blue*, pp. 161–162.

81. Rich and Janos, *Skunk Works*, pp. 88, 332–333.

82. 这段访谈引自 Sabbagh, *21st-Century Jet*, pp. 63–64。

83. Steiner, *Case Study*, p. 7. Condit, *Research Technology Management* 37 (1).

84. 这段访谈引自 Sabbagh, *21st-Century Jet*, p. 64。

85. Brooks, *Mythical Man-Month*, p. 143.

86. Auyang, *Complex-System Theories*, section 6.

87. Plato, *Phaedrus*, 265–266.

88. W. B. Parsons, *Engineers and Engineering in the Renaissance* (Cambridge, Mass.: MIT Press, 1939), p. 25.

89. W. A. Wallace, *Galileo and His Sources* (Princeton: Princeton University Press, 1984), p. 119.

90. Query 31 of Newton's *Opticks*, 重印于 Thayer, *Newton's Philosophy*, pp. 178–179。

91. J. Cottingham, R. Stoothoff, and D. Murdoch, eds., *The Philosophical Writings of Descartes* (New York: Cambridge University Press, 1985), vol. 1, p. 20.

92. Vincenti, *What Engineers Know*, p. 9.

93. Gartz, *IEEE Transactions on Aerospace and Electronic Systems* 33. Sabbagh, *21st-Century Jet*, pp. 72–73.

94. Forsberg and Mooz, *Software Requirements*.

95. B. Witwer, IEEE *Transactions on Aerospace and Electronic Systems* 33: 637 (1997). S. L. Pelton and K. D. Scarbrough, 同上, 33: 642。

96. Proctor, *Aviation Week* 134 (22). Norris, *IEEE Spectrum* 32 (10). Witwer, *IEEE Transactions on Aerospace and Electronic Systems* 33.

97. Sabbagh, *21st-Century Jet*, pp. 89–90.

98. W. Vincenti, *Technology and Culture* 35:1 (1994); *Social Studies of Science* 25: 553 (1995).

99. Rich and Janos, *Skunk Works*, p. 225. Pelton and Scarbrough, *IEEE Transactions on Aerospace and Electronic Systems* 33.

100. Aronstein and Piccirillo, *Have Blue*, p. 232.

101. Brooks, *Mythical Man-Month*.

第六章　实用系统的科学

1. L. E. Grinter, *Journal of Engineering Education* 44:25 (1955).

2. J. P. Richter, ed., *The Notebooks of Leonardo da Vinci* (New York: Dover, 1970), p. 11.

3. S. Drake, ed., *Discoveries and Opinions of Galileo* (New York: Doubleday, 1957), p. 238.

4. E. Wigner, *Symmetries and Reflections* (Cambridge, Mass.: MIT Press, 1967), p. 222.

5. R. Descartes, *The Philosophical Writings of Descartes*, ed. J. Cottingham, R. Stoothoff, and D. Murdoch (New York: Cambridge University Press, 1985), vol. 1, p. 19. 他在 *Rules for the Direction of the Mind* 一书的法则4和法则16中, 论及数学的本质。

6. 转引自 H. T. Davis, *The Theory of Linear Operators*（Bloomington, Ind.: Principia Press, 1936）, p. 10。

7. *Computing in Science and Engineering* 2（1）: 22–79（2000）.

8. D. N. Rockmore,*Computing in Science and Engineering* 2（1）: 60（2000）.

9. Davis, *Linear Operators*, p. 7.

10. 在麦克斯韦的专著 *A Treatise on Electricity and Magnetism* 中,有一章是"电磁场的最基本方程组",按照位势的不同罗列了 13 个方程式。亥维赛根据电磁场原理把其中的 8 个方程归并为 4 个方程,现在我们统称为麦克斯韦方程组。

11. N. Wiener,*Invention*（Cambridge, Mass.: MIT Press, 1954）, pp. 69–76. P. J. Nahn, *Oliver Heaviside*（Baltimore: Johns Hopkins University Press, 1988）.

12. 为了评价亥维赛的贡献,应用数学家惠特克（Edmund Whittaker）写道:"在这场争论 30 年之后再来回首往事,我们现在应该把运算微积分学、庞加莱（Poincaré）对自同构函数的发现,以及里奇（Ricci）对张量微积分学的发现,作为 19 世纪后 1/4 世纪中 3 个最重要的数学进展。"*Bulletin of the Calcutta Mathematical Society* 20: 199–220（1928）.同时可以参阅 O. Heaviside, *Electromagnetic Theory*（New York: Dover, 1893）, pp. xv–xvii.一书中韦伯（Ernst Weber）撰写的有关亥维赛的传记。

13. N. Bourbaki, *Elements of the History of Mathematics*（Berlin: Springer-Verlag, 1984）, p. 21.

14. F. Klein,*Development of Mathematics in the 19th Century*（Brookline, Mass.: Math SCI Press, 1928）, p. 48.

15. Heaviside, *Electromagnetic Theory*, sections 224, 437.

16. R. P. Feynman, *Surely You're Joking, Mr. Feynman!*（New York: Bantam, 1985）, p. 225.

17. J. E. Bailey, *Biotechnology Progress* 14:8（1998）.

18. R. E. Kalman, P. L. Falb, and M. A. Arbib, *Topics in Mathematical System Theory*（New York: McGraw-Hill, 1969）, p. 27.

19. R. G. Gallager, *IEEE Transactions on Information Theory* 47:2681（2001）.

20. T. Kailath,载于 *Communications, Computation, Control, and Signal Processing*, ed. A. Paulraj, W. Raychowdbury, and C. D. Schaper（Boston: Kluwer, 1997）, pp. 35–65。

21. D. S. Bernstein, *IEEE Control Systems* 18（2）: 81（1998）.

22. L. A. Zadeh, *Proceedings of the IRE* 50:856（1962）.

23. I. A. Getting,载于 *Theory of Servomechanisms*, ed. H. M. James, N. B. Nichols, and R. S. Phillip（New York, McGraw-Hill, 1947）, pp. 1–22。

24. H. J. Sussmann and J. C. Willems, *IEEE Control Systems* 17（3）: 32（1997）.

25. Gallager, *IEEE Transactions on Information Theory* 47.同时可参阅 J. R. Pierce, 同上, 19:3（1973）。S.Verdú,同上, 44:2057（1998）。W. Gappmair, *IEEE Communications Magazine* 37（4）:102（1999）。

26. C. E. Shannon, *Bell System Technical Journal* 27: 379, 623（1948）.

27. D. J. Costello et al., *IEEE Transactions on Information Theory* 44:2531（1998）. E. Biglieri and P. D. Torino, *IEEE Communications Magazine* 49（5）: 128（2002）.

28. Pierce, *IEEE Transactions on Information Theory* 19.

29. D. Drajic and D. Bajic, *IEEE Communications Magazine* 49（6）: 124（2002）.

30. Verdú, *IEEE Transactions on Information Theory* 44. Gallager, 同上, 47。

31. Kailath, *Communications*. H. W. Sorenson, *IEEE Spectrum* 7（7）: 63（1970）.

32. J. R. Cloutier, J. H. Evers, and J. J. Feeley, *IEEE Control System Magazine* 9（5）: 27（1989）.

33. S. F. Schmidt, *Journal of Guidance and Control* 4:4（1981）.

34. Shannon, *Bell System Technical Journal* 27. R. E. Kalman, *Transactions of the ASME: Journal of Basic Engineering* 82D: 35（1960）. Gallager, *IEEE Transactions on Information Theory* 47.

35. Pierce, *IEEE Transactions on Information Theory* 19.

36. R. W. Bass, *Proceedings of the IEEE* 84:321（1996）.

37. www.nobelprizes.com.

38. E. O. Doebelin, *Engineering Experimentation*（Boston: McGraw-Hill, 1995）.

39. J. D. Anderson, *A History of Aerodynamics and Its Impact on Flying Machines*（New York: Cambridge University Press, 1997）. A. Pope and K. L. Goin, *High Speed Wind Tunnel Testing*（New York: Wiley, 1965）. J. R. Hansen, *Engineer in Charge*（Washington D.C.: NASA, 1987）. R. P. Hallion, *Supersonic Flight*（London: Brassey's, 1972）.

40. J. D. Anderson, *Introduction to Flight*, 4th ed.（Boston: McGraw-Hill, 2000）, p. 207.

41. J. H. Cowie, D. M. Nicol, and A. T. Ogielski, *Computing in Science and Engineering* 1（1）: 42（1999）. J. Heidemann, K. Mills, and S. Kuman, *IEEE Network* 15（5）: 58（2001）.

42. R. W. Cahn, *The Coming of Material Science*（Amsterdam: Pergamon, 2001）, p. 23.

43. W. G. Vincenti, *What Engineers Know and How They Know It*（Baltimore: Johns Hopkins University Press, 1990）, chap. 4.

44. Cahn, *Material Science*. P. Ball, *Made to Measure*（Princeton: Princeton University Press, 1997）. A. Cottrell, *MRS Bulletin* 25:125（2000）.

45. C. S. Smith, *A Search for Structure*（Cambridge, Mass.: MIT Press, 1981）, chap. 5.

46. National Research Council, *Materials Science and Engineering for the 1990s*（Washington, D.C.: National Academy Press, 1989）, p. 28.

47. National Research Council, *Materials Science*, pp. 5–6, 28.

48. A. Briggs, ed., *The Science of New Materials*（Oxford: Blackwell, 1992）. O. Port, *Business Week*, February 25, 2002, pp. 130–131.

49. R. Phillips, *Crystals, Defects and Microstructures* (New York: Cambridge University Press, 2001).

50. J. E. Gordon, *The New Science of Strong Materials*, 2nd ed. (Princeton: Princeton University Press, 1976). 要弄清楚预先存在的微裂纹如何能够改进抗裂性，可以试做下面这个实验。纸张在通常情况下很容易沿着折线处撕裂开来。在事先折出的线痕上戳一个小孔(一个微裂纹)，你就会发现它阻止了纸张的撕裂，因为撕破力先前都集中在裂痕末梢的一点上，现在却沿着更长的小孔周长而扩散。

51. J. S. Langer, *Physics Today* 45:24 (1992).

52. R. Bud, *The Uses of Life* (New York: Cambridge University Press, 1993). J. E. Smith, *Biotechnology*, 3rd ed. (New York: Cambridge University Press, 1996). E. S. Lander and R. A. Weinberg, *Science* 287:1777 (2000).

53. M. Kennedy, *Trends in Biotechnology* 9:218 (1991).

54. 另一个因素是单克隆抗体技术的出现。1975 年，米尔斯坦(Cesar Milstein)和科勒(Georges Kohler)成功地把两个细胞融合后形成一个**杂交瘤细胞**(hybridoma)，这种杂交瘤细胞能够无限期地增殖和分泌大量的某种特定抗体。它除了能用于治疗某些疾病之外，还能提供简易的测试方法以便于疾病诊断。

55. G. Ashton, *Nature Biotechnology* 19:307 (2001).

56. D. Meldrum, *Genome Research* 10: 1081, 1288 (2000). J. Hodgson, *IEEE Spectrum* 37 (10): 36 (2000).

57. S. J. Spengler, *Science* 287:1221 (2000).

58. J. E. Bailey, *Chemical Engineering Science* 50:4091 (1995). C. F. Mascone, *Chemical Engineering Progress* 95 (10): 102 (1999). J. P. Fitch and B. Sokhansanj, *Proceedings of the IEEE* 88:1949 (2000).

59. T. Reiss, *Trends in Biotechnology* 19 (12): 496 (2001).

60. "系统生物学"的特刊介绍，参阅 *Science* 295:1661–1682(2002)。

61. G. Stephanopoulos, *AIChE Journal* 48:920 (2002).

62. D. D. Ryu and D. H. Nam, *Biotechnology Progress* 16:2 (2000). S. G. Burton et al., *Nature Biotechnology* 20:37 (2002).

63. J. E. Bailey, *Chemical Engineering Science* 50; *Science* 252:1668 (1991). Stephanopoulos, *AIChE Journal* 48. M. Cascante et al., *Nature Biotechnology* 20:243 (2002).

64. R. Langer and J. P. Vacanti, *Science* 260:920 (1993). R. Langer, *Chemical Engineering Science* 50:4109 (1995). M. J. Lysaght and J. Reyes, *Tissue Engineering* 7:485 (2001). L. G. Griffith and G. Naughton, *Science* 295:1009 (2002). 同时可参阅特刊 *Scientific American* 280 (4): 59–98 (1999)。

65. Bailey, *Chemical Engineering Science* 50.

第七章　工程师背景的领导者

1. C. B. Smith, *Civil Engineering Magazine* (1999), www. pubs.asce.org/ceonline/0699feat.html.

2. D. Hill, *A History of Engineering in Classical and Medieval Times* (LaSalle, Ill.: Open Court, 1984).

3. V . Bush, *Pieces of the Action* (New York: William Morrow, 1970), p. 151; 载于 *Listen to Leaders in Engineering*, ed. A. Love and J. S. Childers (Atlanta: Tupper and Love, 1965)。

4. S. G. Thomas, *U. S. News and World Report*, April 10, 2000, p. 86.

5. 由 J. B. Rae 转引，载自 *The Organization of Knowledge in Modern America, 1860–1920*, ed. A. Oleson and J. Voss, eds. (Baltimore: Johns Hopkins University Press, 1979), pp. 249–268。

6. 世界上第一所大学商学院，是美国宾夕法尼亚大学的沃顿学院，它于1881年开始招生。在随后的20年里，全世界的商学院只增加了另外两所。哈佛商学院和西北大学凯洛格商学院直至1908年才出现，即使在那时，哈佛大学也自嘲自己的商学院是一种"易碎的实验"。

7. *Fortune*, April 15,2002, pp. 132–167. 普赖利(Rick Priory)，美国杜克能源公司首席执行官，大学学习的和开始从业的都是结构工程专业。沙雷尔(Kevin Sharer)，美国应用分子基因公司首席执行官，在担任美国军舰"孟菲斯"号首席工程师之前，曾参与设计和开发核潜艇。瓦克萨尔(Sam Waksal)，美国免疫克隆系统公司总裁，以"社交界的科学家"而知名。

8. L. Burton and L. Parker, *Degrees and Occupations in Engineering 1999*; NSF 99–318, www.nsf.gov.

9. 20世纪60年代进行的数次社会调查发现，在德国的最高经理层中，所有大学毕业者的学位几乎都集中在如下三个领域：工程学、经济学和法学。有工程师背景的人数大约等于其他两种学科的总和。其他研究还发现，在德国制造业的公司董事中，大约有60%的人拥有工科背景。S. Hutton and P. Lawrence, *German Engineers* (New York: Oxford University Press, 1981). G. L. Lee and C. Smith, eds., *Engineers and Management* (London: Routledge, 1992).

10. L. F. Haber, *The Chemical Industry: 1900–1930* (New York: Oxford University Press, 1971), chap. 10.

11. T. A. Stewart et al., *Fortune*, 140 (10): 108, 195 (1999).

12. I. M. Ross, *Proceedings of the IEEE* 86:7 (1998).

13. A. D. Chandler, Jr., *The Visible Hand* (Cambridge, Mass.: Harvard University Press, 1977). D. F. Noble, *America by Design* (New York: Oxford University Press, 1977), pp. 277–286.

14. C. von Clausewitz, *On War* (New York: Barnes and Noble, 1832), vol. 1, p. 86.

15. A. D. Chandler, Jr., *Business History Review* 39:16（1965）。

16. A. P. Sloan, Jr., *My Years with General Motors*（Garden City, N.Y.: Doubleday, 1964）, p. 248.

17. P. E. Hicks, *Industrial Engineering and Management*, 2nd ed.（New York: Mc-Graw-Hill, 1994）, chap. 1. M. A. Calvert, *The Mechanical Engineer in America, 1830–1910*（Baltimore: Johns Hopkins University Press, 1967）, pp. 14–17. Chandler, *Visible Hand*, pp. 272–281.

工业工程学大大超越了泰勒主义。为了测量人类手工劳作的实施过程,弗雷德里克·泰勒（Frederick Taylor）引入了关于时间和运动的研究成果。不管如何大肆宣扬,他的方法仍然受到来自工程学共同体内部和外部的抵制。1911年,美国机械工程师协会拒绝出版他的著作《科学管理原理》（*Principles of Scientific Management*）,不认同其所谓的科学。关于时间和运动的研究仍然正在进行之中,只不过是由技师们推行而已。"如果时间研究的实施者仍然局限于他们原来的活动和专业,那他们还不是工业工程师。"这段话见 B. W. Saunders, *Handbook of Industrial Engineering*, ed. G. Salvendy（New York: Wiley, 1982）, p.1.1.4。

18. D. O. Belanger, *Enabling American Innovation*（West Lafayette, Ind.: Purdue University Press, 1998）, p. 13.

19. R. Locke, 载于 *Managing in Different Cultures*, ed. P. Joynt and M. Warner, ed.（Oslo: Universitetsforlaget, 1985）, pp. 166–216。

20. S. Y. Nof and W. E. Wilhelm, *Industrial Assembly*（London: Chapman and Hall, 1997）, p. 11.

21. K. Alder, *Technology and Culture* 38:273（1997）. M. R. Smith, 载于 *Military Enterprise and Technology Change*, ed. M. R. Smith（Cambridge, Mass.: MIT Press, 1985）, pp. 39–86。D. A. Hounshell, *From the American System to Mass Production: 1800–1932*（Baltimore: Johns Hopkins University Press, 1984）.

22. 通过悉心的历史研究,已经否定了如下传说的可靠性,即19世纪10年代惠特尼在来复枪生产中已经实现了可互换式零部件生产工艺,这种研究始于R. S. Woodbury,*Technology and Culture* 1:235（1959）。惠特尼极力地推销这种理念,但是无法实行。1798年他签下了一份制造12 000支毛瑟枪的合同,但是延期超过8年而不是原来承诺的2年才完成生产任务,而且质量低劣。

23. Chandler, *Visible Hand*, pp. 75, 485.

24. Sloan, *My Years with GM*, p. 20.

25. J. B. Rae, *American Automobile Manufacturers*（Philadelphia: Chilton Co., 1959）. A. D. Chandler, Jr., ed., *Giant Enterprise*（New York: Harcourt, Brace and World, 1964）. Hounshell, *American System*, chap. 6. L. Biggs,载于 *Autowork*, ed. R. Asher and R. Edsforth（Albany: State University of New York Press, 1995）, pp. 39–64。

26. Sloan, *My Years with GM*, pp. 4, 118.

27. *Automobile Facts and Figures* 13: 6, 12（1950）. 有关精益生产参阅 J. P.

Womack, D. T. Jones, and D. Roos, *The Machine That Changed the World* (New York: Harper, 1990)。

28. E. Toyoda, *Toyota* (Tokyo: Kodansha International, 1985), pp. 106–109. 丰田 (Toyoda)是一个家族姓氏,其意思是"丰饶的稻田"。丰田(Toyota)作为一个公司的 名称,在日语里已经没有原来的含义。

29. *Sloan, My Years with GM*, p. 44.

30. T. Ohno, *Toyota Production System* (Cambridge, Mass.: Productivity Press, 1988), pp. 18, 71.

31. 说这段话的是福特工厂的工人格雷森(Jim Grayson),转引自 S. Terkel, *Working* (New York: Pantheon, 1972), p. 165。

32. R. K. Lester, *The Productive Edge* (New York: Norton, 1998), ch.2.

33. T. A. Kochan, R. D. Lansbury, and J. P. MacDuffie, eds., *After Lean Production* (Ithaca: Cornell University Press, 1997).

34. M. Ishida, 同上, pp. 45–60。

35. Ohno, *Toyota Production System*, p. 71.

36. H. Brooks, 载于 *Scientists and National Policy-making*, ed. R. Gilpin and C. Wright (New York: Columbia University Press, 1964), p. 76。

37. 参阅 http://www.ostp.gov/pcast。

38. W. Light and B. L. Collins, *Mechanical Engineering* 122 (2): 46 (2000). B. L. Collins, 同上 , 122 (4): 86 (2000)。*IEEE Communications Magazine* 39 (4): (2001). 这是一篇关于信息基础设施标准的专论。

39. C. E. Harris, M. S. Pritchard, and M. J. Rabins, *Engineering Ethics* (New York: Wadsworth, 1995), p. 221.

40. R. H. Vietor, *Contrived Competition* (Cambridge, Mass.: Harvard University Press, 1994). N. J. Vig and M. E. Kraft, eds., *Environmental Policy in the 1990s* (Washington, D.C.: CQ Press, 1997).

41. J. M. Peha, *IEEE Spectrum* 38 (3): 15 (2001).

42. E. Wenk, Jr., *Making Waves* (Urbana: University of Illinois Press, 1995).

43. R. Nader and J. Abbotts, *The Menace of Atomic Energy* (New York: Norton, 1977), p. 365.

44. Office of Technology Assessment (OTA), *Nuclear Power in an Age of Uncertainty*, OTA-E-216 (1984). www.wws .princeton.edu/~ota/. A. M. Weinberg, *Nuclear Reactions* (New York: American Institute of Physics, 1992). D. Hochfelder, *Proceedings of the IEEE* 87:1405 (1999). J. G. Morone and E. J. Woodhouse, *The Demise of Nuclear Energy?* (New Haven: Yale University Press, 1989). R. Pool, *Beyond Engineering* (New York: Oxford University Press, 1997). R. L. Garwin and G. Charpak, *Megawatts and Megatons* (Chicago: University of Chicago Press, 2001).

45. E. L. Quinn, *U. S. Commercial Nuclear Power Industry* (2001), www.eia.doe.

gov/cneaf/nuclear/page/nuc_reactors. 参阅专论 *The Bridge*, Fall 2001, 见网站 www.nae.edu。

46. R. Moore, *EPRI Journal* 25（3）: 8（2000）.

47. OTA, *Nuclear Power*, pp. iii, 3.

48. R. E. Hagen, J. R. Moens, and A. D. Nikodem, *Impact of U. S. Nuclear Generation on Greenhouse Gas Emission*（2001）, www.eia.doe.gov/cneaf/nuclear/page/analysis/ghg.pdf.

49. National Energy Policy Development Group, *National Energy Policy*（2001）, pp. 5–17, www.whitehouse.gov/energy.

50. D. Talbot, *Technology Review* 105（1）: 54（2002）.

51. J. Flynn, P. Slovic, and H. Kunreuther, eds., *Risk, Media, and Stigma*（London: Earthscan, 2001）, chaps. 6–9, 13, 17, 21.

52. American Cancer Society, *Cancer Facts and Figures 2002*, pp. 35–36, www.cancer.org.

53. 除了那种有缺陷的切尔诺贝利式的设计，核反应堆通常都采用深层防护，由许多有安全特性的保护层构成；一旦有一层出问题，就由其他层来遏制危险。如果不计及苏联，全世界的核反应堆累计已经运行了8500个反应堆年，而在实施过程中只发生一次由部分堆芯熔化引起的事故，即三英里岛泄漏事件。在三英里岛，正是深层安全防护技术发挥了作用，因而释放到周边环境中去的放射性含量并不十分明显。E. O. Talbott et al., *Environmental Health Perspectives* 108:545（2000），其他的科学研究也无可争辩地发现，在周边地区人口中的癌症发病率没有呈现可觉察的上升趋势。

54. 参阅 www.gallup.com/poll/releases/pr 020314.asp。

55. L. Winner, *The Whale and the Reactor*（Chicago: University of Chicago Press, 1986）, p. 5.

56. 德图佐斯批判"信息时代的五个神话"，刊载于 *Scientific American* 277（1）: 28–29（July 1977）。同时可参阅他的著作 *What Will Be*（San Francisco: Harper, 1997）。笔者讨论过哲学上的炒作现象，参阅 S. Y. Auyang, *Mind in Everyday Life and Cognitive Science*（Cambridge, Mass.: MIT Press, 2000）, pp. 64–76, 482–483。

57. C. E. Shannon, *IEEE Transactions on Information Theory* 2:3（1956）.

58. K. Shrader-Frechette and L. Westra, in *Technology and Value*, ed. K. Shrader-Frechette and L. Westra（New York: Rowman and Littlefield, 1997）, pp, 3–11.

59. H. Salzman and S. R. Rosenthal, *Software by Design*（New York: Oxford University Press 1994）, p. 11.

60. 施雷德-弗雷谢特（Shrader-Frechette）和韦斯特雷（Westra）的 *Technology and Value* 一书对技术的指控，其根据是美国技术评估办公室（OTA）的一份报告："美国技术评估办公室宣布，高达90%的癌症是'由环境引起的，而在理论上可以预防的'。"于是，他们把"环境引起的癌症"和"起因于技术的癌症"混为一谈。不轻信道听途说的人仔细审视一下他们的评论,就会发现在所转引的报告中有着某种完全不同的东西:OTA, *Assessment of Technologies for Determining Cancer Risks from the Environment*(1981),可使用如下网站:www.wwws.princeton.edu/~ota/ns20/pubs_f.html。在这份报告的第3页上,OTA特别警告说:"历经最近20年的研究所产生的种种论述,都认为有60%–90%的癌症同环境有关,因而在理论上来说是可以预防的。'环境'一词,正如这些论述和这份报告所使用的含义,**包含**同人类发生相互作用的每一样东西,其中包括食物、饮料、香烟、天然的和医学的放射性、在工作场所的暴露、药物、性行为方面,以及呈现于空气、水和土壤中的各种物质。遗憾的是,这些论述往往把'环境'只用于指空气、水和土壤方面的污染。"

数据引自美国癌症学会(ACS)出版的年鉴 *Cancer Facts 2002*,绝大多数和OTA的评估相一致。大约有1/4的癌症患者,是由诸如基因、内分泌或免疫条件等**内部**因素引起的,这些用现时的医学知识往往难以预防。余下的3/4,是由**环境的与可预防的**因素引起的。同OTA一样,ACS也小心地阐明了"环境起因"的含义。在环境因素中,吸烟和酗酒造成了大约1/3的癌症患者死亡。另有1/3的癌症患者死亡,"同营养、不做健身活动、肥胖症和其他生活方式等因素有关"。技术方面也急需敲响警钟。OTA发现,不到5%的癌症同空气和水的污染有关,相比之下,有不到3%–7%的癌症同来自太阳和宇宙射线的天然辐射有关。

61. 平均而言,相比1970年生产一件工业品需要24个单位的能源,现在只需耗费16个单位。参阅 N. S. Pierre, *Business Week*, 194F-H(November 27, 2000). V. V. Badamis, *IEEE Spectrum* 35(8): 36(1998).

62. Wenk, *Making Waves*, p. 22.

63. 1900年之后的数据,参见网站 www.cdc.gov/nchs/中的 *National Vital Statistics Report*;1850—1900年的数据只是马萨诸塞州的人口统计数据,引自 U. S. Census Bureau, *Historical Statistics of the United States*(1975)。

64. S. Scheffier, ed., *Consequentialism and Its Critics*(New York: Oxford University Press, 1988).

65. J. P. Bruce, H. Lee, and E. F. Haites, eds., *Climate Change 1995*(New York: Cambridge University Press, 1995), chaps. 1–2.

66. "挑战者"号航天飞机安装有设计差劲的O形密封圈,先前在佛罗里达州南部的常态气温下可以正常运作。但是气象预报显示1986年预定发射日的气温异常寒冷,它们是否还能正常工作值得怀疑。由于没有把握,工程师们要求取消这一次发射。然而,美国国家航空航天局在巨大的政治压力下一意孤行,他们当时正在一系列胜利之后自鸣得意,未能充分运行其危机决策的组织结构。资深副总裁梅森(Jerry Mason)对工程副总指挥伦德(Robert Lund)所说的这段话,转引自 T. E. Bell and K. Esch, *IEEE Spectrum* 24(2): 36(1987)和 D. Vaughan, *The Challenger Launch Decision*(Chicago: University of Chicago Press, 1996)。

67. H. Hoover, *The Memoirs of Herbert Hoover*(New York: Macmillan, 1951), p. 132.

68. G. Stix, *IEEE Spectrum* 25:76(1988).

69. 2001年9月7日,奥古斯丁在麻省理工学院作《简单系统和其他神话》(Simple Systems and Other Myths)的演讲。

70. E. J. Chaisson, *The Hubble War* (Cambridge, Mass.: Harvard University Press, 1994), p. 229.

71. 参阅 www. onlinethics.org。

72. J. Morgenstern, *Journal of Professional Issues in Engineering Education and Practice* 123 (1): 23 (1997).

73. H. Petroski, *To Engineer Is Human* (New York: St. Martin's Press, 1982), pp. xii, 97.

74. E. Gloyma, *Journal of Environmental Engineering* 12:812 (1986). W. W. Nazaroff and L. Alvarez-Cohen, *Environmental Engineering Science* (New York: Wiley, 2001).

75. Census Bureau, *Statistical Abstract of the United States 2001*, Tables 363, 366.

76. D. Press and D. A. Mazmaman, 载于 *Environmental Policy*, ed. Vig and Kraft, pp. 255–277。

77. M. A. Hersh, *IEEE Transactions on Systems, Man, and Cybernetics: Part C* 28: 528 (1998).

78. D. T. Allen and D. R. Shonnard, *AIChE Journal* 47:1906 (2001).

79. C. J. Pereira, *Chemical Engineering Science* 54: 1959 (1999). M. Goldman, *Chemical Engineering Progress* 96 (3): 27 (2000). J. H. Mattrey, J. M. Sherer, and J. D. Miller, 同上, 96 (5): 1 (2000)。

80. V. Bush, *Endless Horizon* (Washington, D.C.: Public Affairs Press, 1946), p. 141.

附录A　工程师的统计概况

1. Census Bureau, *Statistical Abstract of the United States 2001*, Table 593.

2. *Science* 288:2127 (2000)比较了在各种不同行业员工中薪金升降的情况。

3. National Science Board, *Statistical Abstract*. P. Meikins and C. Smith, *Engineering Labor* (London: Verso, 1996).

4. M. Hersh, *IEEE Transactions of Engineering Management* 47:345 (2000).

附录B　美国的研究与开发

1. M. Reuss, *Technology and Culture* 40:292 (1999).

2. J. R. Hansen, *Engineer in Charge* (Washington, D. C.: NASA, 1987).

图书在版编目(CIP)数据

工程学:无尽的前沿/(美)欧阳莹之(Sunny Y. Auyang)著;李啸虎,吴新忠,闫宏秀译.—上海:上海科技教育出版社,2023.5

书名原文:Engineering : An Endless Frontier

ISBN 978-7-5428-7904-2

Ⅰ.①工…　Ⅱ.①欧…　②李…　③吴…　④闫…
Ⅲ.①工程技术　Ⅳ.①TB

中国版本图书馆CIP数据核字(2023)第025069号

责任编辑　陈　浩　赵　地　林赵璘
装帧设计　李梦雪　符　劼

GONGCHENGXUE

工程学——无尽的前沿

[美]欧阳莹之　著

李啸虎　吴新忠　闫宏秀　译

出版发行　上海科技教育出版社有限公司
　　　　　　(上海市闵行区号景路159弄A座8楼　邮政编码201101)
网　　址　www.sste.com　www.ewen.co
经　　销　各地新华书店
印　　刷　启东市人民印刷有限公司
开　　本　720×1000　1/16
印　　张　24.5
版　　次　2023年5月第1版
印　　次　2023年5月第1次印刷
书　　号　ISBN 978-7-5428-7904-2/N·1179
图　　字　09-2022-0954号
定　　价　88.00元